国家自然科学基金项目(71273204，71573205)成果

西部重点生态功能区人口资源与环境可持续发展研究

黎 洁/等著

XiBu ZhongDian ShengTai GongNengQu RenKou ZiYuan Yu

HuanJing KeChiXu FaZhan YanJiu

中国财经出版传媒集团

经济科学出版社

Economic Science Press

图书在版编目（CIP）数据

西部重点生态功能区人口资源与环境可持续发展研究/
黎洁等著．—北京：经济科学出版社，2016.12
ISBN 978-7-5141-7623-0

Ⅰ．①西…　Ⅱ．①黎…　Ⅲ．①生态区-可持续性发展-
研究-西北地区②生态区-可持续性发展-研究-西南
地区　Ⅳ．①X22

中国版本图书馆 CIP 数据核字（2016）第 321732 号

责任编辑：王柳松
责任校对：徐领柱
版式设计：齐　杰
责任印制：邱　天

西部重点生态功能区人口资源与环境可持续发展研究

黎　洁　等著

经济科学出版社出版、发行　新华书店经销

社址：北京市海淀区阜成路甲 28 号　邮编：100142

总编部电话：010-88191217　发行部电话：010-88191522

网址：www.esp.com.cn

电子邮件：esp@esp.com.cn

天猫网店：经济科学出版社旗舰店

网址：http://jjkxcbs.tmall.com

北京万友印刷有限公司印装

710×1000　16 开　19 印张　360000 字

2016 年 12 月第 1 版　2016 年 12 月第 1 次印刷

ISBN 978-7-5141-7623-0　定价：56.00 元

（图书出现印装问题，本社负责调换。电话：010-88191510）

（版权所有　侵权必究　举报电话：010-88191586

电子邮箱：dbts@esp.com.cn）

前　言

　　环境保护部、国家发展和改革委员会、财政部联合发布的《关于加强国家重点生态功能区环境保护和管理的意见》中指出，国家重点生态功能区是指承担水源涵养、水土保持、防风固沙和生物多样性维护等重要生态功能，关系全国或较大范围区域的生态安全，需要在国土空间开发中限制进行大规模、高强度工业化城镇化开发，以保持并提高生态产品供给能力的区域。

　　本书的生态功能区泛指《全国主体功能区规划》和《全国生态功能区划》中的国家重点生态功能区或重要生态功能区，即包括《全国主体功能区规划》中的国家重点生态功能区和海洋重要生态功能区、各省区市主体功能区规划中确定的省级重点生态功能区，以及《全国生态功能区划》中的重要生态系统服务功能区（简称重要生态功能区）。主体功能区规划明确了不同区域的发展重点和发展方向，也是一个重要的生态红线，为各地经济开发活动划定了一个地理范围。同时，中国政府近年来提出和实施了精准扶贫、精准脱贫的战略，如2014年1月《关于创新机制扎实推进农村扶贫开发工作的意见》、2014年3月《建立精准扶贫工作机制实施方案》等。《关于打赢脱贫攻坚战的决定》也提出中国将在2020年消除区域性农村整体贫困。

　　西部重点生态功能区农村贫困人口面广、贫困程度深，这些地区往往也是生态脆弱地区，绿色贫困问题突出，需要统筹解决人口、资源与环境可持续发展。而西部重点生态功能区农户的生计活动处于人口、经济与资源环境矛盾的核心，尤其值得关注。中国政府在西部重点生态功能区也实施了许多生态保护政策、农村扶贫与发展干预项目等，这些公共政策往往需要兼顾促进农村脱贫增收和生态保护的双重目标。以上对于西部重点生态功能区人口、资源与环境可持续发展都提出了更高要求和目标。

　　《全国生态功能区划（2015年修编）》中确定了63个重要生态系统服务功能区（简称重要生态功能区），覆盖中国陆地国土面积的49.4%。生态功能区人口资源与环境可持续发展需要实现以下目标：保护优先，增强生态产品供给能力；绿色发展，发展壮大特色生态经济；成果共享，在生态保护和发展中改善民生；优化格局，完善空间结构和布局；完善制度，建立国土空间开发保护制度。这样，从经济状况、生态保护、社会发展、空间规划、制度建设等方面，对重点生态功能区进行系统、全面的研究十分必要。

本书是对中国西部重点生态功能区人口与资源、环境可持续发展的一个综合研究。结合中国新的发展背景和对重点生态功能区的要求，本书目的是探索西部重点生态功能区协调保护与发展的新模式与新途径。同时，本书更侧重于从农户可持续生计的视角、这一地区统筹生态保护、农村减贫与发展的公共政策创新两个方面来研究西部重点生态功能区人口、资源与环境的可持续发展。

本书包括了逻辑严密、内容上各有侧重的十章。在背景和内容概述之后，本书研究内容包括了"十三五"时期中国统筹人口、资源、环境与可持续发展的重大问题、西部重点生态功能区生态保护与发展的典型案例分析、农户生计分析、公共政策分析等方面。

本书第一章为研究背景与内容概述。阐述了本书的研究背景、内容结构；第二章为"十三五"时期中国统筹人口、资源、环境与可持续发展研究；第三章以陕西省安康市为例，探讨了主体功能区规划背景下中国西部重点生态功能区生态保护与发展的现状及模式；第四章为贫困山区农户能源使用现状与影响因素的微观经济分析；第五章为全国及陕西省退耕还林工程的现状与进展分析；第六章进一步从家庭结构视角分析了退耕还林工程对农户生计的影响；第七章为生态补偿政策与农村综合发展项目的比较研究；第八章为生态功能区的移民搬迁与搬迁农户的适应力研究；第九章为旅游扶贫与农村社区参与研究；第十章为总结，并提出了进一步研究的方向。

本书的第一章、第四章、第五章第一节和第二节、第八章、第九章、第十章由西安交通大学公共政策与管理学院教授、博士生导师黎洁撰写。第二章由西安交通大学公共政策与管理学院黎洁教授、博士生任林静、博士生刘伟撰写；第三章、第七章第一节由西安交通大学公共政策与管理学院黎洁教授和博士生任林静撰写；第五章第三节由西安交通大学公共政策与管理学院博士生任林静、党佩英和郭华撰写；第六章由西安交通大学公共政策与管理学院博士生任林静撰写；第七章第二节由西安交通大学管理学院博士生刘伟撰写。黎洁教授负责全书的审阅和定稿。

当然，西部重点生态功能区人口资源与环境可持续发展的研究内容十分丰富，正处于蓬勃发展和积极探索之中，本书试图在这些方面做些尝试。由于本书作者水平有限，本书内容必然有许多值得商榷之处，书中的错误和不足之处在所难免，恳请广大读者、专家、学者批评指正。

黎 洁

2016 年 8 月

目录

....................................Contents

第一章

研究背景与内容概述

第一节 研究背景

根据环境保护部、国家发展和改革委员会、财政部联合发布的《关于加强国家重点生态功能区环境保护和管理的意见》，国家重点生态功能区是指承担水源涵养、水土保持、防风固沙和生物多样性维护等重要生态功能，关系全国或较大范围区域的生态安全，需要在国土空间开发中限制进行大规模、高强度工业化城镇化开发，以保持并提高生态产品供给能力的区域。①

本书的生态功能区，泛指《全国主体功能区规划》和《全国生态功能区划》中的国家重点生态功能区或重要生态功能区，即包括《全国主体功能区规划》中的国家重点生态功能区和海洋重要生态功能区、各省区市主体功能区规划中确定的省级重点生态功能区，以及《全国生态功能区划》中的重要生态系统服务功能区（简称重要生态功能区）。

2010 年 12 月，中国政府发布了《全国主体功能区规划》。该规划将中国国土空间分为以下主体功能区：按开发方式，分为优化开发区域、重点开发区域、限制开发区域和禁止开发区域；按开发内容，分为城市化地区、农产品主产区和重点生态功能区等。《全国主体功能区规划》中，国家重点生态功能区包括水源涵养、水土保持、防风固沙和生物多样性维护等 4 类共 25 个。海洋重要生态功能区，主要包括水产种植资源保护区、国家级海洋特别保护区和海洋公园等。根据该规划，重点生态功能区是生态系统脆弱或生态功能重要，资源环境承载能力

① http://www.whepb.gov.cn/hbZrbhq/8829.jhtml.

较低，不具备大规模高强度工业化城镇化开发条件的区域，覆盖了大小兴安岭森林生态功能区等25个地区，总面积约386万平方公里，占全国陆地国土面积的40.2%；2008年底总人口约1.1亿人，占全国总人口的8.5%。[①]

2008年，环境保护部与中国科学院联合发布的《全国生态功能区划》中，对各省区市进行了土壤侵蚀敏感性、沙漠化敏感性、盐渍化敏感性、石漠化敏感性、冻融侵蚀敏感性等区域评价与识别，初步确定了全国生态敏感区的分布情况。随后，2008年环境保护部发布的《全国生态脆弱区保护规划纲要》，明确提出了东北林草交错区、北方农牧交错区、西北荒漠绿洲交接区、南方红壤丘陵山地区、西南岩溶山地石漠化区、西南山地农牧交错区、青藏高原复合侵蚀区、沿海水陆交接带区等是中国主要的陆地生态脆弱区类型。

2015年11月，环保部与中国科学院发布了《全国生态功能区划（2015年修编）》。范围为31个省级行政区划单位的陆域。《全国生态功能区划（2015年修编）》包括3大类、9个类型和242个生态功能区。其中，3大类指的是生态调节、产品提供和人居保障，9个类型指的是水源涵养、生物多样性保护、土壤保持、防风固沙、洪水调蓄、农产品提供、林产品提供、大都市群和重点城镇群。

在《全国生态功能区划（2015年修编）》中，根据各生态功能区对保障国家与区域生态安全的重要性，以水源涵养、生物多样性保护、土壤保持、防风固沙和洪水调蓄5类主导生态调节功能为基础，确定63个重要生态系统服务功能区（简称重要生态功能区），如长白山区水源涵养与生物多样性保护重要区、辽河源水源涵养重要区、秦岭—大巴山生物多样性保护与水源涵养重要区、武陵山区生物多样性保护与水源涵养重要区、海南中部生物多样性保护与水源涵养重要区、滇南生物多样性保护重要区等63个重要生态功能区，覆盖中国陆地国土面积的49.4%。2015年新修编的区划进一步强化了生态系统服务功能保护的重要性，加强了与《全国主体功能区规划》的衔接，对构建科学合理的生产空间、生活空间和生态空间，保障国家和区域生态安全具有十分重要的意义。

第二节　重点生态功能区保护与发展的背景

生态保护与经济发展，是全球共同面临的重大问题和挑战，而重点生态功能区是中国生态保护与发展矛盾的突出区域。

---

① 国务院关于印发全国主体功能区规划的通知，2010年12月21日. http://www.lcrc.org.cn/publish/portal0/tab222/info49154.htm.

依据中国 2013 年贫困人口"建档立卡"数据，目前全国有 14 个集中连片特困地区、832 个贫困县、12.8 万个贫困村、近 3000 万贫困户和 7017 万贫困人口。[①] 在现有的 7017 万贫困人口中，因病、因灾、因学、因劳动力致贫的人数分别占 42%、20%、10% 和 8%。[②] 贫困人口主要分布在中西部集中连片特困地区，多为深石山区、高寒区、生态脆弱区、灾害频发区和生态保护区，其自然条件差，基础设施薄弱，产业发展滞后，农民增收困难，贫困代际传递明显。[③] 据统计分析，2014 年西藏、甘肃、新疆、贵州、云南等省区的贫困发生率均超过 10%，云、贵、川、桂、湘、豫等省区的贫困人口数量均超过了500 万。[④]

尤其是中国贫困地区多位于国家重点生态功能区，绿色贫困问题突出。《中国农村扶贫开发纲要（2011～2020 年)》及《全国主体功能区规划》将全国 14 个集中连片特困地区列为国家重点生态功能区，成为国家重点保护和禁止开发的区域，承担着为国家或地区提供生态服务的重要义务。在贫困地区各类主体功能区中，重点生态功能区分布最广，占贫困地区总面积的 76.52%。[⑤] 如秦巴生物多样性生态功能区内总人口 1519.26 万人，其中，农业人口占总人口的 81%。秦巴生物多样性生态功能区为社会经济欠发达地区，46 个县中有 38 个为国家级贫困县。2011 年，农民人均收入为 4582 元/年，低于中国同期 6977 元/年的平均水平。[⑥]

这些地区为了保护生态环境，丧失许多发展机会、付出机会成本。同时，以农牧业为主，耕地和草场的限制开发，打断了农牧民广种薄收和扩大放牧面积的增收路线；排污和环保指标的定额，在一定程度上限制了部分有一定经济效益的地方工业的发展，导致这些地区的多数居民没有其他生活来源，成为绿色贫困人口。[⑦] 而一些地区生态环境良好，农牧业相对发达，却因地理区位差，远离经济中心，对外交通等联系不畅，限制了优势资源的对外经济联系和地区发展，同样让当地居民陷入贫困。总体来看，大多数贫困地区在主体功能区中的生态功能定位制约了大规模的区域经济开发，甚至一些重要生态功能区群众也面临"生态贫民"的尴尬局面。[⑧]

此外，扶贫开发与生态环境保护，也存在着突出的矛盾。贫困发生和贫困程

① http://politics.people.com.cn/n/2015/1127/c1001-27861506-2.html.

② http://news.china.com/domestic/945/20151216/20945243.html.

③ 刘永富. 以精准发力提高脱贫攻坚成效. 人民日报，2016-01-11.

④ http://news.china.com/domestic/945/20151216/20945243.html.

⑤ 周侃，王传胜. 中国贫困地区时空格局与差别化脱贫政策研究. 中国科学院院刊，2016，31（1）：101-111.

⑥ 国家林业局. 秦巴生物多样性生态功能区生态保护与建设规划（2013～2020 年），2013-12

⑦ 刘慧，叶儿肯·吾扎提. 中国西部地区生态扶贫策略研究. 中国人口. 资源与环境，2013，23（10）：52-58.

⑧ 刘慧. 实施精准扶贫与区域协调发展. 中国科学院院刊，2016，31（3）：320-327.

度，与生态环境状况存在着密切的关系。中国贫困地区多分布在干旱区、高山区和高寒区，当地居民面对着巨大的生存压力，在低生产力水平基础上，不得不对资源进行掠夺式的开发和经营，加上环保意识的缺乏以及环境整治力度的薄弱，反过来加剧了生态环境的恶化，形成了"脆弱生态—贫困—破坏—脆弱生态"的恶性贫困循环。在中国，贫困地区与生态环境脆弱地带具有高度的相关性，两者在地理空间分布上具有较高的一致性。2005 年国家环境保护部统计数据显示，全国 95% 的绝对贫困人口生活在生态环境极度脆弱的老少边穷地区。中国最贫困的人口，多生活在环境破坏最为严重、自然恢复能力最差的地区。恶劣的生态环境、贫乏的自然资源以及对外交通不畅，是导致贫困的综合因素。因此，保护和治理生态环境是贫困地区的一项重要任务。一方面，为了尽快脱贫，贫困地区需要加大开发力度，加速经济发展；但另一方面，又要加大生态环境治理力度，防止生态环境进一步退化。因此，扶贫开发与生态环境保护治理的矛盾较为突出。

第三节 中国政府对重点生态功能区的建设要求

党的十八大、十八届三中全会均明确要求推动各地区严格按照主体功能定位发展，以构建高效、协调、可持续的国土空间开发格局。[①] 为此，中央各部门先后出台了一系列规划和文件，如为开展重点生态功能区的具体建设工作，国家林业局率先启动了限制开发区涉及的国家 25 个重点生态功能区生态保护与建设规划（2013~2020）的编制工作。为加强国家重点生态功能区环境保护和管理，环境保护部联合国家发展和改革委员会、财政部印发了《关于加强国家重点生态功能区环境保护和管理的意见》。国家发展和改革委员会发布了《贯彻落实主体功能区战略，推进主体功能区建设若干政策的意见》等。这些都为重点生态功能区的保护与发展提出了目标、任务和要求等。

按照时间顺序，相关重要文件的主要内容和情况如下：

首先，2013 年 1 月，环境保护部、国家发展和改革委员会、财政部联合发布《关于加强国家重点生态功能区环境保护和管理的意见》指出，重点生态功能区要坚持生态主导、保护优先。把保护和修复生态环境、增强生态产品生产能力作为首要任务，坚持保护优先、自然恢复为主的方针，实施生态系统综合管理，严格管制各类开发活动，加强生态环境监管和评估，减少和防止对生态系统的干扰

---

① http：//news. xinhuanet. com/18cpcnc/2012 - 11/17/c_1137116659. htm；
http：//news. xinhuanet. com/politics/2013 - 11/15/c_118164235. htm.

和破坏。坚持严格准入、限制开发。① 重点生态功能区也是中国的生态红线。按照生态功能恢复和保育原则，实行更有针对性的产业准入和环境准入政策与标准，提高各类开发项目的产业和环境门槛。根据区域资源环境承载能力，坚持面上保护、点状开发，严格控制开发强度和开发范围，禁止成片蔓延式开发扩张，保持并逐步扩大自然生态空间。主要任务有：（一）严格控制开发强度，对国家重点生态功能区范围内各类开发活动进行严格管制，使人类活动占用的空间控制在目前水平并逐步缩小，以腾出更多的空间用于维系生态系统的良性循环；（二）加强产业发展引导。在不影响主体功能定位、不损害生态功能的前提下，支持重点生态功能区适度开发利用特色资源，合理发展适宜性产业；（三）全面划定生态红线。根据《国务院关于加强环境保护重点工作的意见》和《国家环境保护"十二五"规划》要求，环境保护部要会同有关部门出台生态红线划定技术规范，在国家重要（重点）生态功能区、陆地和海洋生态环境敏感区、脆弱区等区域划定生态红线，并会同国家发展和改革委员会、财政部等制定生态红线管制要求和环境经济政策；（四）加强生态功能评估。加强国家重点生态功能区生态功能调查与评估工作，制定国家重点生态功能区生态功能调查与评价指标体系及生态功能评估技术规程，建立健全区域生态功能综合评估长效机制，强化对区域生态功能稳定性和生态产品提供能力的评价和考核，定期评估区域主要生态功能及其动态变化情况；（五）强化生态环境监管。要强化监督检查，建立专门针对国家重点生态功能区和生态红线管制区的协调监管机制。各级环境保护部门要对重点生态功能区和生态红线管制区内的各类资源开发、生态建设和恢复等项目进行分类管理，依据其不同的生态影响特点和程度实行严格的生态环境监管，建立天地一体化的生态环境监管体系，完善区域内整体联动监管机制。要健全生态环境保护责任追究制度，加大惩罚力度；（六）健全生态补偿机制。加快制定出台生态补偿政策法规，建立动态调整、奖惩分明、导向明确的生态补偿长效机制。②

其次，2013 年 6 月，国家发展和改革委员会发布了《贯彻落实主体功能区战略，推进主体功能区建设若干政策的意见》指出，要加快实施主体功能区战略，围绕推进主体功能区建设这一战略任务，分类调控，突出重点，在发挥市场机制作用的基础上，完善推进主体功能区建设的配套政策，充分发挥政策导向作用，引导资源要素按照主体功能区优化配置，为主体功能区建设创造良好的政策环境，着力构建科学合理的城市化格局、农业发展格局和生态安全格局，促进城乡、区域以及人口、经济、资源环境的协调发展。③

尤其是提出要从各类主体功能区的功能定位和发展方向出发，把握不同区域的资源禀赋与发展特点，明确不同的政策方向和政策重点。对优化开发区域，要

①② http：//www.whepb.gov.cn/hbZrbhq/8829.jhtml.
③ http：//www.sdpc.gov.cn/fzgggz/fzgh/zcfg/201306/t20130625_546888.html.

着力引导提升国际竞争力；对重点开发区域，要促进新型工业化城镇化进程；对农产品主产区，要大力提高农产品供给能力；对重点生态功能区，要增强生态服务功能；对禁止开发区域，要加强监管；同时，优化政策组合，要把投资支持等激励政策与空间管制等限制、禁止性措施相结合，明确支持、限制和禁止性政策措施，引导各类主体功能区把开发和保护更好地结合起来。通过激励性政策和管制性措施，引导各类区域按照主体功能定位谋发展，约束各地不合理的空间开发行为，切实把科学发展和加快转变经济发展方式的要求落到实处。①

针对重点生态功能区，该文件指出要把增强提供生态产品能力、增强重点生态功能区生态服务功能作为首要任务，保护和修复生态环境，增强生态服务功能，保障国家生态安全。因地制宜地发展适宜产业、绿色经济，引导超载人口有序转移。（一）逐步加大政府投资对生态环境保护方面的支持力度，重点用于国家重点生态功能区特别是中西部重点生态功能区的发展。对重点生态功能区内国家支持的建设项目，适当提高中央政府补助比例，逐步降低市县级政府投资比例。实施好天然林资源保护、京津风沙源治理等重大生态修复工程，推进荒漠化、石漠化、水土流失综合治理，扩大森林、湖泊、湿地面积，保护生物多样性。（二）对各类开发活动进行严格管制，开发矿产资源、发展适宜产业和建设基础设施，须开展主体功能适应性评价，不得损害生态系统的稳定性和完整性。（三）实行更加严格的产业准入环境标准和碳排放标准，在不损害生态系统功能的前提下，鼓励因地制宜地发展旅游、农林牧产品生产和加工、观光休闲农业等产业。对不符合主体功能定位的现有产业，通过设备折旧补贴、设备贷款担保、迁移补贴、土地置换、关停补偿等手段，进行跨区域转移或实施关闭；（四）严格控制开发强度，城镇建设和工业开发要集中布局、点状开发，控制各类开发区数量和规模扩张，支持已有工业开发区改造成"零污染"的生态型工业区。鼓励与重点开发区域共建共办开发区，积极发展"飞地经济"。（五）政府在基本公共服务领域的投资以促进基本公共服务均等化为目标，优先向基本公共服务基础薄弱的国家重点生态功能区倾斜。（六）选择培育若干县城和重点镇，作为引导人口集中、产业集聚的载体和提供公共服务的重要平台，以及生态移民点集中布局所在地。（七）以完善公共服务和发展适宜产业为导向，有序推进基础设施建设。②

再次，2014 年 3 月，国家发展和改革委员会、环境保护部发布了《关于做好国家主体功能区建设试点示范工作的通知》。其中，周至县、志丹县和安康市被列为陕西省的三个国家主体功能区建设试点示范市（县），提出主体功能区建设试点示范工作的任务有：（一）保护优先，探索如何更好地增强生态产品供给能力；（二）绿色发展，探索如何更好地发展壮大特色生态经济；（三）成果共享，探

---

①② http://www.sdpc.gov.cn/fzgggz/fzgh/zcfg/201306/t20130625_546888.html.

索如何更好地在生态保护和发展中改善民生；（四）优化格局，探索如何更好地完善空间结构和布局；（五）完善制度，探索如何更好地建立国土空间开发保护制度。[①]

最后，2015年4月25日，中共中央、国务院发布了《关于加快推进生态文明建设的意见》，提出"协同推进新型工业化、信息化、城镇化、农业现代化和绿色化，以健全生态文明制度体系为重点，优化国土空间开发格局，全面促进资源节约利用"，提出要"加大自然生态系统和环境保护力度，切实改善生态环境质量""实施重大生态修复工程、稳定和扩大退耕还林范围，加快重点防护林体系建设、加大退牧还草力度，继续实行草原生态保护补助奖励政策。启动湿地生态效益补偿和退耕还湿；加强水土保持，因地制宜推进小流域综合治理；强化农田生态保护，实施耕地质量保护与提升行动"等。《关于加快推进生态文明建设的意见》要求"生态文明重大制度基本确立。基本形成源头预防、过程控制、损害赔偿、责任追究的生态文明制度体系，自然资源资产产权和用途管制、生态保护红线、生态保护补偿、生态环境保护管理体制等关键制度建设取得决定性成果"。[②] 文件中提出了"加快建立系统完整的生态文明制度体系，引导、规范和约束各类开发、利用、保护自然资源的行为，用制度保护生态环境"，包括：健全法律法规、完善标准体系、健全自然资源资产产权制度和用途管制制度、完善生态环境监管制度、严守资源环境生态红线、完善经济政策、推行市场化机制、健全生态保护补偿机制、健全政绩考核制度、完善责任追究制度十项制度。[③]

以上都为西部重点生态功能区的人口、资源与环境的可持续发展提出了目标和要求。

第四节　本书的研究目的与内容结构

本书目的是探索西部重点生态功能区人口、资源与环境协调发展的路径、方法与公共政策创新。结合中国新的发展背景和对重点生态功能区的要求，探索西部重点生态功能区或限制、禁止开发区协调保护与发展的新模式与新途径。

本书的内容包括十章，在背景和内容概述之后，研究了"十三五"期间中国统筹人口、资源、环境与可持续发展的重大问题，然后本书从西部重点生态功能区的典型案例分析、农户生计分析、公共政策分析三个方面进行了论述，本书的内容结构见图1-1。

---

① http：//ghs. ndrc. gov. cn/gzdt/201404/t20140411_606672. html.
②③ http：//news. xinhuanet. com/politics/2015-05/05/c_1115187518. htm.

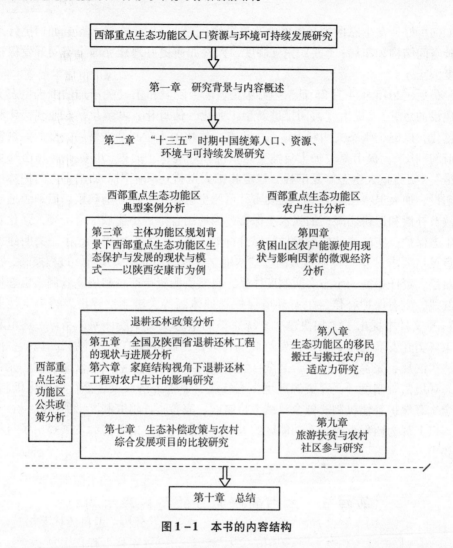

图 1-1　本书的内容结构

　　第一章为研究背景与内容概述。界定了本书重点生态功能区的概念和范围，阐述了本书的研究背景，尤其是重点生态功能区是中国生态保护与贫困、发展矛盾突出的区域，说明了全书的内容结构。

　　第二章为"十三五"时期中国统筹人口、资源、环境与可持续发展研究。本章首先综述了"十二五"时期中国人口、资源、环境与可持续发展的概况与主要措施，在阅读和掌握大量文献、专家座谈的基础上，提出和分析了"十三五"时期中国在统筹人口、资源、环境与可持续发展的四个重大问题，即统筹人口数量与资源环境承载力相适应、统筹人口分布与资源环境承载力相适应、统筹缓解环境污染与人口健康问题、统筹扶贫发展与资源环境保护，并提出了"十三五"时期重点生态功能区统筹人口资源环境与可持续发展的规划设计方案。

《全国主体功能区规划》将陕西省安康市列入了国家级限制开发重点生态功能区，全市除汉滨区外其他9个县划为秦巴生物多样性保护与水源涵养重要区，是国家"两屏三带"生态安全战略格局的重要组成部分。安康市也属于国家秦巴山区集中连片特困地区，安康10县区全部属于国家级秦巴山片区集中连片贫困区；10县区中有9个国家级贫困县。[1] 2014年，被国家发展和改革委员会、国家环保部确定为首批国家主体功能区建设试点示范市之一。因此，本书第三章，以陕西省安康市为例，探讨了主体功能区规划背景下的西部重点生态功能区生态保护与发展的现状与模式，分析了安康市作为重点生态功能区或禁限区生态保护与发展的现状、主要措施、问题与挑战等，总结了安康生态保护与经济协调发展的模式特点，并提出对策建议等。

第四章为贫困山区农户能源使用现状与影响因素的微观经济分析。贫困山区农户的能源使用问题，关系到当地的自然生态保护情况，农民过多采集薪柴会破坏山区的植被和森林覆盖率。农村居民能否实现能源的转型和升级换代，如使用煤炭、沼气等，也是农户生计转型或发展可持续生计的内容之一。而且，农户对森林或薪柴的可获得性情况也反映了相关林业政策对于当地农户福利或福祉的影响，尤其是对农村弱势群体的影响。第四章在大量的国内外贫困山区农户家庭能源使用研究综述的基础上，利用西安交通大学人口与发展研究所2011年11月底在安康开展的农户生计与环境调查数据，分析了安康山区农户薪柴、煤炭、液化气和沼气的使用情况与特征，采用计量经济模型对安康山区农户薪柴消费影响因素进行了分析，并进一步综合分析了安康调查地农户能源使用情况，辨识出当地存在三种能源使用类型的农户，分析了这三类农户的人口、社会、生计特征等，并采用了 Multinomial Logistic 回归模型来分析安康农户能源使用类型的影响因素，提出了若干对策建议等。

第五章为全国及陕西省退耕还林工程的现状与进展分析。退耕还林工程，是世界上规模最大、影响人数最多的生态补偿项目。退耕还林工程自1999年开始试点，2002年起进入全面启动与推进阶段，自2008年起进入巩固退耕还林成果专项规划与成果巩固政策完善阶段。《新一轮退耕还林还草总体方案》和《关于下达2014年退耕还林还草年度任务的通知》中明确2014年退耕还林任务500万亩，标志着新一轮退耕还林还草启动实施。基于课题组在陕西省延安市吴起县、安康市进行的专题调研、实地考察活动基础上，本章也分析了陕北延安市、吴起县，以及陕南安康市、石泉县实施退耕还林工程的现状与问题等，并利用课题组2015年10月底在延安吴起县、2015年11月中旬在安康市一区两县的农户问卷调查资料，利用一手调查数据分析了农户对新一轮退耕政策的态度及意愿、退耕

① http://dqs.ndrc.gov.cn/qygh/201304/t20130425_538612.html.

还林的补偿意愿、补偿方式与政策偏好、影响农户参与新一轮退耕还林意愿的因素、补偿期满农户继续保持退耕成果的意愿情况，并分析了调查地农户对退耕林木的管护、经营及效率。

第六章从家庭结构视角分析了退耕还林工程对农户生计的影响。首先，研究家庭结构与农户生计之间的关系，利用课题组 2011 年安康农户生计与环境调查资料，分别测度不同家庭结构农户的生计资本，分析并总结不同家庭结构农户生计策略及后果的特征，重点探究退耕还林工程对不同家庭结构农户收入影响的异质性。其次，探究退耕政策对农户生计的影响，对比分析退耕户与非退耕户在社会人口特征、生计资本、生计策略及后果方面的差异，并分别从农户层次和个体劳动力层次定量分析退耕还林工程对农户外出务工决策的影响。

第七章为生态补偿、农村综合发展项目的比较研究。一方面，对比分析了重点生态功能区普遍存在的两类公共政策，即生态补偿政策和农村扶贫与发展项目，另一方面，也基于西安交通大学人口与发展研究所课题组 2011 年安康调查数据和农户生计分析，使用倾向值配对方法对安康调查地开发式扶贫项目与补贴式扶贫项目的绩效进行了比较研究等。

第八章为生态功能区的移民搬迁与搬迁农户的适应力研究。在说明陕南避灾扶贫移民搬迁工程的进展、陕南移民搬迁的类型与基本特征等之后，利用西安交通大学人口与发展研究所课题组 2011 年安康农村入户调查数据，根据农户可持续生计分析框架，分析了安康移民搬迁户的生计现状；同时，对社会—生态系统、恢复力与适应力、适应力的测度与指标体系等进行了较深入的理论研究，并对安康移民搬迁户的生计策略与适应力进行了实证分析。

第九章为旅游扶贫与农村社区参与研究。分析了西部重点生态功能区发展旅游业的背景与意义、"十三五"时期中国旅游扶贫的主要措施与目标，对国内外社区参与旅游发展与旅游扶贫等进行了较全面、深入的研究综述，并研究了农村社区参与旅游的途径与旅游开发中的农村土地利用问题，最后基于在陕南安康农村的调查研究，研究了西部贫困山区旅游扶贫的现状与发展模式、对策建议等。

第十章为总结，并提出了进一步研究的方向。

"十三五"时期中国统筹人口、资源、环境与可持续发展研究

第一节 "十二五"时期中国人口、资源、环境与可持续发展的概况与主要措施

一、概 况

"十二五"以来,面对日趋强化的资源环境约束、环境破坏、生态退化、人口容量、经济发展与资源环境之间的矛盾,中国政府以建设资源节约型、环境保护型、人口均衡型三型社会为目标,将资源节约和生态建设、环境保护摆在更加重要的战略位置,大力推进生态文明建设,探索人口、资源与环境可持续发展的新路径,把节能减排作为经济社会发展的约束性指标,重点流域区域污染防治继续推进,主要污染物排放总量显著下降,节能减排、循环经济和生态环境保护工作不断加强,取得了明显成效。

在推进节能减排方面,2007~2012 年五年累计,共淘汰落后炼铁产能 1.17亿吨、炼钢产能 7800 万吨、水泥产能 7.75 亿吨;2012 年,全国的单位国内生产总值能耗比五年前下降 17.2%,化学需氧量、二氧化硫排放总量分别减少15.7% 和 17.5%;其中,"十二五"期间前三年,全国化学需氧量、氨氮、二氧化硫和氮氧化物均实现主要污染物总量减排年度目标;全国万元工业增加值用水量比十年前减少一半以上;单位国内生产总值建设用地下降 30%。①

---

① http://theory.people.com.cn/n/2013/0319/c40531-20832391.html,2013.

在污染治理方面，新增城市污水日处理能力 4600 万吨；全国城市污水处理率提高到 87.3%，火电脱硫比例提高到 90% 以上。[①]

在生态修复与保护方面，森林覆盖率不断提高。根据第八次全国森林资源清查（2009~2013 年）结果，全国森林面积 2.08 亿公顷，森林覆盖率 21.63%，活立木总蓄积 164.33 亿立方米，森林蓄积 151.37 亿立方米。牧区草原质量出现好转，沙漠化土地面积持续减少；截至 2013 年底，全国共建立各种类型、不同级别的自然保护区 2697 个，总面积约 14631 万公顷。其中，陆域面积 14175 万公顷，占全国陆地面积的 14.77%。[②]

二、采取的主要措施

"十二五"期间，中国政府坚持节约资源和保护环境的基本国策，积极推进经济结构战略性调整，节约资源和保护环境，使经济社会发展与人口资源环境相协调。具体地，不断健全国土空间开发、资源节约利用、生态环境保护的体制机制，将推动绿色、循环、低碳发展作为转换经济发展方式、调整经济结构、提升发展质量的重要抓手，综合运用经济、法律和必要的行政手段，不断健全激励与约束机制，增强可持续发展能力，提高生态文明水平，努力形成节约资源和保护环境的空间格局、产业结构、生产方式、生活方式，初步建立了能源资源节约、生态环境保护的制度框架和政策体系，资金投入力度持续加大，在统筹人口、资源与环境可持续发展的认识、政策、体制和能力等方面取得重要进展。

采取的主要措施与进展。

（1）《中共中央关于全面深化改革若干重大问题的决定》，首次提出，"生态文明体制"概念，"十二五"期间，中国政府不断完善环境管理体制。

①《中共中央关于全面深化改革若干重大问题的决定》，首次提出"生态文明体制"概念，并纳入全面深化改革的目标体系，并首次提出建立系统完整的生态文明制度体系。[③]

2013 年 12 月，党的十八届三中全会一致通过的《中共中央关于全面深化改革若干重大问题的决定》，首次出现了"生态文明体制"的新概念，还将其与经济体制、政治体制、文化体制、社会体制和党的建设制度并列纳入全面深化改革的目标体系。

《中共中央关于全面深化改革若干重大问题的决定》指出，"建设生态文明，

---

① http://theory.people.com.cn/n/2013/0319/c40531-2083 2391.html, 2013。
② 2013 年中国环境状况公报，中华人民共和国环境保护部，http://jcs.mep.gov.cn/hjzl/zkgb/2013zkgb/.
③ 黎祖交. 谈谈十八届三中全会决定生态文明制度建设十大亮点. 林业经济，2013（12）：8-13.

必须建立系统完整的生态文明制度体系,实行最严格的源头保护制度、损害赔偿制度、责任追究制度,完善环境治理和生态修复制度,用制度保护生态环境",建立从源头到过程直至后果、全方位的自然资源和生态、环境保护的制度体系。具体地,在源头严防方面,有健全自然资源资产产权制度和用途管制制度等若干制度;在过程严管方面,有划定生态红线、实行资源有偿使用和生态补偿制度、充分发挥税收和价格的杠杆作用等若干制度;在后果严惩方面,有损害责任赔偿制度、对造成生态环境损害的地方领导终身追究责任制度、对违法违规企业严厉惩罚制度等。①

②在"十二五"期间,中国政府逐步完善了资源节约、污染治理、环境保护的相关制度。

实施最严格的耕地保护制度,划定永久基本农田,建立保护补偿机制,从严控制各类建设占用耕地,落实耕地占补平衡,实行先补后占,确保耕地保有量不减少。

实行最严格的节约用地制度,从严控制建设用地总规模。按照节约集约和总量控制的原则,合理确定新增建设用地规模、结构、时序。提高土地保有成本,盘活存量建设用地,加大闲置土地清理处置力度,鼓励深度开发利用地上地下空间。强化土地利用总体规划和年度计划管控,严格用途管制,健全节约土地标准,加强用地节地责任和考核。

2012年2月,国务院发布了《关于实行最严格水资源管理制度的意见》,从国家层面对实行最严格水资源管理制度进行了全面部署和具体安排。② 水利部及各级主管部门积极落实最严格水资源管理制度,开展了大量工作。一是建立了最严格水资源管理的目标体系。综合考虑流域水资源承载能力和环境承载能力、现状用水规模和未来经济社会发展需求,确定了流域2015年、2020年和2030年水资源管理"三条红线"控制指标。二是开展最严格水资源管理制度试点工作。选择具备工作基础的省、区、市、流域开展试点工作。三是全面加强各项水资源管理工作。启动了重要江河水量分配工作,成立了水利部水量分配工作领导小组;强化用水效率管理。水利部完成了"三条红线"控制指标分解确认到省区市,水资源论证和取水许可管理不断强化。③

此外,在自然资源产权管理制度方面,"十二五"期间,深化了集体林权制度改革,集体林权制度主体改革基本完成,启动国有林场改革试点;依法开展草原承包经营登记,全面推进农村集体土地确权颁证工作,开展农村土地承包经营

① 黎祖交. 谈谈十八届三中全会决定生态文明制度建设十大亮点. 林业经济,2013(12):8-13.

② http://www.gov.cn/zhuanti/2015-06/13/content_2878992. htm.

③ 中华人民共和国环境保护部. 2011 中国环境状况公报,http://www.zhb.gov.cn/gkml/hbb/qt/201301/t20130109_244899. htm.

权登记试点等。

③加强了环境监管，完善了环境监测预警应急体系，逐步健全国家监察、地方监管、单位负责的环境监管体制，逐步落实环境保护目标责任制。

如环保部出台了加强重污染天气监测、预警和应急管理工作的政策文件，实时发布"京津冀""长三角""珠三角""三区"地级及以上城市、直辖市、省会城市等74个城市细颗粒物（PM2.5）等监测数据，并开展空气质量状况排名；北京、上海及京津冀区域初步建成空气质量预报预警体系。①

（2）"十二五"期间，颁布了一系列有关环境保护与环境质量、生态建设、国土空间分布、新型城镇化方面的规划。

①制定和发布了《环境保护"十二五"规划》，以及在环境与生态保护、资源节约与利用方面的多个专项规划。

如《生态保护"十二五"规划》《国家环境保护"十二五"环境与健康工作规划》《全国地下水污染防治规划（2011～2020）》《重点区域大气污染防治规划（2011～2015）》《全国土壤环境保护规划（2011～2015）》《全国防沙治沙规划（2011～2020）》《重金属污染综合防治"十二五"规划》《节水型社会建设"十二五"规划》。同时，针对当前危害群众健康的大气污染、水污染、土壤污染的突出问题，2013年9月12日，国务院发布《大气污染防治行动计划》（简称"大气十条"）。同时，《水污染防治行动计划》即将全面实施，环保部已于2014年6月初提交国务院审议。《土壤环境保护和污染治理行动计划》已经编制完成，2014年4月已经提交至国务院审议，该计划提出了依法推进土壤环境保护、坚决切断各类土壤污染源、实施农用地分级管理和建设用地分类管控以及土壤修复工程、以土壤环境质量优化空间布局和产业结构、提升科技支撑能力和产业化水平、建立健全管理体制机制、发挥市场机制作用等主要任务，明确了保障措施，强化了引导公众参与。②

②在优化人口与国土空间分布方面，通过实施《主体功能区规划》，以主体功能定位为依据，推进优化人口分布与国土空间开发格局，并与新型城镇化战略相结合；目前，正在制定《全国环境功能区划》，完成了《全国重要江河湖泊水功能区划（2011～2030）》。

中国国土具有空间多样性、非均衡性、脆弱性的特征，在"十二五"期间，中国政府以优化国土空间开发格局，合理控制开发强度，调整空间结构为目标，严格按照主体功能区定位推动发展，推进落实《全国主体功能区规划》，制定了

---

① 中华人民共和国环境保护部，2013年中国环境状况公报，http://jcs.mep.gov.cn/hjzl/zkgb/2013zkgb/.

② http://www.hbzhan.com/news/detail/107477.html.

"西部大开发"新十年指导意见和一系列区域发展规划,并制定相关配套政策。①

③颁布了《新型城镇化规划(2014~2020)》。

其中,在第二十四章和第二十七章为"深化土地管理制度改革""强化生态环境保护制度",要求坚持科学规划、合理布局、城乡统筹、节约用地、因地制宜、提高质量的原则,积极稳妥地推动城镇化健康发展。②

(3)"十二五"期间,中国完善和发布了有关环境保护与环境质量、生态建设、国土空间分布、新型城镇化方面的法律、法规,同时发布了一些新的环境质量标准。

①修订了《中华人民共和国环境保护法》。

在《中华人民共和国环境保护法》颁布22年后的2011年初,全国人大常委会宣布,将环保法修订列入2011年度立法计划。随后,环保部成立了环保法修改工作领导小组,并起草了修改建议初稿。2014年4月24日,第十二届全国人大常委会第八次会议审议通过《中华人民共和国环境保护法》修正案草案,2015年1月1日起执行。

《中华人民共和国环境保护法》修订历时3年多,经历了两次公开征求意见,四次审议,2014年4月24日终于得以通过,《中华人民共和国环境保护法》自1989年颁布实施,到25年后的首次修订,立法与改革的力度越来越大,体现了民主立法、科学立法、开门立法在环境保护领域的有效实践。此次《中华人民共和国环境保护法》的通过稿,具有理念先进、科学民主、手段硬实、模式创新、责任严厉等特点。③

②发布了一些新的环境质量标准。

2012年,中国进一步明确新时期国家环境空气管理目标要求,发布了《环境空气质量标准》(GB3095-2012)及其配套标准《环境空气质量指数(AQI)技术规定(试行)》(HJ633-2012);进一步强化重点行业、领域大气污染物控制要求,发布了《铁矿采选工业污染物排放标准》(GB28661-2012)等8项钢铁和焦化工业污染物系列排放标准,以及一批配套环境监测和管理技术规范。

2012年2月29日,国务院常务会议审议通过并同意发布《环境空气质量标准》(GB3095-2012)。新标准新增PM2.5年平均、24小时平均浓度限值,增加臭氧(O_3)8小时平均浓度限值等,严格了部分污染物限制,提高监测数据统计的有效性要求,提出了部分重金属参考浓度限值等。

(4)"十二五"期间,中国加强了环境保护、节能减排、生态建设方面的财政投入。

---

① http://www.chinanews.com/gn/2012/02-06/3648534.shtml.

② http://politics.rmlt.com.cn/2014/0317/244361.shtml.

③ http://news.gmw.cn/newspaper/2015-01/30/content_104194547.htm.

2007~2012 年五年，全国财政用于节能环保投入累计达 1.14 万亿元；中国环保投资总量呈持续递增趋势，但环保投资占 GDP 比重处于波动状态。2011 年环保投资总量和比重均大幅走低，2012 年环保投资总量大幅增加，达到 8253.6 亿元，比重达到 1.6%。其中，建设项目"三同时"环保投资是企业环保投资的主渠道。①

《关于 2013 中央和地方预算执行情况与 2014 年中央和地方预算草案的报告》显示，2013 年中国节能环保支出 1803.9 亿元，完成预算的 85.8%，下降 9.7%。主要用于支持重点地区开展大气污染防治工作，安排奖励资金支持淘汰落后产能等方面。大气污染防治专项资金和江河湖泊生态环境保护专项资金设立，是 2013 年环保专项财政资金的新举措。首批专项大气污染防治资金发放 50 亿元全部用于京津冀及周边地区大气污染治理工作，重点向治理任务重的河北省倾斜。该项资金以"以奖代补"的方式，按上述地区预期污染物减排量、污染治理投入、PM 2.5 浓度下降比例三项因素分配。② 此外，中央财政整合设立江河湖泊生态环境保护专项资金，并于 2013 年 11 月 25 日由财政部、环境保护部联合下发《江河湖泊生态环境保护项目资金管理办法》，2014 年将重点支持 15 个湖泊，每个湖泊年度投资金额 2 亿~3 亿元。③

同时，利用公共财政，中国政府积极推进天然林保护、退耕还林、防沙治沙等重点林业生态修复工程、湿地保护与恢复工程、荒漠化、石漠化综合治理工程，以及土地开发整理复垦、水土流失治理工程等。如 2013 年，中央财政投入 20 亿元资金在内蒙古、四川、甘肃、宁夏、西藏、青海、新疆维吾尔自治区、贵州、云南、黑龙江和新疆生产建设兵团实施退牧还草工程。中央投资 4.25 亿元资金在北京、天津、山西、河北和陕西实施京津风沙源草地治理工程。中央投入 19 亿元资金在四川、西藏、甘肃、青海、新疆维吾尔自治区和新疆生产建设兵团实施游牧民定居工程。④ 2008~2013 年，累计完成造林 2953 万公顷，治理沙漠化、石漠化土地 1196 万公顷，综合治理水土流失面积 24.6 万平方公里，整治国土面积 18 万平方公里。⑤

（5）积极实施环境经济政策，深化资源性产品价格和环保收费改革，正在建立和健全能够灵活反映市场供求关系、资源稀缺程度和环境损害成本的资源性产品价格。

---

① 关于 2013 中央和地方预算执行情况与 2014 年中央和地方预算草案的报告，http://news. xinhuanet. com/politics/2014 – 03/15/c_119785626. htm.

②④ 中华人民共和国环境保护部，2013 年中国环境状况公报，http://jcs. mep. gov. cn/hjzl/zkgb/2013zkgb/.

③ 深入贯彻党的十八届三中全会精神以改革创新为动力推进美丽中国建设，中国环境报，http://news. cenews. com. cn/html/2014 – 01/13/content_4368. htm.

⑤ http://theory. people. com. cn/n/2013/0319/c40531 – 20832391. html，2013.

党的十八届三中全会通过的《中共中央关于全面深化改革若干重大问题的决定》强调了对资源有偿使用和生态补偿制度等环境经济政策的建设要求，更加着重以市场化的手段来解决环境问题。"十二五"期间，中国也实施了积极的环境经济政策，深化资源性产品价格和环保收费改革。

①推进资源税改革，煤炭资源税从价计征。

②继续深化推进环境资源价格政策。

如提高了排污收费标准，实施差别化排污费，推进实施排污收费标准与征收范围的改革；配合实行最严格的水资源管理制度，合理制定和调整各地水资源费征收标准，全国约30%的地级市实施了阶梯水价制度，上调城市供水价格仍是各地水价改革的基本趋势，推进农业水价综合改革；进一步规范水资源费、矿产资源费征收，华北地区的不少城市加快推进再生水价政策改革。

完善成品油、天然气价格形成机制和各类电价定价机制，加快理顺能源价格体系。如脱硝电价由每千瓦时0.8分提高到1分，实施除尘电价政策每千瓦时0.2分，脱销电价政策试点范围逐步扩大为全国所有燃煤发电机组。①

③推进和完善了生态补偿制度。

2008年，中央财政出台了国家重点生态功能区转移支付政策。2012年，中央财政对国家重点生态功能区转移支付371亿元，转移支付范围覆盖国家重点生态功能区、三江源生态功能区等466个县（市）和国家森林公园、自然保护区等1367个禁止开发区。2012年开始，中央财政将国家重点生态功能区所属县市纳入生态环境质量考核范围，根据环保部提供的考核结果实施相应的奖惩机制，对生态环境质量改善的地区给予奖励，对生态质量变差的地区扣减其转移支付。2013年，中央财政安排国家重点生态功能区转移支付423亿元，范围扩大到492个县。② 2014年，中央财政下拨国家重点生态功能区转移支付480亿元，享受转移支付的县市已达512个。2008~2014年，中央财政累计下拨国家重点生态功能区转移支付2004亿元③，多地因地制宜探索补偿模式。

④开展碳排放和排污权交易试点。研究制定排污权有偿使用和交易试点的指导意见。

20多个省区市开展了排污权有偿使用及排污权交易试点探索，不少省区市排污权交易量大幅增加，排污权交易探索加快；一些地方积极探索排污权（抵）质押盘活排污权资源；深圳、上海、北京等地碳排放权交易试点地区全面启动试点工作。

① 中华人民共和国环境保护部，2013年中国环境状况公报，http://jcs.mep.gov.cn/hjzl/zkgb/2013zkgb/.

② 中华人民共和国财政部. 国家重点功能区转移支付情况，http://www.mof.gov.cn/zhuantihuigu/czjbqk1/jbqk2/201405/t20140504_1074651.html.

③ http://news.xinhuanet.com/fortune/2014-07/01/c_1111402960.htm.

第二节 "十三五"时期中国统筹人口、资源、环境与可持续发展面临的重大问题研究

一、"十三五"时期统筹人口、资源、环境与可持续发展的重大问题

以往统筹人口、资源、环境与可持续发展的研究仍主要集中在对人口、资源、环境三个系统进行独立的分析，因而对于促进人口、资源与环境统筹发展的作用有限，而本节基于整个人口、资源、环境的大系统，针对该系统内部和人口发展与资源环境相关的重点问题进行分析，也是对以往研究的一个新的突破。

统筹人口、资源、环境与可持续发展的本质，是协调好人口与资源环境承载能力的关系，即统筹人口发展与资源环境承载力的提升。人口发展的基本要素，主要涉及人口数量、人口分布与流动、人口素质（健康、文化等）、人口结构（性别、年龄等），资源承载能力主要涉及土地资源、水资源、森林资源、矿产能源等的承载能力，环境涉及大气环境、土壤环境、水环境等。因此，统筹人口与资源环境可持续发展，旨在统筹解决人口要素与资源环境要素的承载能力不相适应的问题。此外，统筹人口、资源、环境与可持续发展是一个长远目标，从长期来看，需要统筹解决人口、资源、环境领域面临的所有问题。在一定的发展阶段，人口、资源、环境的具体态势使得一些问题尤为突显，成为统筹解决其他人资环问题的基础和关键，本章提出了"十三五"时期新形势下统筹人口、资源、环境与可持续发展面临的突出问题，见图2-1，主要包括以下4个方面。

1. 统筹人口数量与资源环境承载力相适应的重要性

人口、资源、环境之间的矛盾，源于人口对资源环境的压力，其中，最根本的是人口数量/规模过载对资源环境的压迫。当人口数量同某一地区自然资源的状况相适应时，将对生产力的发展起促进作用，反之，对生产力发展均将起延缓作用。

"十三五"期间，生育率维持在较低水平且人口总量将趋于峰值，人口基数庞大；生育政策或进行调整，如全面放开二孩政策，新的人口增长会对资源环境带来新的冲击。随着新型城镇化进一步加速发展，城镇人口比重逐渐增加，对建设用地的需求也增加，而耕地面积减少，见图2-2。

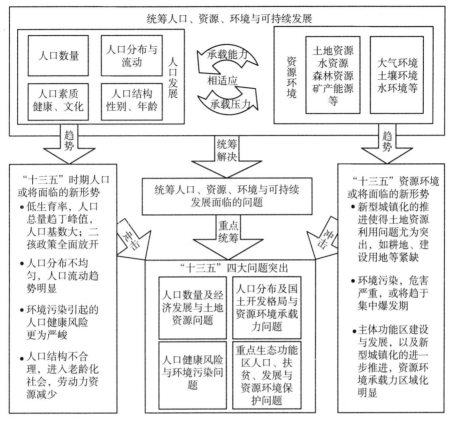

图 2 - 1　"十三五"时期统筹人口、资源、环境与可持续发展的突出问题

资料来源：本书作者研究。

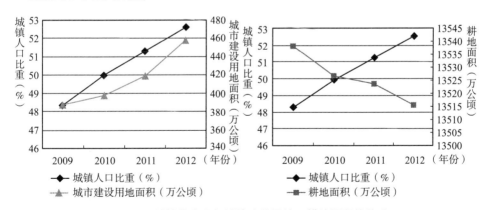

图 2 - 2　城镇化水平与城镇建设用地、耕地面积的关系

资料来源：城镇人口比重数据来源于《中国统计年鉴 2013》，http://www.stats.gov.cn/tjsj/ndsj/2013/indexch.htm；耕地面积数据来源于《2013 年中国国土资源公报》；城市建设用地面积数据来源于，http://data.stats.gov.cn/workspace/index? a = q&type = global&dbcode = hgnd&m = hgnd&dimension = zb&code = A0B0203&region = 000000&time = 2012，2012。

因此，人口数量与资源环境的矛盾，是"十三五"期间的突出问题。其中，土地资源是中国农业生产、国民经济可持续发展以及新型城镇化继续推进的基础和关键。研究人口数量及经济与土地资源问题，是"十三五"期间统筹人口、资源、环境与可持续发展的首要任务。

2. 统筹人口分布与资源环境承载力相适应的重要性

人口的地域分布作为一种社会现象，是影响生产力发展和生产布局特点的重要因素之一。优化人口布局与资源环境承载力相适应的过程为生产力的发展及其区域结构的变化带来新的推动力，对合理布局生产力、促进区域经济协调发展，改善区域资源环境状况均有重要意义（杨云彦等，2011）。党的十八大首次把"国土"作为生态文明建设的空间载体，把"优化国土空间开发格局"作为生态文明建设的首要任务，实施主体功能区战略、形成主体功能区布局是优化空间格局的战略重点。

"十三五"期间，随着主体功能区的建设与发展，中国将面临较大的人口流动趋势，随之带来了人口结构的变化，对人口素质也提出了新的要求。因此，优化人口空间分布和国土空间格局，与资源环境相适应，是"十三五"期间统筹人口、资源、环境与可持续发展的重要推动力。

3. 统筹缓解环境污染与人口健康问题的重要性

环境与健康问题，是关系社会主义和谐社会建设、人民身体健康和生命安全的重大民生问题，对于转变经济发展方式、推动环境管理从总量控制走向质量控制、最终实现风险防范的跨越式发展具有重要意义。

目前，中国由环境污染引起公众健康损害问题已经日益突出，甚至成为影响社会和谐的重大问题，备受社会各界关注。环境污染引起的健康问题，影响范围广、后果严重，可能导致疾病、癌症、出生缺陷、不孕不育等，且隐蔽性强。

"十三五"期间，人口健康风险趋势将更为严峻，环境污染对人体健康的危害尤为显现，如与环境污染相关疾病的死亡率或患病率持续上升。而中国环境与健康工作仍显薄弱，能力和水平存在较大差距，环境污染带来的环境质量下降、生态平衡破坏以及公众健康危害，越来越成为制约经济持续增长和影响社会和谐发展的关键因素。因此，加强环境与健康工作，解决发展、环境、健康之间的矛盾，确保环境和人口健康得到有效保护，是"十三五"期间统筹人口、资源、环境与可持续发展的基本要求和重要任务。

4. 统筹扶贫发展与资源环境保护的重要性

人口、资源、环境的矛盾最终表现为人口发展对资源环境的压力，即人类生产生活方式对资源环境的过度利用和破坏。而重点生态功能区是生态系统脆弱或生态功能重要、资源环境承载能力较低的区域，面临着更为突出的贫困与环境保护矛盾。

在"十三五"时期，随着主体功能区建设的继续推进，作为人与自然和谐相处示范区的重点生态功能区，需按照人口、资源、环境相协调、统筹城乡发展、统筹区域发展的要求对重点生态功能区进行生态保护和开发建设，有效促进人口、资源、环境的空间均衡。如引导该区域人口有序转移到重点开发区域以达到人口与经济相协调；区域在减少人口规模的同时，要相应减少人口占地的规模以达到人口与土地相协调等。因此，重点生态功能区人口、扶贫、发展与资源环境问题，是"十三五"时期统筹重点生态功能区人口、资源、环境与可持续发展的重点和难点。

二、"十二五"时期统筹人口、资源、环境与可持续发展的重大问题的进展

1. 优化人口分布及国土空间开发格局与资源环境承载力相适应的进展

针对中国人口分布、经济格局与资源环境承载力不相协调的现状，中国在"十二五"时期致力于探索统筹人口分布、国土空间开发与资源环境相适应的方法和路径，并取得了一些进展。

（1）人口分布及国土空间开发相关规划、政策文件的出台和落实

《中华人民共和国国民经济和社会发展第十二个五年规划纲要》明确提出，实施主体功能区战略，统筹谋划人口分布、经济布局、国土利用和城镇化格局，引导人口和经济向适宜开发的区域集聚，保护农业和生态发展空间，促进人口、经济与资源环境相协调。[①] 作为中国国土空间开发的战略性、基础性和约束性规划，《全国主体功能区规划》的实施，对"十二五"期间引导人口分布、经济布局与资源环境承载能力相适应，促进人口、经济、资源环境的空间均衡提供了有利的指导；为贯彻落实主体功能区战略，推动各地区严格按照主体功能定位发展，国家发展和改革委员会提出了《推进主体功能区建设若干政策的意见》，且为进一步展开具体建设工作，国家林业局率先启动了限制开发区涉及的国家25个重点生态功能区生态保护与建设规划（2013～2020）编制工作。[②] 为了规范转移支付分配、使用和管理，财政部先后出台了《国家重点生态功能区转移支付办

---

① http://www.moa.gov.cn/fwllm/jjps/201103/t20110317_1949003.htm.

② http://www.scio.gov.cn/xwfbh/xwbfbh/wqfbh/2015/33445/xgbd33453/Document/1448863/1448863.htm.

法》《2012 年中央对地方国家重点生态功能区转移支付办法》等。

（2）相关试点示范工作的开展

2012 年，国家林业局开展了甘南黄河重要水源补给、大别山水土保持、南岭山地森林及生物多样性、秦巴生物多样性、武陵山区生物多样性与水土保持 5 个重点生态功能区生态保护与建设规划的编制。2013 年，在全国范围内选择有代表性的 100 个地区开展国家生态文明先行示范区建设，国家发展和改革委员会联合财政部、国土资源部、水利部、农业部、国家林业局制定了《国家生态文明先行示范区建设方案（试行）》，涉及科学谋划空间开发格局、调整优化产业结构、着力推动绿色循环低碳发展等主要任务。① 2014 年，国家发展和改革委员会、环境保护部启动了国家主体功能区建设试点示范工作，以国家重点生态功能区为主体，明确了国家主体功能区建设试点示范的名单，试点示范工作的意义、总体要求和主要任务以及组织实施等②。

2. 统筹解决人口健康风险与环境污染的进展

中国面临较为严峻的环境与健康问题，复合型污染严重，对人口健康影响范围广，时间长。城市地区的环境与健康问题主要是由大气污染引起的，而农村地区则主源于水污染和土壤污染。且工业化、城市化的推进，人口老龄化更加大了环境污染与健康风险。③ 为此，在"十二五"期间，中国在环境与人口健康方面做出了许多工作。

（1）相关法律法规和政策文件中突出环境与健康工作的重要性

新修订的《中华人民共和国环境保护法》明确要加强环境与健康管理，并规定了环境与健康管理的内容，推动中国环境管理由总量控制向风险管理的转型。自 2007 年发布《国家环境与健康行动计划》以来，中国共出台 10 部环境与健康相关政策性文件，逐步确立了环境与健康工作是环境保护的重点工作之一，初步提出环境与健康工作组织领导与基本职责，逐渐明确了风险管理是环境与健康工作的主要目标，形成了环境与健康风险管理的主要内容（李萱等，2013）。

（2）形成有关环境与健康风险管理和防控的规定与措施

现行多部污染防治单行法中，对于人体健康有突出影响的重点污染物、人口密集区域，有更为严格的管理手段进行特殊保护。现行有效的环境保护单行法针对突发环境事件中健康风险管理有相关条款。《国家突发环境事件预案》提出了对环境事件进行风险管理的要点与基本步骤。此外，环保部门与卫生部门积极开

---

① http：//www. scio. gov. cn/xwfbh/xwbfbh/wqfbh/2015/33445/xgbd33453/Document/1448863/1448863. htm.
② 国家发展改革委、环境保护部关于做好国家主体功能区建设试点示范工作的通知，http：//ghs. ndrc. gov. cn/gzdt/wwxx/201404/t20140411_606672. html.
③ 中国环境报，推进战略转型、保障公众健康，http：//news. cenews. com. cn/html/2014 – 10/14/content_18990. htm，2014 – 10 – 14.

展合作，加强宣传教育，实施公共卫生干预措施，在减少环境污染导致的健康风险方面，已经形成了科学、有效、经济的方式。

3. 统筹重点生态功能区人口、扶贫、发展与资源环境保护的进展

国家重点生态功能区生态系统脆弱或生态功能重要，资源环境承载能力较低，涉及大小兴安岭森林生态功能区等 25 个地区，总面积约 386 万平方公里，占全国陆地国土面积的 40.2%；2008 年底总人口约 1.1 亿人，占全国总人口的 8.5%。[①] 同时，国家重点生态功能区又是中国贫困人口集中分布区，大部分县市都位于中国 14 个集中连片特困区范围内。为此，"十二五"期间，针对重点生态功能区采取了一系列政策措施，以达到生态保护与扶贫发展的双赢目标。

（1）加大国家重点生态功能区转移支付力度

从 2008 年起，中央财政设立国家重点生态功能区转移支付，通过明显提高转移支付补助系数等方式，加大对国家重点生态功能区和禁止开发区域的一般性转移支付力度，2014 年又将河北环京津生态屏障、西藏珠穆朗玛峰等区域内的 20 个县纳入转移支付范围，享受转移支付的县市已达 512 个。2008～2014 年，中央财政累计下拨国家重点生态功能区转移支付 2004 亿元，其中，2014 年 480 亿元。[②]

（2）环境保护相关法规、规划、政策等文件的出台和落实

《中华人民共和国水土保持法》和新修订的《中华人民共和国环境保护法》对重点生态功能区、生态脆弱区、生态补偿制度等做出了相关规定。《全国主体功能区规划》明确了重点生态功能区的功能定位及发展方向。《国家生态保护红线——生态功能基线划定技术指南（试行）》整体推进了全国生态保护红线划定工作。[③] 全面建立草原生态保护补助奖励机制，中央财政按每亩 20 元的标准给予禁牧补助，按每亩 2.17 元的标准对未超载放牧的牧民给予奖励。

（3）重点生态功能区扶贫与发展相关政策、项目的开展

中央和地方政府或发展机构实施了具有协调环境保护和农村发展潜质的项目，如农村综合发展项目、以工代赈项目、生态移民搬迁、"飞地经济"建设等。2010 年，国家发展和改革委员会将生态移民作为针对重点生态功能区实施的区域政策之一，贵州省 2012～2013 年共投入资金 49.33 亿元，搬迁贫困人口 25 万人，2013 年移民家庭的人均纯收入达到 5732 元。[④]

---

① 国务院关于印发全国主体功能区规划的通知，2010 - 12 - 21.

② 中央财政下拨国家重点生态功能区转移支付 480 亿，http://www.chinanews.com/gn/2014/07 - 01/6336356. shtml，2014 - 07 - 01.

③ 红线是实线关键在执行——解读《国家生态保护红线——生态功能基线划定技术指南（试行）》，中国环境报，http://59.108.157.198/html/2014 - 01/28/content_5085. htm，2014 - 01 - 28.

④ 贵州：扶贫生态移民工程实施两年搬迁贫困人口 25 万人，国务院扶贫开发领导小组办公室网站，http://www.cpad.gov.cn/publicfiles/business/htmlfiles/FPB/fpym/201406/196805. html.

（4）推动新型城镇化和基本公共服务均等化

重点生态功能区城镇化水平相对滞后，但是已经步入快速推进期。同时，生态移民作为推进城镇化的有力抓手，可以促进农村人口集聚，有效促进城镇扩能提质。

目前，中国已初步形成了基本公共服务的制度框架，有效地缓解了教育、就业、就医、社会保障、文化生活等难点问题。如陕南省安康市 2013 年完成教育项目投资 8.5 亿元，学前教育和高中入学率分别达到 93% 和 92.8%；完成民生工程投资 95 亿元，新增城镇就业 1.75 万人，农村劳动力转移就业 68 万人；城乡居民社会养老保险、城镇基本医疗保险、"新农合"实现全覆盖等。①

三、统筹人口、资源、环境与可持续发展的重大问题与挑战

1. 人口、资源、环境与可持续发展重大问题的特征分析

（1）人口数量、经济发展与土地资源问题的特征

"十二五"期间，城镇化水平持续提升，人口与土地问题尖锐。随着中国经济发展水平的不断提升，中国的城镇化率也随之不断增加，越来越多的城市在扩大、膨胀。2011 年，中国城镇化率为 51.27%，2012 年城镇化率为 52.57%，2013 年城镇化率为 53.73%。图 2 – 3 显示，2004～2013 年，中国城市建设用地面积不断增加。这些增加的土地面积大部分来自于征用的土地面积，如图 2 – 4 所示。

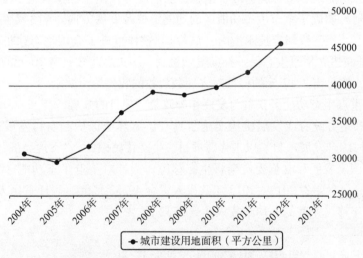

—●— 城市建设用地面积（平方公里）

图 2 – 3 2004～2013 年中国城市建设用地面积

资料来源：国家统计局。

---

① 安康市 2014 年政府工作报告，安康市政府网站，http：//www. ankang. gov. cn/Item/65294_2. aspx.

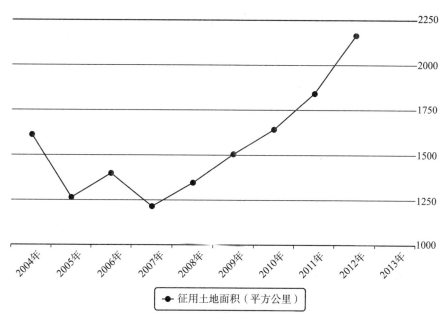

图 2 - 4　2004～2013 年中国征用土地面积

资料来源：根据国家统计局相关数据整理而得。

　　2004～2013 年，中国征用土地面积除了在 2005 年和 2007 年有些许下降外，基本呈现上升趋势。征用土地面积，指国家为公共利益的需要，可以依法对集体所有土地征用的面积。征用之后的土地所有权性质从集体所有转变为国有。征用土地除了带来耕地面积减少，还存在极大的社会不安定因素，近些年来，强行征地、强拆乱拆的事件屡禁不止，征地正逐渐成为影响社会安定团结的一种行为，同时大面积的征地也使得人口与土地之间矛盾加剧。

　　（2）人口分布及国土空间开发格局与资源环境承载力问题的特征

　　目前，中国人口空间分布及国土空间开发格局与区域资源环境、经济承载力不相适应，主要有以下特征。

　　①人口主要集中在东中部城市化地区和生态环境脆弱的贫困地区，与主体功能区规划目标有一定差距。

　　东部沿海地区是人口及经济发展最集中的地区，且一些资源环境承载能力较弱的限制开发与禁止开发区域的人口密度也相对偏高，如 25 个重点生态功能区总人口数为 11354.7 万人，水土保持类型人口密度高达 177 人/平方公里，见图 2－5。加之，优化开发区域仍是人口的主要流入地，人口容量几近饱和，资源环境的人口承载能力已开始减弱，而重点开发区域人口主要集中在区内中心城市，中心城市周边人口密度相对较低，具有较大的人口吸纳能力（娄峰等，2012）。

②人口素质水平及年龄结构成为人口流动及各主体功能区发展的"瓶颈"。

区域社会经济发展与人口分布的协调程度，是促进人口与资源环境和社会经济协调发展的关键指标之一，依据《全国主体功能区规划》，优化开发区域需转变经济增长方式、促进产业升级；重点开发区域需承接优化开发区域的资本密集型产业的转移，逐步成为未来支撑全国经济发展的重要载体；限制开发区域和禁止开发区域，需引导人口的迁移进行生态环境保护。这些目标的实现，均需要高素质人口的支撑（张耀军等，2010）。① 而目前，各主体功能区人口素质未达到发展的要求。

此外，年龄结构现状也不利于各主体功能的发挥。如优化开发区域聚集了最高比例的劳动年龄人口（15~64岁），劳动力比较充裕，有较大的就业承载压力，但是，老龄化压力大，对养老相关的基础设施和基本公共服务的需求较大。而重点开发区域和限制开发区域的劳动年龄人口比重相对较低，不利于主体功能区的建设，见图2-6，（张耀军等，2010）。②

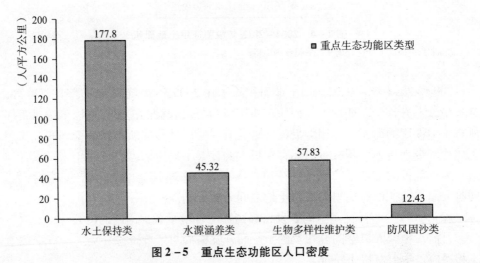

图2-5 重点生态功能区人口密度

资料来源：《全国主体功能区规划》，http：//www.china.com.cn/policy/txt/2011-06/13/content_22768278_3.htm.

③各主体功能区资源环境及经济的人口承载能力差异明显。

优化开发区域国土空间开发密度较高，有较高的经济承载力，但资源环境承载力已经开始减弱，建设用地供给短缺、水资源严重短缺、环境破坏严重等。③

---

①② 张耀军、陈伟、张颖. 区域人口均衡：主体功能区规划的关键，人口研究，2010（4）：8~19.
③ 国务院关于印发全国主体功能区规划的通知，2010-12-21.

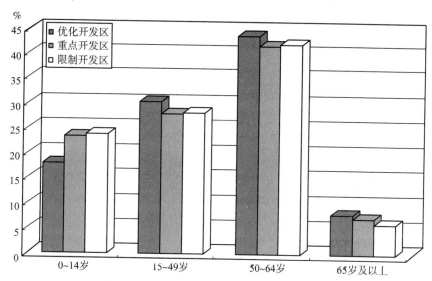

图2-6 三类主体功能区人口年龄结构

资料来源：张耀军、陈伟和张颖. 区域人口均衡：主体功能区规划的关键，人口研究，2010年第4期。

重点开发区域资源环境承载能力较强，但经济承载能力不高，有待进一步提升，如可利用土地资源丰富、自然灾害危险性较低、生态系统稳定性较强、但基础设施不完善等（高国力，2008）[①]。

限制开发和禁止开发区域生态环境承载能力较弱，与人口活动矛盾突出，经济水平较低。除了森林和部分条件较好的草原和湿地生态功能区，其他限制开发区域一般植被较少、水资源短缺、土地退化、水土流失严重。生态环境脆弱，基础设施建设差，从而导致较高的经济开发成本和开发后的环境修复成本（高国力，2008）。此外，一些自然保护区存在较为严重的人为破坏的威胁，如区内或周边社区居民的盗采盗伐、非法捕猎、开垦烧荒等活动（高国力，2008）[②]。

（3）环境与人口健康风险管理问题的特征

目前，中国环境污染严重，人口健康问题严峻，而环境健康风险应对和管理体系还存在一定的问题，主要表现为以下特征。

①环境与健康的风险管理的制度不健全。

中国当前的环境管理制度和手段，不适应风险管理的需要。首先，主要的环境管理制度并未体现对人体健康的具体要求，在对特征污染物的管理上作用不大甚至没有作用。其次，缺乏对于防止污染具有根本性作用的产业布局和城乡建设规划等的约束，难以从前置性环节控制污染物成害。再次，对环境风险的科学评估不够，以致相关预防和预警性不足。现有的环境管理模式是事后监控模式，并

---

①② 高国力等. 我国主体功能区划分与政策研究. 中国计划出版社，2008.

非事前的风险管理模式。

②环境与健康管理相关法律法规缺失。

中国至今还没有专门的环境与健康管理法规及执行标准，基本上都是参照环境、卫生等相关领域的标准法规开展各项工作，但是，现行环境标准和卫生标准存在不适用或缺失现象。此外，现行的环保、卫生及相关系统的法规中，也基本没有考虑环境与健康工作的需要和如何应对环境与健康问题（王五一等，2014）。

③环境与健康相关政策较为欠缺和分散。

中国目前的环境与健康政策，主要分散于环保政策法规、以污染防治单行法为主要内容的环境管理制度与法律规定之中。且缺乏风险评估、调查、检测等关键政策，如风险调查的制度性规范、风险评估的技术导则等。政策手段方面，目前只是初步提出环境与健康调查、环境与健康风险评价和化学品管理 3 项政策手段，其他政策手段处于欠缺状态，使环境与健康风险防范的目标难以实现。①

④环境与健康相关基础数据的缺乏。

自 20 世纪 90 年代以来，中国一直没有开展全国性或区域性大规模的环境与健康调查工作，设置的检测项目有限且很多环境监测项目与卫生监测项目之间缺少关联。另外，各部门的相关信息获取各成体系，各个部门间却没有形成一个共享数据库，数据不能共享且难以与管理互动。这些共同导致了基础数据严重缺乏，环境污染及其健康影响的底数和状况不清，各部门对环境污染导致人群健康损害的地区分布、健康损害程度和趋势演变等情况都不能及时掌握，给环境污染健康风险评价和应对措施的研究带来很大困难（王五一等，2014）。

（4）重点生态功能区人口、扶贫、发展与资源环境保护问题的特征

国家重点生态功能区人口扶贫发展与资源环境保护问题的特征有以下几点。

①生态破坏严重，成为重要的致贫因素。

重点生态功能区生态系统类型复杂多样，自然资源非常丰富，但面临非常严重的生态退化及破坏现象，如重要江河源头和重要水源补给区土壤侵蚀性高、水土流失严重，威胁下游地区生态安全；北方重要防风固沙地区植被破坏、土地沙化严重，沙尘暴灾害频发等。资源破坏和生态退化引起的自然灾害不仅对区域生态安全构成严重威胁，而且给当地居民带来了资源危机，如水资源匮乏、土地生产力低下等，严重危害其生产和生活，成为农民"返贫"的重要因素。

②人口分布及生产生活方式与资源环境间矛盾突出。

重点生态功能区农业人口比重大，以自然资源为依托的农林（牧）生产仍是区域的主导产业，农业人口比例较高。快速增长的人口及传统的生产生活方式使人为干扰加剧，如过度垦殖、超载放牧、滥伐森林、陡坡地耕作等行为，均超过

---

① 健康风险靠什么防范?，中国环境报，http：//59.108.157.198/html/2014 - 08/19/content_15572.htm，2014 - 8 - 19（04）。

了区域生态环境的承载力。如甘南黄河重要水源补给生态功能区人为因素造成的水源补给量减少占总影响率的49%，其中，超载放牧、滥垦滥伐等不合理资源利用行为对植被破坏所造成的水资源量减少量占区域水资源总减少量的43%；人口和牲畜数量增加引起的水资源减少量占总减少量的6%。[1] 秦巴生物多样性生态功能区是25个国家重点生态功能区中人口数量最多的区域，人为开发利用活动较为频繁，水库建设、城区扩张、毁林发展经济作物等活动范围不断扩展，造成区域内原生植被面积萎缩、栖息地边缘化范围扩大等问题，大部分处于生态脆弱区。[2] 武陵山区人口文化素质普遍偏低，对地区生态环境的脆弱性认知不足，对自然资源的不合理开发，如矿产资源无序开发、农林产业布局不合理、生态旅游开发破坏等，导致区域生态明显失衡，[3] 成为制约当地生态保护和产业发展的重要因素。

③环境保护与扶贫发展矛盾严峻。

重点生态功能区的客观自然条件不允许进行大规模、高强度工业化城镇化开发，且生态脆弱现状对区域生态建设和产业发展提出了要求和约束。但国家重点生态功能区，是中国贫困人口集中分布区，大部分县市都位于中国14个集中连片特困区范围内，如三江源生态功能区共有16个县，其中7个是国家级扶贫重点县，另有7个县是省级扶贫重点县；全区牧业人口40.89万人，75.5%是贫困人口。[4] 因此，区域扶贫发展也是重点生态功能区亟待解决的问题，同时也是生态保护工作可持续的重要保障。而目前重点生态功能区普遍产业结构较为单一，生产方式落后，生产效率低下，对不影响主体功能定位、不损害生态功能的、以特色资源为载体的适宜性产业的发展支持不够。

2. 优化人口分布及国土空间开发格局与资源环境承载力相适应的挑战

（1）人口总量仍将持续对资源环境产生较大的压力，优化人口布局及国土空间开发格局面临较大挑战

"十三五"期间，人口总量将趋于峰值，庞大的人口基数将持续对资源环境产生较大的压力；生育政策或进行调整，如全面放开二孩政策，新的人口增长会对资源环境带来新的冲击。且人口分布及国土空间开发格局与主体功能区规划目标存在差距，如按照规划要求，"十三五"期间优化开发区域的人口应该保持相

---

[1] 甘南黄河重要水源补给生态功能区生态保护与建设规划（2013~2020），http：//www. docin. com/p－765654457. html，2013－02－14.

[2] 秦巴生物多样性生态功能区生态保护与建设规划（2013~2020年），http：//www. docin. com/p－765659822. html，2013－02－14.

[3] 武陵山区生物多样性与水土保持生态功能区生态保护与建设规划（2013~2020），http：//www. docin. com/p－765651783. html，2013－02－14.

[4] 三江源生态考察报告，国家林业局三北防护林建设局，http：//www. forestry. gov. cn/portal/sbj/s/2653/content－419821. html，2009－12－28.

对稳定，限制开发和禁止开发区的人口应该有序迁出，重点开发区域是人口流入的重点区域。而目前优化开发区域是人口的主要流入地，限制开发与禁止开发区的人口密度仍较高。因此，"十三五"期间，优化人口分布及国土空间开发格局任务重大。

优化开发区域对高科技产业集群的培育，重点开发区域对其他区域产业经济的承接和支撑，限制开发区域和禁止开发区域对人口迁移和生态环境保护行为的引导等均需要较高文化素质的人口作支撑。然而，目前各区域人口文化素质均在一定程度上成为发展的"瓶颈"，成为各类主体功能区建设与发展的主要制约因素。此外，区域人口年龄结构不均衡，也会阻碍区域经济发展或人口迁移，如重点开发区域和限制开发区域劳动力比例较低不利于主体功能区的建设。因此，"十三五"期间，推动主体功能区建设与发展面临较大的挑战。

（2）人口流动趋势明显，对区域资源环境承载力、基础设施及公共服务提出新要求

"十三五"时期将进入优化人口分布及国土空间开发格局的关键时期，到2020年基本形成主体功能区布局。因此，"十三五"期间将面临更为突显的人口流动趋势，如主体功能区建设推动人口从限制开发和禁止开发区域有序转移到重点开发区域；工业化、城镇化促进人口主动向就业机会多的城市化地区转移。人口区域流动的趋势，势必对人口聚集地区资源环境、基础设施、公共服务等增加新的压力（刘毅等，2014），也为人口流入地统筹人口、资源、环境与可持续发展工作带来新的挑战。

（3）各区域提升资源环境及经济承载能力的工作重点存在较大差异，给相关政策的制定、实施和监管等带来了挑战

在提升资源环境承载能力方面，优化开发区域资源环境基本达到开发利用的极限水平，"十三五"期间亟须转变该区域资源能源利用方式，重点在污染治理；重点开发区域尚有资源开发利用的潜力，是"十三五"期间经济发展的重点区域，应在完善现有基础设施和公共服务建设的基础上全力集中人力、财力、物力对区域资源进行合理配置；限制开发区域和禁止开发区域，则是资源环境承载力较弱的地区，"十三五"期间仍需以生态修复和保护为重点。

在提升经济承载能力方面，优化开发区域的经济发展求稳，"十三五"期间重点在经济增长方式的转变和产业结构的优化；重点开发区域的经济发展求增，重点在经济发展基础环境的完善和人力、财力、物力等的聚集；限制开发区的经济发展求适，重点在发展与资源环境相适宜的不影响主体功能的区域特色产业。

3. 缓解环境污染引起的人口健康风险问题的挑战

"十三五"期间,新形势下解决由环境污染等引起的人口健康风险将面临以下挑战。

（1）环境与健康风险的防控压力增大,环境与健康风险管理面临更大的挑战

"十三五"期间,快速城镇化过程中中国环境污染形势仍然难以得到根本性的控制,环境污染对人体健康的影响仍将处于较高水平,且相对于居民经济条件、营养状况等因素,环境污染对人口健康的影响更为突出。此外,在人均收入不高、社会保障和医疗保健体系不够健全的情况下提前进入老龄化社会,老年人口上涨进一步增加了环境污染健康风险。[①] 中国环境与健康风险的防控压力增大,形势更为严峻,给整个环境健康风险管理体系带来了更大的挑战,需从环境健康风险调查、环境健康风险评估到环境健康风险管控等各环节巩固完善,以有效地缓解日益严重的环境与健康问题。

（2）环境与健康损害事件更为突出,对环境与健康事件的预警与应急处理能力将提出更高要求

环境污染对人体健康的影响是长期累积的结果,具有一定的潜伏期,"十三五"期间,中国将进入各类环境污染导致健康损害群体性事件的频发期,环境污染的累积性健康效应将更为突显。此外,随着公众的环保意识和维权意识的增强,环境与健康损害事件逐渐成为影响经济发展和社会稳定的主要因素（段小丽等,2011）。因此,中国环境与健康突发事件的预警和应急处理能力面临更多要求,包括加强对可能引起突发事件的危险因素实施重点监测和评估,提高突发事件预测能力;加强突发事件现场快速诊断和控制处理措施和方法研究,提高现场处置能力和水平;加强突发事件事后现场环境调查、健康影响追踪监测及应急处置效果评估等。

（3）引起人口健康的环境因素将更为复杂,加大了环境与健康监测与信息收集的难度

当前,影响人群健康的环境因素呈现出多介质污染、多途径、多种污染物、复杂健康风险的特征。"十三五"期间,引起人群健康风险的环境污染因素将更为复杂,增加了环境健康监测和信息收集的难度。环境与健康监测和信息收集是环境与健康工作的基础,直接关系到环境与健康相关的决策、管理、研究的质量。因此,"十三五"期间,对现有的检测设备和人员队伍、检测内容提出了更高的要求,国家环境与健康监测网络包括环境质量监测与健康影响监测亟待完善。

---

① 推进战略转型、保障公众健康,中国环境报,http://news.cenews.com.cn/html/2014-10/14/content_18990.htm,2014-10-14。

4. 实现重点生态功能区人口、扶贫、发展与资源环境保护双赢目标的挑战

"十三五"期间以及今后很长一段时间，重点生态功能区都将面临如何在发展与保护间权衡的问题，主要表现为以下挑战。

（1）环境保护与扶贫发展双重需求对政策设计的挑战

重点生态功能区既是生态脆弱区，又是经济发展较为落后的地区。"十三五"期间，重点生态功能区作为限制开发区域承担着保障国家生态安全，提供生态产品的主体功能，既要推进一系列生态保护与修复工程，如天然林资源保护、退耕还林还草、退牧还草、风沙源治理等，控制区域资源开发强度；又要考虑针对目前严峻的贫困现状进行扶贫开发。因此，如何在制度的引导下，在生态保护中推进区域发展，走资源节约型、环境友好型的发展之路，是其当前面临的巨大挑战之一。

（2）人口总量及其生活改善对土地、水等自然资源产生新的压力和保护需求

"十三五"期间，低生育率下人口总量将趋于峰值，且人民生活的不断改善等对土地资源产生新的压力，尤其是重点生态功能区，能源、交通等基础设施仍然处于继续发展和完善的阶段，基础建设用地对耕地和绿色生态空间产生较大的压力。但同时人口总量的增长和生活质量的提高，也会增加农产品、生态产品等的需求，进而对资源环境保护提出了更高要求。

同样，中国将长期面临水资源严重短缺的状况。随着全球气候变化和用水需求的不断增加，水资源短缺的局面会更加严重，居民生产生活、生态用水都将面临前所未有的压力。在这种情况下，要想满足如此巨大的用水需求，不仅要靠水资源的节约和科学合理的配置，势必要恢复并扩建河流、湖泊等水源涵养的空间。而重点生态功能区因涉及重要江河源头和重要水源，将起到至关重要的作用。

（3）工业化、城镇化发展中人口流动对配套政策及基本公共服务体系的挑战

中国正处于工业化和城镇化加快发展阶段，同时为减轻重点生态功能区承载人口、创造税收以及工业化的压力，"十三五"期间人口将更多地向更适宜居住和发展的地区流动，引导农产品主产区和重点生态功能区的人口向城市化地区逐步有序转移。这样，既增加了城市化地区对建设空间及配套人口政策和基础公共服务体系的需求，也带来了农村居住用地闲置等问题。同时，为增加重点生态功能区流动人口在劳动力市场的竞争力和融入城市化地区的适应力，对劳动力的基本文化素质提出了更高的要求，如加强基础教育、职业教育和技能培训等基本公共服务。

第三节 "十三五"时期重点生态功能区统筹人口 资源环境与可持续发展的规划设计

一、总体思路、基本原则和主要目标

1. 总体思路

国家重点生态功能区,是指承担水源涵养、水土保持、防风固沙和生物多样性维护等重要生态功能,关系全国或较大范围区域的生态安全,需要在国土空间开发中限制进行大规模、高强度工业化城镇化开发,以保持并提高生态产品供给能力的区域。通过加强国家重点生态功能区的环境保护和管理,如优化国土空间开发格局、发展生态特色产业、生态扶贫等工作措施,以及加强生态补偿机制与转移支付力度,增强生态服务功能,构建国家生态安全屏障;促进区域协调发展,优化国土开发空间格局,协调好重点生态功能区的人口、资源与环境的协调发展,促进生态文明建设。

2. 基本原则

①以科学发展观为指导,树立尊重自然、顺应自然、保护自然的生态文明理念。以保障国家生态安全、促进人与自然和谐相处为目标,以增强区域生态服务功能、改善生态环境质量为重点,加强重点生态功能区的环境保护和管理。

②坚持生态优先、保护优先,处理好经济建设与环境保护的关系。把保护和修复生态环境、增强生态产品生产能力作为首要任务,严格落实国家对限制开发区域和禁止开发区域的开发管制原则,实施生态主导、保护优先、自然恢复为主的方针,实施生态系统综合管理,严格管制各类开发活动,加强生态环境监管和评估,减少和防止对生态系统的干扰和破坏。同时,坚持因地制宜,发展当地具有比较优势的特色产业。

③坚持严格准入、限制开发。按照生态功能恢复和保育原则,实行更有针对性的产业准入和环境准入政策与标准,提高各类开发项目的产业和环境"门槛"。根据区域资源环境承载能力,坚持面上保护、点状开发,严格控制开发强度和开发范围,禁止成片蔓延式开发扩张,保持并逐步扩大自然生态空间。

④坚持节约集约利用资源和严格保护耕地,优化调整产业结构,大力发展循环经济,加快构建资源节约、环境友好的生产方式和消费模式,维护地区的生态

安全。

⑤坚持改善民生，处理好经济发展与社会进步的关系。以提高人民生活水平为出发点和落脚点，在经济发展的同时，更加注重各项社会事业的发展，让发展成果惠及广大人民群众。

⑥将重点生态功能区的人口数量控制与优化人口的空间合理分布、提高人口质量相结合。

3. 主要目标

①在生态保护和建设的目标上，"十三五"期间将继续完善和建设水源涵养、水土保持、防风固沙、洪水调蓄、生物多样性保护等多种类型的国家或省级重点生态功能保护区，初步形成较完善的生态功能保护区建设体系，形成较完备的生态功能保护区相关政策、法规、标准和技术规范体系，主要生态功能得到有效恢复和完善，生态环境建设取得明显成效；

②促进土地集约节约利用和资源综合利用水平不断提高；

③生态建设与扶贫并举，把改善人民群众生产生活条件和提高基本公共服务水平作为重要任务。到 2020 年，重点生态功能区的经济社会发展水平进一步提高，优势特色产业达到一定规模，基本公共服务水平及均等化程度显著提高，城乡居民收入与全国平均水平的差距进一步缩小，城乡面貌明显改善，人民生活水平和质量不断提高，收入增加，基本公共服务达到全国平均水平。

二、主要任务

重点生态功能保护区，属于限制开发区，保护和修复生态环境，增强生态服务功能，保障国家生态安全、增强提供生态产品能力是该地区的首要任务。在保护优先的前提下，合理选择发展方向，发展特色优势产业，加强生态环境保护和修复，加大生态环境监管力度，保护和恢复区域生态功能。同时，因地制宜地发展适宜产业、绿色经济，引导超载人口有序转移。

①逐步加大政府投资对生态环境保护方面的支持力度，重点用于国家重点生态功能区特别是中西部重点生态功能区的发展。

对重点生态功能区内国家支持的建设项目，适当提高中央政府补助比例，逐步降低市县级政府投资比例。实施好天然林资源保护、京津风沙源治理等重大生态修复工程，推进荒漠化、石漠化、水土流失综合治理，扩大森林、湖泊、湿地面积，保护生物多样性，从而持续提高生态产品的供给能力。

②严格控制开发强度。按照《全国主体功能区规划》要求，通过进一步明确和实施国家重点生态功能区的开发强度等约束性指标，对国家重点生态功能区范

围内各类开发活动进行严格管制,实行更加严格的产业准入环境标准和碳排放标准。开发矿产资源、发展适宜产业和建设基础设施,须开展主体功能适应性评价,不得损害生态系统的稳定性和完整性,使人类活动占用的空间控制在目前水平并逐步缩小,以腾出更多的空间用于维系生态系统的良性循环。根据不同类型重点生态功能区的要求,按照生态功能恢复和保育原则,制定和实施更加严格的产业准入和环境要求,制定实施限制和禁止发展产业名录,提高生态环境准入"门槛",严禁不符合主体功能定位的项目进入。在产业发展规划、生产力布局、项目审批等方面,都要严格按照国家重点生态功能区的定位要求加强管理,合理引导资源要素的配置。编制产业专项规划、布局重大项目开展主体功能适应性评价,使之成为产业调控和项目布局的重要依据。

③全面划定生态红线。根据《国务院关于加强环境保护重点工作的意见》,在国家重要(重点)生态功能区、陆地和海洋生态环境敏感区、脆弱区等区域划定生态红线,明确生态红线管制要求和环境经济政策。地方各级政府根据国家划定的生态红线,依照各自职责和相关管制要求严格监管。

④通过空间管制与引导,优化国土空间开发格局。根据资源禀赋、环境容量、开发程度和发展潜力,优化重点生态功能区的功能分区,形成科学合理的国土空间开发格局。依托资源环境承载能力相对较强的城镇,引导城镇建设与工业开发集中布局、点状开发,禁止成片蔓延式开发扩张。严格开发区管理,已有的工业开发区要逐步改造成低消耗、可循环、少排放、"零污染"的生态型工业区。重点生态功能区可与重点开发区域共建共办开发区,积极发展"飞地经济"。

⑤实施生态扶贫,发展和壮大特色生态产业。在不影响主体功能定位、不损害生态系统功能的前提下,重点生态功能区适度开发利用特色资源,因地制宜发展用材林、特色经济林,以及包括中药材、菌类种植、林下畜禽养殖等林下经济,建设特色经济林基地。因地制宜地发展旅游、农林牧产品生产和加工、观光休闲农业等产业,合理发展适宜性产业。

⑥实施生态功能监测和评估。加强对国家重点生态功能区的生态功能调查与评估工作,如制定国家重点生态功能区生态功能调查与评价指标体系及生态功能评估技术规程等。

三、主要保障措施

1. 创新体制和机制,建立有利于重点生态功能区生态环境保护的体制和机制

探索健全自然资源有偿使用和生态补偿制度。通过制定和出台生态补偿政策法规,建立动态调整、奖惩分明、导向明确的生态补偿长效机制。中央财政加大

对国家重点生态功能区的财政转移支付力度，明确和强化地方政府生态保护责任。地方各级政府制定本区域重点生态功能区转移支付的相关标准和实施细则，推进国家重点生态功能区政绩考核体系的配套改革。地方各级政府要以保障国家生态安全格局为目标，严格按照要求把财政转移支付资金主要用于保护生态环境和提高基本公共服务水平等。鼓励探索建立地区间横向援助机制和市场化的生态补偿机制。生态环境受益地区要采取资金补助、定向援助、对口支援等多种形式，对相应的重点生态功能区进行补偿。

强化生态环境监管。通过从严控制排污许可证发放，严格落实国家节能减排政策措施，保证区域内污染物排放总量持续下降。专项规划以及建设项目环境影响评价等文件，要增加生态环境评估专门章节，并提出可行的预防措施。

建立专门针对国家重点生态功能区和生态红线管制区的协调监管机制。对重点生态功能区和生态红线管制区内的各类资源开发、生态建设和恢复等项目进行分类管理，依据其不同的生态影响特点和程度实行严格的生态环境监管，建立天地一体化的生态环境监管体系，完善区域内整体联动监管机制。

建立健全重点生态功能区的生态功能综合评估长效机制。强化对区域生态功能稳定性和生态产品提供能力的评价和考核，定期评估区域主要生态功能及其动态变化情况。对国家重点生态功能区县域生态环境质量进行考核，考核结果作为中央对地方国家重点生态功能区转移支付资金分配的重要依据。生态功能评估结果也将作为评估当地经济社会发展质量和生态文明建设水平的重要依据，纳入政府绩效考核；同时，作为产业布局、项目审批、财政转移支付和环境保护监管的重要依据。

探索生态环境损害责任终身追究制和刑事责任追究制。推动建立领导干部生态环境保护责任追究制度，并且探索建立自然资源资产负债表，对领导干部进行离任审计。建立企业环保责任追究机制，完善生态环境损害赔偿制度，将生态环境损害与公民损害列入赔偿范围。建立环境损害鉴定评估机制，合理鉴定、测算生态环境损害范围和程度，为落实环境责任提供有力支撑。

推动建立陆海统筹的生态系统保护修复区域联动机制。生态系统的整体性，决定生态保护与修复必须把陆地与海洋统筹考虑。针对森林、湿地、海洋等重要生态系统和生物多样性丰富区域、生态环境脆弱区域采取严格的生态保护措施，并促进流域上下游不同行政区域之间、沿海陆域和近岸海域之间、自然保护区和重要生态功能区内外之间的统筹保护。同时，建立健全跨界污染联合监测预警、事故应急处理和治理机制，严格执行重大环保事故责任追究制度。

2. 加大对重点生态功能区的政策支持

"十三五"期间，加大对重点生态功能区的中央财政转移支付力度。深化

"以奖促防""以奖促治""以奖代补"等政策,强化各级财政资金的引导作用。政府在基本公共服务领域的投资以促进基本公共服务均等化为目标,优先向基本公共服务基础薄弱的国家重点生态功能区倾斜。以完善公共服务和发展适宜产业为导向,有序推进基础设施建设。逐年增加重点生态功能区转移支付规模,逐步完善中央财政森林生态效益补偿政策。同时,将核心区的部分县补充纳入国家重点生态功能区范围。

完善扶贫政策,加大中央扶贫资金支持力度。对集中连片特殊困难地区开展扶贫攻坚,加快实施整村推进、以工代赈、易地扶贫搬迁、产业化扶贫、劳动力转移培训等专项扶贫工程。减少重点生态功能区集中连片特殊困难地区公益性建设项目市级配套资金。为应对当前中国农村贫困已经从过去的区域式、整体式贫困逐渐转变为分散式、个体式贫困的状况,在辨识具体农户贫困特征的基础上,重点生态功能区扶贫项目需要进一步精确瞄准到具体农户,提高贫困农户的参与率,从而完善扶贫制度及政策设计,提升农户发展能力。

"十三五"期间,重点生态功能区继续实施移民搬迁,积极引导人口合理分布和推进城镇化,完善人口易地安置的配套扶持政策,如准确甄别搬迁对象,提倡集中安置、分散安置等多种安置方式;提供就业岗位,鼓励农户创业。促进搬迁户"搬得起,稳得住,能致富"。

3. 加强组织实施和监督检查

重点生态功能区要制定详细的"十三五"期间的人口资源环境与可持续发展的实施方案,明确工作分工,完善工作机制,落实工作责任,进行相关工作和项目的组织实施。

主体功能区规划背景下中国西部重点生态功能区生态保护与发展的现状与模式

——以陕西省安康市为例

第一节 陕西省安康市自然地理与社会经济发展概况

一、陕西省安康市生态保护与发展的现状

安康市位于陕西省东南部，北靠秦岭、南依巴山，下辖 1 区 9 县，面积 2.35 万平方公里。2013 年末，全市常住人口 263.76 万人。2010 年 12 月，国务院发布了《全国主体功能区规划》，将安康列入了国家级限制开发重点生态功能区，全市除汉滨区外其他 9 个县划为秦巴生物多样性生态功能区，是国家"两屏三带"生态安全战略格局的重要组成部分。全市 2.35 万平方公里面积中，重点开发区域仅占 8.1%，而限制开发区域面积占 84%，其余 7.9% 为禁止开发区域。①

2013 年 3 月，陕西省政府印发了《陕西省主体功能区规划》，将除汉滨区以外的 9 个县纳入重点生态功能区。省级层面重点开发区域中的安康区块仅指汉滨

---

① http://news.c029.com/news/2297.htm.

区，面积 1915 平方公里，扣除基本农田后面积为 1456 平方公里。①

安康市处于丹江口水库上游，属于国家"南水北调"中线工程和"引汉济渭"工程的核心水源区，2014 年底"南水北调"中线工程正式通水，其中，丹江口水库多年平均入库水量 70% 来自陕西的安康、汉中和商洛。同时，安康 10 县区全部属于国家级秦巴山片区集中连片特困区；10 县区中有 9 个国家级贫困县、1 个省级贫困县；有贫困村 948 个，贫困人口 90 万人。安康市在 2.35 万平方公里的面积中，25 度以上的土石山区占 92.5%，水土流失面积 1.3 万平方公里，地质灾害高发易发区面积 6173 平方公里，防灾、避灾、减灾任务艰巨责任重大，每年因灾返贫率高达 15%。②

安康市是西部典型的生态脆弱与贫困集中的地区。2012 年 5 月，国务院批复了《秦巴山片区区域发展与扶贫攻坚规划（2011～2020 年）》，安康全市 10 县区全部纳入规划范围；2012 年 9 月，国务院批复了《丹江口库区及上游地区经济社会发展规划》，全市 10 县区全部纳入"南水北调"中线工程水源区的影响区。2014 年 3 月，国家发展和改革委员会、环境保护部发布了《关于做好国家主体功能区建设试点示范工作的通知》，安康市被列为陕西省的三个国家主体功能区建设试点示范市（县）之一（其他为周至县和志丹县）。2012 年 4 月，国家发展和改革委员会、国家环保部批准了《安康主体功能区建设试点实施方案》。国家发展和改革委员会、环境保护部将通过编制实施国家"十三五"规划，出台实施主体功能区投资、产业、环境保护等配套政策，调整完善国家重点生态功能区布局，协调增加财政转移支付规模，完善绩效考核评价体系等途径，进一步扩大对试点示范工作的支持。陕西省安康市作为位于限制开发区和重点生态功能区的西部典型城市，其发展受到了限制，需要兼顾生态保护和发展的双重需要。

本章将以陕西省安康市为例，基于主体功能区战略实施背景，分析安康市作为重点生态功能区或禁限区生态保护与发展的现状、主要措施、问题与挑战等，总结其发展模式，并提出对策建议等。

二、陕西省安康市的地理、生态与经济发展概况

1. 安康市自然生态现状

在自然生态方面，安康市有着丰富的自然资源，同时存在较大的资源环境承载压力，生态脆弱。根据《全国主体功能区规划》的生态脆弱性评价，本区大部

---

① http：//www.shaanxi.gov.cn/0/103/9799.htm.
② 安康市人民政府，安康市国家主体功能区建设试点示范实施方案，2014（7）：11.

分处于微度和中度脆弱区，另有少量的重度脆弱区。主要表现为：

①土地总量较大，但适宜开发的土地资源有限。安康市地处秦巴山区，总面积2.35万平方公里，其中，大巴山约占60%，秦岭约占40%，① 25度以上的山地面积约占92.58%，地质灾害高发易发区面积6173平方公里。而山地坡度大、土层薄、水土易流失、生态脆弱，在现有条件下不适合大规模开发。

②水资源占优势，流域生态治理效果较好。安康流域面积5平方公里以上的河流941条，汉江境内流长340公里，水资源总量占全省的55.5%，其中，汉江在安康市境内340公里，占其总长度的1/3多，年平均自产径流107亿立方米，占丹江口库区水资源的27.5%，② 是保障汉江流域防洪安全和"南水北调"水源安全的关键。为确保汉江水质优良，自2007年以来共治理210条流域，治理水土流失面积4280平方公里；林草覆盖率由治理前的66.2%提高到85.5%，年增加蓄水能力1.1亿立方米，减少土壤侵蚀1734万吨。2013年，城市集中式饮用水源地水质状况安全良好，水质达标率100%，汉江出陕断面水质保持在国家地表水环境质量Ⅱ类标准。③

③生态资源丰富，但生态环境相对脆弱。安康市森林蓄积量6026.72万立方米，森林覆盖率65%，④ 是秦巴物种基因库。依据生物生境质量指数对安康市进行生物多样性评价，大部分地区有较高的生物多样性维持功能。但相对脆弱的生态环境易受地形、地貌、气候、水文等因素影响，产生严重威胁生命财产安全的洪涝、干旱、泥石流、滑坡等自然灾害和地质灾害。

④矿产资源富集，产业潜力大。安康市2/3面积富含硒元素，是全国面积最大、浓度适合、最易开发利用的富硒资源区，为富硒产业的发展形成了良好的天然基础。

2. 安康市经济发展的基本情况

近年来，安康市经济发展速度明显提升，安康市地区生产总值从2000年的74.8亿元增至2013年的604.55亿元，2014年达689.44亿元，2014年度比2013年增长了11.7%；人均生产总值从2000年的2561元增至2014年的26117元，2014年比2013年增长11.6%，见表3-1。

安康市产业结构正进一步优化。2014年，安康市的三次产业比重分别为13.5%、55.1%和31.4%。其中，新型材料、富硒食品等六大支柱产业占总产值的92.8%。第一产业占比从2000年的30.43%下降到2014年的13.5%；第二产

---

① http：//www.ak.gov.cn/Category_3108/Index.aspx 安康市政府网站，安康自然地理概括.
② 南水北调中线正式通水陕西水占丹江口水库七成，http://sn.people.com.cn/n/2014/1212/c226647-23204855.html.
③ 安康市统计局. 安康统计年鉴2014，中国统计出版社，2014.
④ 秦巴明珠，生态安康，http://www.ak.gov.cn/Specialcategory_1102/Index.aspx.

业占比从 2000 年的 27.13% 增长到 2014 年的 55.1%，第三产业占比则从 2000 年的 42.45% 下降到 2014 年的 31.4%。①

发展生态友好型产业，是安康市近年来经济发展的重点。依托于丰富的自然资源和矿产资源，安康市山林经济、富硒产业、以山水资源为依托的旅游产业有了较好的发展，如岚皋县创建为第一批省级旅游示范县，汉滨区瀛湖创建生态旅游示范区等；现代渔业等涉水产业正在起步，发展空间和潜力较大。此外，产业发展园区化，经济活力增强。仅 2012 年安康启动现代农业园区 154 个，建成面积 21.4 万亩，带动园区农民户均增收 2686 元。县域工业园区入园企业达到 624户，实现产值 204 亿元。②

表 3 - 1　　　　　　　2000 ~ 2014 年陕西省安康市主要经济指标

年份	安康生产总值（亿元）	安康市人均生产总值（元）	一般公共预算收入（亿元）	一般公共预算支出（亿元）
2000	74.8	2561	3.3626	9.7036
2001	80.74	2758	3.7222	11.9204
2002	91.08	3107	3.7566	13.8144
2003	105.03	3577	4.0489	14.7596
2004	121.97	4141	4.308	16.1848
2005	143.76	5191	3.4563	19.1585
2006	163.57	5935	4.0572	24.8396
2007	191.37	7067	5.8112	34.9048
2008	241.24	8802	7.4885	58.1762
2009	274.95	10341	9.7209	78.5421
2010	327.06	12428	13.2274	110.2475
2011	407.17	15477	17.3447	127.1508
2012	496.91	18878	21.6591	162.2823
2013	604.55	22938	25.3441	187.209
2014	689.44	26117	28.0886	204.7359

资料来源：《安康统计年鉴（2015）》，中国统计出版社，2015。

---

① 2014 年安康市国民经济和社会发展统计公报，http：//www.shaanxi.gov.cn/0/1/65/365/371/192257.htm.

② 2013 年安康市政府工作报告，http：//www.shaanxi.gov.cn/0/1/75/528/139469.htm.

但是,安康经济发展仍存在以下问题。

第一,产业结构不合理。

与陕西省相比,安康市表现为第二产业占地区生产总值比重较低,工业化程度较低。2013年,安康市城镇居民人均可支配收入和农民人均纯收入分别达到22533元和6624元,而在2013年,全国城镇居民人均可支配收入26955元,农村居民人均纯收入8896元。2014年,安康城镇居民人均可支配收入25011元,比2013年增长11%;农村居民人均纯收入7468元,增长12.7%,而在2014年度,全国城镇居民人均可支配收入28844元,农村居民人均纯收入9892元,分别是全国平均水平的86.7%和75.5%,见表3-2和表3-3。

表3-2 　　　　2000~2015年安康市、陕西省和中国城镇居民人均可支配收入 　　　　单位:元

年份	安康市城镇居民人均可支配收入	陕西省城镇居民人均可支配收入	中国城镇居民人均可支配收入
2000	4305	5124	6280
2001	4665	5484	6860
2002	—	6331	7703
2003	5625	6806	8472
2004	5942	7492	9422
2005	6365	8272	10493
2006	6860	9268	11759
2007	8051	10763	13786
2008	10150	12858	15781
2009	12525	14129	17175
2010	14642	15695	19109
2011	17365	18245	21810
2012	20300	20734	24565
2013	22533	22858	26955
2014	25011	24366	28844
2015	23985	26420	31195

注:一表示当年数据缺失。

资料来源:《安康统计年鉴(2015)》,中国统计出版社,2015年版。

表 3－3　　　　　　2000～2015 年安康市、陕西省和中国农村居民人均纯收入　　　　单位：元

年份	安康市农村居民人均纯收入	陕西省农村居民人均纯收入	中国农村居民人均纯收入
2000	1248	1470	2253
2001	1324	1520	2366
2002	—	1596	2476
2003	1505	1676	2622
2004	1652	1867	2936
2005	1799	2052	3255
2006	1953	2260	3587
2007	2256	2645	4140
2008	2770	3136	4761
2009	3313	3438	5153
2010	3976	4105	5919
2011	5009	5028	6977
2012	5815	5763	7917
2013	6624	6503	8896
2014	7468	7932	9892
2015	7913	8689	11422

注：—表示数据缺失。

资料来源：《安康统计年鉴（2015）》，中国统计出版社，2015 年版。

产业层次低。2012 年，规模工业企业仅 363 户，产值过亿元企业仅有 139 户、产值过 10 亿元企业 4 户，处在工业化初期阶段。

第二，城镇化水平较低，城乡社会经济发展水平不协调。

截至 2013 年末，安康市常住人口 263.76 万人，城镇化水平 41.0%，低于国家总体水平（53.7%），城市空间人口密度为 18284 人/平方公里。社会经济发展水平较高的区域主要集中在月河盆地和汉江沿岸，而经济社会较不发达的区域集中于秦巴山区。2011～2014 年三年的避灾移民搬迁工程使 7.5 万户、28.5 万人口逐渐远离了地质灾害威胁。[1] 财政专项扶贫投入 21.6 亿元，实现 10.6 万贫困人口脱贫，[2] 精准扶贫初见成效；[3] 民生保障工程投资 95 亿元，新增城镇就业 1.75 万人，农村劳动力转移就业 68 万人。

第三，经济基础相对薄弱，政府财力有限，人民收入偏低，仍存在较大面积

---

[1] 新安康评论：安康的金山银水，http：//www.ak.gov.cn/zwgk/akxw/2014/10/13/10135771498.shtml.

[2] 政府工作报告摘要：凝心聚力加快建设美丽富裕新安康，http：//www.ak.gov.cn/zwgk/akxw/2014/02/27/15115065154.shtml. 安康日报，2014－02－27.

[3] 安康市统计局精准扶贫初见成效，http：//tjj.ankang.gov.cn/Article/gzdt/201412/Article_2014 1211 164921.html.

的贫困人口。

2014 年，财政总收入 66.5 亿元，比 2013 年增长了 13.3%。虽然每年财政支出和新增财力 80% 以上用于民生事业，投入教育、医疗、就业、保障性住房、城乡社会保险等，大力推进扶贫开发、着力减少贫困人口，但是自给率不足 30%，交通、水利等基础设施仍然是制约经济社会发展的薄弱环节，人民收入偏低。至 2014 年，安康市仍有贫困人口 79.8 万人。①

第二节　西部限制开发区科学发展的新模式、新途径

——以陕西省安康市为例

一、国家重点生态功能区示范区建设的任务与要求

根据《关于做好国家主体功能区建设试点示范工作的通知》，以国家重点生态功能区为重点，按照建设成为人与自然和谐相处的示范区和推进生态文明建设先行区的目标要求，树立尊重自然、顺应自然、保护自然的生态文明理念，划定生产、生活、生态空间开发管制界限，推动形成符合生态文明要求的生产方式和生活方式，探索限制开发区域科学发展的新模式、新途径，试点示范的主要任务有：

1. 保护优先，探索如何更好地增强生态产品供给能力

保护和修复生态环境、改善生态环境质量、增强生态服务功能、提供生态产品是重点生态功能区建设的首要任务；探索区域生态功能综合管理的新途径，创新区域生态功能保护、恢复和管理的新机制。

2. 绿色发展，探索如何更好地发展壮大特色生态经济

限制开发不是限制发展，在限制大规模高强度工业化城镇化开发活动的同时，因地制宜地发展资源环境可承载的特色经济、适宜产业。结合产业链条延伸、产业价值链提升、产业集群发展和产业园区建设，把生态环境保护与发展生态经济结合起来，探索壮大特色生态经济的发展模式和发展途径。

3. 成果共享，探索如何更好地在生态保护和发展中改善民生

通过模式创新，创造更多的就业机会，**创造更多的增收途径**，着力提高人民

---

① 叶林斌，张会军，胡亚斌."三五扶贫"成安康扶贫工作突破口.陕西日报，2015-03-20.

群众的基本公共服务水平，探索在生态保护和发展中改善民生的具体路径和举措。

4. 优化格局，探索如何更好地完善空间结构和布局

优化国土空间开发格局，是实现人与自然和谐相处的空间基础，也是推进重点生态功能区建设的空间载体。要按照"点上开发、面上保护"的要求，控制开发强度，划定城市发展空间、农业生产空间、生态保护空间三类空间开发管制界限，明确功能区布局，综合调控各类空间开发需求，划定生态保护红线，完善生态保护红线管理体系，积极探索空间开发管控的新模式，引导和约束各类开发行为。

5. 完善制度，探索如何更好地建立国土空间开发保护制度

对重点生态功能区要建立限制开发的制度，对依法设立的各级自然保护区建立禁止开发的制度，完善对重点生态功能区的生态补偿机制，加大对关键区域保护的支持力度，对限制开发区域取消地区生产总值考核，强化对区域生态功能稳定性、生态产品提供能力和生态环境保护制度建立与执行情况的评价和考核。

因此，在新的背景和要求下，围绕上述生态优先、绿色发展、共享成果、优化空间和制度创新要求，安康市需要探索保护与发展的新模式与新途径，创新区域生态保护和管理的新机制。

二、陕西省安康市生态保护与发展的模式、主要措施与手段

陕西省安康市作为位于限制开发区和重点生态功能区的西部典型城市，其发展受到了限制，需要同时兼顾生态保护和发展的双重需要。作为秦巴生物多样性国家重点生态功能区和国家集中连片特困区，安康市一直以来面临着如何在生态保护中求发展的问题，也致力于探索实现生态保护与发展目标的途径。在主体功能区建设和限制开发区的背景下，安康实现生态保护与发展双重目标的总体模式是，在空间格局的优化与严格管控的基础上，保障农产品和生态产品的供给、发展特色生态产业以及在生态保护与发展中改善民生，同时以制度的完善与创新作为基本保障。以下，首先论证这五方面之间的关系，见图 3 - 1，并在此基础上分析安康市生态保护与发展工作的现状、存在问题与对未来促进发展该模式的建议。

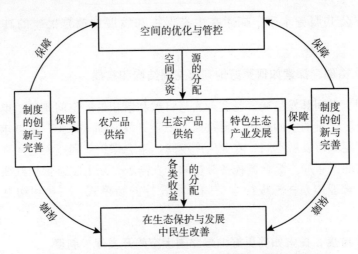

图 3-1　安康市生态保护与发展各细分目标的相互关系

1. 优化国土空间格局，面上保护，点上开发，发展"飞地经济"，促进产业集聚和就地就近城镇化

（1）安康市通过发展"飞地经济"，优化国土空间布局

优化的国土空间格局是重点生态功能区生态保护与发展的基础载体，在生态功能区内部需要进行生态保护红线的划定与管理，形成"点上开发、面上保护"的开发格局，明确城市发展空间、农业生产空间、生态保护空间三类空间开发管制界限。生态保护空间为人口和产业流出地，而发展空间为人口和产业的主要集聚地。国家发展和改革委员会在《贯彻落实主体功能区战略，推进主体功能区建设若干政策的意见》中曾提出，为增强重点生态功能区生态服务功能的要求，需要严格控制开发强度，城镇建设和工业开发要集中布局、点状开发，控制各类开发区数量和规模扩张，鼓励与重点开发区域共建共办开发区，积极发展"飞地经济"。

如前所述，安康市全市 2.35 万平方公里的面积中，重点开发区域仅占8.1%，限制开发区域面积占84%，其余7.9%为禁止开发区域。安康市政府统筹考虑了全市生态重要性、生态脆弱性、生态系统风险等11大类23项指标，将市内空间再细分为重点开发区域、点状开发重点城镇和园区、限制开发区域、禁止开发区域四类，为安康市各区域主体功能的发挥奠定了空间基础①。图 3-2 显示了安康市国土空间布局优化与管控的途径。

---

① 限制开发区分为两类，一类是目前经济发展水平和交通优势度相对较低，可适度发展山林经济、生态旅游等绿色循环低碳产业的地区，一类是目前经济发展具有一定基础，交通优势度相对较高，未来发展具有一定潜力，可适度发展高效农业、涉水产业、生态旅游、山林经济等绿色循环低碳产业的地区.

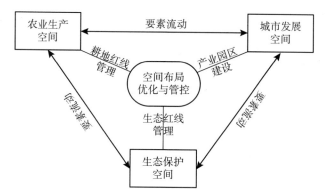

图 3 - 2　安康市国土空间布局的优化与管控

资料来源：本书作者研究。

　　为认真实施国家和陕西省主体功能区规划，推进产业和人口的集聚、引导超载人口有序转移，同时为促进城镇化，安康市政府提出了"加强区域统筹协调，不断优化发展布局，创新区域生态功能管理机制，促进生产要素向月河川道集聚，加快新型工业化、城镇化建设进程"。在这一背景下，安康市委、市政府决定展开"飞地经济"建设，以引导和控制产业集中布局，以"一体两翼"为重点，以高新区、恒口新区和县区工业园为依托，建设一批循环经济型企业、循环经济示范园区、清洁生产示范园区和生态工业集中区。[①]

　　2013 年 10 月 10 日，《中共安康市委关于发展"飞地经济"的指导意见》，启动实施"飞地经济"发展战略，即调整全市产业园区的布局。安康"飞地经济"规划中，"飞出地"主要包括，月河川道以外的发展空间受到限制的白河、岚皋、镇坪、宁陕、紫阳五县；"飞入地"主要指，月河川道的安康高新区、恒口示范区，以及汉阴县涧池镇、蒲溪镇、双乳镇等国家和陕西省《主体功能区规划》划定的"点状开发的城镇"。点状开发重点城镇和园区的主要功能之一，是集聚县域内生态友好型和劳动密集型产业，提供工业品和服务产品，形成产城高度融合的生产、生活空间，促进新型产业聚集，实现规模经济。[②]

　　随着《关于发展"飞地经济"的指导意见》的出台，安康"飞地经济"工作紧锣密鼓地展开。为实行"飞地经济"试点制度，探索建设"飞地经济"的实践经验，2013 年 10 月 14 日，《白河县人民政府高新区管委会"飞地经济"合作框架协议》正式签订，将白河县设定为"飞出地"试点县，安康高新区作为

---

　　①　中共安康市委. 关于扎实开展国家主体功能区建设试点示范工作的意见, 安康日报, 2014 - 4 - 28, 第 1~2 版.

　　②　中共安康市委. 关于发展"飞地经济"的指导意见. http：//jw. ankang. gov. cn/Article/ShowArticle. asp？ArticleID = 2496.

"飞入地"试点，双方细化合作重点，予以最优惠政策，加快启动项目建设，先行先试，期望积累"飞地经济"的成功经验。在此之前，白河县硫金砂制备项目已与高新区金属镍循环产业园组建产业链条关系，该合作将进一步借助高新区的区域发展优势和高新技术产业集群，充分利用白河优势资源，破解土地短缺的"瓶颈"，实现优势互补。①

2013 年 10 月 30 日，安康市"飞地经济"发展工作领导小组正式成立。截至 2015 年，白河、岚皋县、镇坪县与安康高新区，宁陕县、紫阳县与恒口示范区相继签订了"飞地经济"合作框架协议，标志着安康市"飞地经济"发展进入实质性启动阶段，为下一步"飞地经济"规划建设和项目落地奠定了基础。根据协议，高新区"飞地经济"产业园区位于傅家河西岸产业发展核心地带，规划面积 10 平方公里，其中一期规划 4 平方公里，二期规划 6 平方公里。重点发展符合国家产业政策、高新区总体规划和园区功能定位的富硒食品、生物医药、新型材料制造装备等节能环保产业。该区域已经规划给白河县土地 1492亩，镇坪 1092 亩，岚皋 1231 亩。恒口示范区的紫阳县、宁陕县"飞地经济"园区规划用地 2650 亩。②

安康"飞地经济"园区的建设，将以"移民、产业、就业"为核心，引导限制开发区域重大项目向月河川道集中，通过创新园区招商引资、开发建设、项目引进、管理以及产业发展、配套服务、人员配备等方面的制度，拟培育引领安康经济发展新的增长极。形成"三区两园一中心"的空间布局，即高新区、恒口示范区、瀛湖生态旅游示范区、县域工业园区、现代农业园区、中心城区，并以"三区两园"和"飞地经济园区"为经济发展的增长极。③

总之，"飞地经济"建设打破县（区）行政区划限制，创新跨县区管理制度，把重点建设项目放到行政不相隶属的重点开发区域实施，创设安康市"飞地经济"管理机构，专项管理"飞地经济"园区建设，并组织协调"飞入地"和"飞出地"两地相关事务。

安康"飞地经济园区"的建设和实施，既有利于产业集群发展，进而凝聚人气和商气，促进新型城镇化，又有利于弥补限制开发县区发展空间不足，培育新的经济增长极。④ 综上，安康市建设"飞地经济"，对于落实国家和陕西省主体功能区规划，优化发展布局，创新区域生态功能管理机制，促进生产要素向月河川道聚集，推动循环发展、促进生态文明建设意义重大。

---

① 安康飞地经济正扎实推进. http://sn.people.com.cn/n/2015/1205/c358993 - 27252715.html.
② 西安交通大学人口与发展研究所课题组. 安康飞地经济与人口政策研究，2014.7.
③ 郭青. 郭青同志在国家主体功能区建设试点示范工作动员大会上的讲话，安康日报，2014-5-6.
④ 郭青在"飞地"经济园区建设推进会上强调：创新投融资体制加快"飞地"经济园区建设，http://www.ak.gov.cn/zwgk/akxw/2014/12/16/08573873184.shtml.

（2）安康发展"飞地经济"的特点分析

相比于全国其他地方发展"飞地经济"，安康发展"飞地经济"具有以下特征：

首先，安康市的"飞地经济"建设具有浓厚的地方特色和生态特色，安康"飞地经济"既不属于"发达地区向欠发达地区转移模式"，也不属于"欠发达地区到发达地区转移模式"，它是欠发达地区根据国家主体功能区整体规划，在区域内重新优化产业布局，整合资源配置，培植产业经济增长极，实现经济发展、生态文明、扶贫移民开发多重目标。安康在建设"飞地经济"的过程中，产业飞出地多为生态脆弱的山区，而飞入地则是较发达地区。从"飞地经济"形成的原因上看，安康"飞地经济"既具有"集约用地"的特征，也具有"优势互补型"的特征。安康属于山区，耕地资源紧张，如何集约用地、节约用地是实现安康社会经济可持续发展首要关注的问题之一。同时，按照国家和陕西省主体功能区规划，安康地区属于限制开发的重点生态功能区，生态文明建设目标责任重大。"飞出地"属于限制与禁止开发区域，"飞入地"属于重点开发区域，"飞出地"与"飞入地"之间的协同共赢发展，将主要体现在"优势互补"上，"飞出地"具备因承担国家重点生态功能区保护与建设任务而享受的各种社会经济发展政策优惠，"飞入地"则具备相对的区位、交通、通信、土地资源、人才、技术等相对优势。通过将禁止开发或限制开发区县（即"飞出地"）的产业转移至交通、通信便利的安康高新区或恒口示范区，将会获得良好的生态、社会、经济效应：①降低"飞出地"生态保护区生态破坏的风险；②加快推进"飞出地"与"飞入地"产业升级与转型及城镇化建设；③破解"飞出地"工业发展进程中的用地"瓶颈"；④为区位优势不显著的"飞出地"搭建好良好的招商引资平台，以及便利对外宣传的窗口。安康"飞地经济"实践本质上同时履行了两种类型的"飞地"，即①"飞入地"的"飞地经济"园区属于"产业飞地"；②"飞出地"因为产业"飞出"为生态环境建设提供了强有力的支持，则可视为一种"生态飞地"。

其次，安康市的"飞地经济"建设应与安康特色的移民搬迁和扶贫紧密相连，应统筹工业化、城镇化建设，统筹经济发展过程中人口的空间转移与产业转移，即"农村人口转移到城镇，从事农业生产的劳动力人口转移到非农产业"。如何促进两个转化的协调进行，应是安康地区进行"飞地经济"建设需深入探讨的问题。

总之，安康作为经济落后地区，发展"飞地经济"更多的是出于适应国家和陕西省主体功能区规划发展的需要。它是在集中连片特困山区开展的"飞地经济"实践，目标是推动循环发展、促进生态文明建设。

2. 以法律和制度为保障，依托政府投入的各类生态建设与环境保护工程和项目、环境保护政策措施等，提高生态产品供给能力，增强生态服务功能

提供生态产品是重点生态功能区的首要任务。为提高生态产品的供给能力，加强区域生态功能综合管理，安康市严格贯彻执行资源与环境方面的国家相关法律与规定、制度等，并先后制定了《关于加快生态安康建设的意见》《关于进一步加强环境保护工作的决定》《关于进一步加强汉江水质保护工作的意见》等一系列政策意见和制度措施。

在提供生态产品、确保生态服务功能方面，"十二五"以来，投资108亿元大规模实施汉江综合整治工程，加快水生态与水资源保护、水景观和生态景观、沿江绿化、生态治理、防洪保安等工程建设；采取工程和生物措施，实施24条小流域"丹治"二期、30处中小河流治理工程，治理水土流失面积1988平方公里。同时，开展退耕还林、天然林保护、长江防护林等林业重点生态建设工程、生态建设与修复工程（包括绿化造林、汉江综合治理、环保基础设施建设三大工程）、汉江流域水土保持、小流域治理、集镇垃圾和污水处理等水域保护与修复、水污染防治工程，矿山、工业污染治理等项目，节能减排降耗项目，清洁种养生产、农村面源治理等农业现代化项目。安康市累计退耕还林458.53万亩，治理水土流失4000平方公里，减少坡耕地214万亩，失地需转移农村劳动力71.3万人。

综上，安康市生态保护执行了国家的相关法律与规定，生态和环境保护以政府干预和政府投入为主。政府采用了多种手段，如政府的强制性规制、政府公共投资项目、政府各类转移支付、财政与税收手段来促进生态保护和发展。安康生态建设与生态保护，包括政府投入的各类林业建设、生态建设与修复工程，如绿化造林、汉江综合治理、环保基础设施建设、小流域治理、自然保护区建设等的大规模财政投入；也包括了最严格的水资源管理制度，如用水许可、耕地保护制度中的土地利用规划等强制性规制措施；也包括了基于市场和价格机制的生态补偿、水资源有偿使用、环境税费等环境经济政策。尤其是除了对污染企业的排污收费外，安康也在探索各类市场激励措施，如水资源有偿使用制度，具有生态补偿性质的重点生态功能区转移支付、面向农户的生态公益林、退耕还林补助等都有效地激励了地方政府和农户提供生态产品的积极性。

2008年11月，财政部、国家发展和改革委员会和水利部印发了《水资源费征收使用管理办法》，自2009年1月1日起施行。这项政策的实施，统一了全国的水资源费管理政策，建立了规范的水资源费征收使用管理制度。为落实最严格的水资源管理制度，安康市实施了水资源取水许可、水资源有偿使用和取水项目水资源论证制度，其中，安康市 2010 年征收水资源费 1736.79 万元。[①]

3. 以优势资源为依托，发展特色产业和生态经济

形成特色生态产业，是重点生态功能区的经济动力。因地制宜地发展资源环境可承载的特色经济、适宜产业，从而带动整个重点生态功能区的发展，为生态保护与发展提供经济动力。安康市在重点开发区域建立了富硒食品、新型材料、生物医药和清洁能源特色产业基地，以资源优势发展具有较强带动作用的生态旅游、农林产品精加工、特色山林经济等生态友好型产业和富民产业，同时带动周边餐饮、商贸、旅游、物流等服务业的发展。

除了提升发展具有决定意义的支柱产业和传统工业、具有市场潜力的战略新兴产业外，安康市将在"十三五"时期优先发展生态友好型产业，如山林经济、现代农业、涉水产业、现代服务业、生态旅游业。综合利用山、水、人基本要素，做大做强畜牧、茶叶、核桃、魔芋、渔业五大农业特色支柱产业，积极发展山林经济，推动生态林业向产业林业转型，山林经济由种养型向加工市场销售型转变，将资源优势转化为产业优势和经济优势；发展现代农业园区，增强现代农业园区创新驱动发展能力。同时，充分利用安康洁净的水资源，推进涉水产业发展，建设汉江渔业养殖基地，富硒矿泉水和天然水等饮用水生产基地；利用充裕的人力资源，推动服装、电子、装备、服务业等劳动密集型产业的发展；并重点发展生态旅游业、乡村旅游业。

同时，发展现代农业园区，以新型职业农民培训为模式，促进农业生产现代化。现代农业园区是重点生态功能区建设的基础保障，安康市已有各级各类现代农业园区 304 个，其中，省级 31 个、市级 43 个、县区级以下 230 个，全市各级各类园区 2014 年 1~9 月新流转土地 13 万亩，新增投资 28.68 亿元，实现产值 48.3 亿元，带动农民 70 万人。[②] 同时，为推动现代农业发展提供坚实的人才支撑和保障，安康市开展了"一主多元"[③] 的新型职业农民培育工程，建设教育培训基地，创新新型职业农民教育培训方式、提升培训效果。

4. 依托陕南移民搬迁工程和各类扶贫项目持续改善民生

生态产品的供给与生态经济的发展需要惠及当地民生，如增加就业机会，改善生产生活环境，完善基础和配套设施建设，增强基本公共服务功能等。安康从突破全市发展"瓶颈"入手，印发了《安康市关于贯彻〈中国农村扶贫开发纲

---

① 安康市地方志编纂委员会. 安康年鉴（2011），三秦出版社，2011.
② 我市新增 6 个省级现代农业园区. http://www.ak.gov.cn/zwgk/akxw/2014/10/13/14325571508.shtml.
③ 这里指的是，以陕西省农业广播电视学校安康市分校为主体，以农业园区、合作社、龙头企业等为基地.

要（2011~2020 年）〉的实施意见》，编制了《安康市"十二五"扶贫开发规划（2011~2015 年）》和《安康市避灾扶贫移民搬迁安置工作规划（2011~2020 年）》，制定了《秦巴山集中连片特困地区安康扶贫攻坚示范区实施方案（2011~2020 年）》和《安康市区域发展与扶贫攻坚实施方案（2011~2020 年）》等，明确了到 2020 年将安康建成秦巴山精准扶贫、避灾扶贫搬迁、教育扶贫和循环产业发展的四大示范区，实现贫困人口"两不愁、四保障"（即确保贫困人口不愁吃、不愁穿，义务教育、基本医疗、住房和养老有保障）的目标。总体上，安康实行片区开发与扶贫到户相结合，整合专项扶贫、行业扶贫和社会扶贫资源，实施了避灾扶贫搬迁、教育扶贫、产业扶贫、健康扶贫、保障扶贫和社会扶贫六大工程。

首先，增加扶贫资金总量，实行不同形式的扶贫项目，片区开发与扶贫到户、开发式扶贫与救济扶贫相结合。目前，安康实施的开发式扶贫项目包括了，扶贫移民搬迁项目、扶贫连片开发（如整村推进扶贫重点村建设、特困村建设）、产业扶贫（贷款贴息、贫困户生产发展项目、产业化扶贫项目、互助资金项目等）、贫困户能力建设项目（"雨露"计划培训项目、农民实用技术培训项目、农村贫困大学生助学项目等）、农业综合开发、新农村建设等。

2011~2014 年三年来，安康市按每村 100 万元的专项扶贫资金投入实施整村推进连片开发 89 个片区 321 个项目村；累计投入小额到户扶贫贴息资金 15.5 亿元，建设扶贫互助资金协会 180 个，扶持龙头企业 57 个，园区 21 个，合作社 33 个，建设标准农田 11 万亩，实施扶贫雨露计划培训 3.4 万人，农业实用技术培训 32 万余人次，资助农村贫困家庭大学生 7000 人，有力地促进了贫困村发展和贫困群众增收，3 年减少贫困人口 21 万人。[①]

其次，实行精准扶贫。新阶段扶贫开发以来，安康市扶贫开发工作坚持将区域开发与精准扶贫相结合，统筹提升扶贫开发成效。2014 年，安康市委、市政府制定了《安康市推进精准扶贫工作实施方案》，提出贫困对象原因精准识别、规划措施精准帮扶、落实机制精准管理、扶贫效果精准保障"四个精准"。按照新一轮扶贫开发的新特征、新要求、新任务，明确了以区域发展带动扶贫开发，以扶贫开发促进区域发展的新思路。

截至 2015 年 6 月，安康市有贫困人口 79.8 万人，经过统计分析，安康市贫困户主要致贫原因有五大类，即因生存环境制约和自然灾害致贫占 14.3%，因基础设施落后、生产条件制约缺少增收门路致贫的约占贫困人口总数的 45.9%；因贫困失学而致贫的约占 8.9%；因地方病和突发重病等致贫的约占贫困人口总数

---

① 安康市地方志编纂委员会编．安康年鉴 2014，三秦出版社，2014.

的 9.2%，因残疾和智障致贫的约占贫困人口总数的 21.7%。[①] 为切实提高扶贫开发的针对性和实效性，安康市将按照"连片开发，整村推进，一村一策，一户一法"的思路，将扶贫连片开发与扶贫到户相结合，将"面"与"点"相衔接，通过实施避灾扶贫搬迁工程，解决因环境因灾致贫问题；实施教育扶贫工程，解决因学致贫问题；实施贫困户增收工程，解决因增收无门致贫问题；实施健康扶贫工程，解决因病致贫问题；实施保障式扶贫工程，解决因残因智致贫问题。因此，按照"一村一策、一户一法"的扶贫到户方式，瞄准贫困户，找准致贫点。

近年来，安康市在扶贫工作中，创造了"三五扶贫"工作法，即将贫困人口划分为需异地搬迁型、需就地扶持型、需救助供养型、需教育扶贫型和需医疗保障型五个种类，有针对性地实施移民搬迁、综合扶持、救助供养、教育扶贫和健康保障五大工程，同时建立了干部包抓、社会帮扶、投入保障、评估验收和考核奖惩五大工作机制。[②]

尤其是，陕南避灾扶贫移民搬迁给陕南三市，包括安康市带来了重大的历史机遇。人口易地移民搬迁，通常是中国农村扶贫与发展和生态保护的重要措施之一。避灾扶贫移民搬迁工程，是安康市近些年来农村扶贫工作的重中之重。"十二五"期间，陕西省、安康市、区、县等各级政府对移民搬迁户的新建住房给予一定的补贴，同时地方政府对集中安置社区的基础设施建设也进行了大量的投资，移民搬迁工程是促进生态保护和农村扶贫发展的重要措施。根据《陕南地区移民搬迁安置总体规划（2011～2020年）》，安康市计划在 2011～2020 年搬迁 22.6 万户 88 万人口。[③]

从其性质和功能上看，陕南避灾移民搬迁工程不仅是贫困人口的易地安置，它综合满足了农村扶贫、生态保护和城镇化等多重功能，也使广大农村群众得以共享成果。陕南避灾扶贫移民搬迁工程以集中安置为主，有利于土地、林地流转，有利于巩固退耕还林，提升了农业现代化的基础条件，促进了生产要素和产业的聚集，也促进了安康农业示范园区和山林经济园区的建设，有助于加快农民进城入镇，缩小城乡差距。通过实施避灾移民搬迁工程，安康初步呈现出工业化和城镇化良性互动、城镇化和农业现代化相互协调的局面。

自实施陕南移民搬迁工作以来，截至 2015 年初，安康已累计搬迁安置 9.7 万户 36.9 万人，建设集中安置小区 853 个，集中安置率为 87%。[④]

---

　　① 胡亚斌．关于秦巴山集中连片贫困区安康市扶贫开发调研报告，http：//fyzx. ankang. gov. cn/Article/Class4/Class12/201507/1754. html.
　　② 叶林斌，张会军，胡亚斌．"三五扶贫"成安康扶贫工作突破口．陕西日报，2015 - 03 - 20.
　　③ 陕西省人民政府关于印发陕南地区移民搬迁安置总体规划（2011～2020 年）的通知，http：//www. shaanxi. gov. cn/0/103/8644. htm.
　　④ http：//news. hsw. cn/system/2015/0425/242177. shtml.

三、陕西省安康市生态保护与发展面临的问题与挑战

安康市作为国家主体功能区建设试点示范之一，需要探索限制开发区域科学发展的新模式、新途径。同时，居民生活水平不断提高，如何在生态建设中，持续保障民生，协调人口、资源与环境的矛盾将成为长期问题；作为"南水北调"中线工程的水源地，持续、高质的水源保障也是一个重大挑战。但随着"四化"进程的加快，生产、生活用水必然挤占一定的生态用水，增加了扩大和恢复水源涵养空间的难度；生产、生活污水的排放，也增加了保护饮水安全的难度。这些对妥善处理好水资源利用与水源地保护的关系，统筹各项用水提出了挑战。安康市在统筹生态保护与发展方面，也存在着以下问题。

1. 需要完善各类生态保护和扶贫项目的设计，促进落实，提高实施绩效

需要促进生态建设、农村扶贫与发展等各项政策协调衔接机制，即目标与手段的协调、政策间的协调。政策的设计也需要进一步完善。一些项目在实施过程中，也产生新的问题。如陕南避灾移民搬迁工程也遇到了资金不足、基础设施配套难、立地条件差、选址难等问题，搬迁集中安置点面临新的污水、垃圾问题等。

2. 加大政府对于生态建设的投入，创新生态补偿机制，尤其是跨界横向生态补偿

目前，生态保护的资金与收益分配机制不合理，即生态保护的成本与收益在时间、空间、利益主体之间的分配不平衡，机会成本与生态贡献和补偿之间有较大差距，需要探索跨界横向生态补偿。尤其需要深入研究受益主体不明确的禁止和限制开发区的利益补偿，加大对这一地区的生态补偿力度，以体现公平。

3. 迫切需要提高这一地区农村基本公共服务水平

如何在生态保护的同时保障民生，保障和提供基本公共服务水平，是一个亟待解决的问题。限制和禁止开发区是基本公共服务极度缺乏的广大农村地区，基本公共服务匮乏也是该地区致贫的重要因素。目前，国家一般性转移支付规模偏小，资源有偿使用和生态补偿机制、政策尚未形成，安康等这样的重点生态功能区、集中连片特困区政府提供的基本公共服务与全国的差距有进一步扩大的趋势，生态环境保护与经济社会发展压力巨大，难以实现农村基本公共服务的均等化。

4. 调整和优化产业结构

发展该地区的特色生态经济，尤其是生态农业、生态旅游业等，主要存在着人才和技术短缺，缺乏高效的农民专业合作社等组织形式、捕捉和开拓市场的能力不足等诸多问题。

四、完善相关制度、实现生态保护与发展的新模式

2015年4月25日，中共中央、国务院发布了《关于加快推进生态文明建设的意见》，提出了"加快建立系统完整的生态文明制度体系，引导、规范和约束各类开发、利用、保护自然资源的行为，用制度保护生态环境"，包括：健全法律法规、完善标准体系、健全自然资源资产产权制度和用途管制制度、完善生态环境监管制度、严守资源环境生态红线、完善经济政策、推行市场化机制、健全生态保护补偿机制、健全政绩考核制度、完善责任追究制度十项制度。[①]

在上述背景下，安康市需要进行生态保护与发展相关政策与制度的完善与创新。生态保护与发展相关制度的创新与完善是各项政策推动与项目落实的重要保障，主要包括完善生态红线的管控制度和政策，实施生态红线管理；严格国土空间开发保护制度，强化土地利用规划；构建生态补偿机制、形成稳定的生态补偿制度，完善水源地保护制度，实施最严格的水资源和耕地保护制度，改革基层政府的成果考核评价制度等。

1. 完善生态红线的管控制度和政策，实施生态红线管理

生态保护红线，是为了维护国家和区域生态安全及经济社会可持续发展、保障人民群众健康，在自然生态服务功能、环境质量安全、自然资源利用等方面实行的需要严格保护的空间边界与管理限值。划定生态保护红线，是科学整合各类保护区域、强化各类保护和管理手段、明确各级政府责任与义务、提高生态保护效率的有效方法，是提高生态保护水平和方法、科学构建生态安全格局的有效途径。

生态保护红线的目的，是建立最为严格的生态环境保护制度，对生态功能保障、环境质量安全和自然资源利用等方面提出更高的监管要求，从而促进人口资源环境相均衡、经济、社会、生态效益相统一。党的十八届三中全会《中共中央关于全面深化改革若干重大问题的决定》将划定生态保护红线作为改革

---

① http://politics.people.com.cn/n/2015/0506/c1001-26953754.html.

生态环境保护管理体制、加快生态文明制度建设的重点内容。生态红线实施的关键，是红线落地和生态红线的有效保护，这就迫切需要建立生态红线保护的制度和机制。

因此，安康市需要认真落实《国家生态保护红线——生态功能基线划定技术指南（试行）》，严格实施各类空间规划，对依法设立的各级自然保护区建立禁止开发的制度，以引导和约束各类开发行为。如尝试建立国家重点生态功能区的开发强度等约束性指标；实施更加严格的产业准入和环境要求，实行更有针对性的产业准入和环境准入政策与标准，建立更加严格的产业准入机制等；编制产业专项规划、布局重大项目，开展主体功能适应性评价，使之成为产业调控和项目布局的重要依据。

2. 严格国土空间开发保护制度，强化土地利用规划，推动布局优化

一方面，具体实施以空间管制为基础的生态红线管理制度，严格土地利用规划，以此为基础编制产业园区开发规划，同时，这一过程与新型城镇化和"飞地经济"园区建设相联系，遵循"面上保护、点上开发"的原则，结合移民搬迁工程，退出重点生态功能区的一部分人口和产业，产业向点上集聚，优化国土空间开发结构。土地利用总体规划确定的约束性指标和分区管制规定不得突破，产业发展、城乡建设、基础设施布局、生态环境建设等相关规划应当与土地利用总体规划相衔接，所确定的建设用地规模和布局必须符合土地利用总体规划安排。探索集约型、可持续的"多规合一"，确定适当规模的城市开发边界，划定禁止建设边界，强化土地利用规划的基础性、约束性作用。

另一方面，推动布局优化。实施城乡建设用地增减挂钩试点项目建设，整体推进陕南避灾移民土地综合利用试点，建立农村集体建设用地腾退补偿机制，推动农村人口向城市、中心村镇集聚，产业向园区集中，耕地向适度规模化集中。缓解城乡用地矛盾，优化建设用地的空间布局和结构，促进人口流动与土地资源配置的协调发展。

3. 完善主体功能区建设的配套政策

如完善财政政策、投资政策、产业政策、土地政策、农业政策、人口政策、环境政策等，都需要适应主体功能区规划要求和针对限制开发区、禁止开发区的调整；基本形成适应主体功能区要求的法律法规、政策和规划体系。

4. 加强生态功能评估和生态环境监管

定期评估区域主要生态功能及其动态变化情况，健全区域生态功能综合评估长效机制，强化对区域生态功能稳定性和生态产品提供能力的评价和考核，同时作为产业布局、项目审批、财政转移支付和环境保护监管的重要依据；对重点生态功能区和生态红线管制区内的各类资源开发、生态建设和恢复等项目进行分类管理，依据其不同的生态影响特点和程度实行严格的生态环境监管，建立天地一体化的生态环境监管体系，完善区域内整体联动监管机制，全面落实企业和政府生态保护与恢复治理责任。健全生态环境保护责任追究制度，加大惩罚力度。

5. 完善生态补偿制度和激励机制，创新生态价值的实现方式

2016 年 4 月，国务院发布了《关于健全生态保护补偿机制的意见》，提出了"完善森林、草原、海洋、渔业、自然文化遗产等资源收费基金和各类资源有偿使用收入的征收管理办法；完善重点生态区域补偿机制，统筹各类补偿资金，探索综合性补偿办法。划定并严守生态保护红线，研究制定相关生态保护补偿政策。健全国家级自然保护区、世界文化自然遗产、国家级风景名胜区、国家森林公园和国家地质公园等各类禁止开发区域的生态保护补偿政策。结合生态保护补偿推进精准脱贫。在生存条件差、生态系统重要、需要保护修复的地区，结合生态环境保护和治理，探索生态脱贫新路子。生态保护补偿资金、国家重大生态工程项目和资金按照精准扶贫、精准脱贫的要求向贫困地区倾斜，向建档立卡贫困人口倾斜。重点生态功能区转移支付，要考虑贫困地区实际状况，加大投入力度，扩大实施范围"等。①

2011 年，国家对丹江口库区及上游水土保持补偿范围由 28 个县扩大到 43 个县，补偿增幅有限，单位供水量的补偿绝对值仅为 0.054 元。2013 年，中央财政对陕南的汉水丹江流域生态功能补偿是 21.67 亿元，其中汉中 8.7 亿元，安康 7.7 亿元，商洛 5.2 亿元，与这一地区所做的生态贡献远远不相符。②

王金南等（2014）分析了"南水北调"中线工程在建设期的生态补偿投入核算项目，见表 3 - 4，其中测算了"南水北调"中线工程水源区的生态保护和污染治理建设投入需求。国家通过退耕还林、生态公益林等专项资金及《丹江口库区及上游地区水污染防治和水土保持规划》资金保障水源区的生态环境保护投入和污染治理建设投入，包括水土保持、污水处理、垃圾处理和医疗废物，合计为 116.57 亿元，其中，陕南三市为 70.22 亿元；生态环境保护和污染治理运行维护费用需求，合计 48.02 亿元，其中，陕南三市为 18.1 亿元，生态补偿需求量巨大。③

---

① http://news.xinhuanet.com/2016 - 05/13/c_1118863839.htm.
② 张延龙. 陕南水源地：优质水的补偿账单. http://www.eeo.com.cn/2014/1029/267933.shtml.
③ 王金南，刘桂环，张惠远，等. 流域生态补偿与污染赔偿机制研究. 中国环境出版社，2014.

表3-4 "南水北调"中线水源区生态补偿投入核算项目

成本类型	分项指标	指标解释	投入情况	近期补偿范围
生态保护建设投入	林业建设	流域上游水源涵养地区提高森林覆盖率发生的相应投入,主要包括:退耕还林、公益林建设、封山育林、林业资源保护、森林病虫害防治等项目的相应投入	国家专项资金投入	
	水土保持	小流域综合治理、坡改梯、溪沟整治等项目的相应投入	《丹江口库区及上游地区水污染防治和水土保持规划》(表中以下简称《规划》)列入	
		水土保持设施维护成本	地方财政	√
	自然保护区	重要生态功能区建设和维护自然保护区的相关投入:主要包括,自然保护区的建设、运行和维护等费用	国家专项资金投入	
	生态移民	为了缓解水源涵养区的自然生态压力而迁出生态移民所发生的相应投入。移民补偿款、基础设施损失和建设等投入	国家专项资金投入	
水环境保护治理投入	城市污水处理厂	城镇生活污水设施及其配套设施的建设投入	《规划》列入	
		城镇生活污水设施及其配套设施的运行成本	地方财政	√
	生活垃圾填埋场	垃圾处理设施的建设投入	《规划》列入	
		垃圾处理设施的运行成本	地方财政	√
	危险废物处理	危险废物处理建设投入	《规划》列入	
	农村面源治理工程	农村面源污染治理投入。包括畜禽养殖废弃物的收集处置,沼气设施建设,生态农业园区	国家、地方共同承担	
	环境保护能力建设投入	为增强环境监测、管理人员及设施投入	《规划》列入	
淹没区机会成本	移民成本	淹没区的移民补偿	国家专项资金投入	
	财政收入	淹没区地方政府财政收入损失	地方承担	√
	淹没耕地的经济损失	淹没耕地的产值	地方承担	√
水源区发展机会成本	经济收入减少	包括政府的财政收入损失,税收损失,关停并转或限制审批工业企业造成的产值损失,就业岗位损失	地方承担	√

资料来源:王金南,刘桂环,张惠远等.流域生态补偿与污染赔偿机制研究,中国环境出版社,2014:273。

在当前中国生态补偿政策体系下，除了退耕还林、天然林保护工程、森林生态效益补偿基金以及对城镇污水处理设施配套管网建设专项奖励补助等专项资金，以及国家对重点生态功能区的转移支付之外，应在中央政府的协调下，通过水源区和受水区的协商，将水源区的生态保护建设与水环境保护治理投入、水源地的发展机会成本、生态环境服务价值适当地纳入受水区的水价中，支持水源区和受水区达成基于水量分配和水质控制的生态补偿合作协议，探索建立"南水北调"受水区（主要指华北受水区）水资源有偿使用制度。如在受水区征收"南水北调"水源区水资源补偿费的形式来实现，并纳入当地水价，或者通过提高水资源费征收标准，构建"半市场化"的生态补偿长效机制，并逐渐市场化。

如王金南等（2014）的测算，向水源区用户征收水资源费和污水处理费，征收标准为水资源费 0.3 元/m³，污水处理费 0.8 元/m³。对受水区各省、市的工业和城市生活用水在现有标准下，提升标准。其中，河南省增加 0.15 元/m³，河北省增加 0.19/m³，北京市增加 0.64/m³，天津市增加 0.97 元/m³，可以征收和提高的水价资金纳入生态补偿基金，通过横向转移支付落实给水源区。[①]

因此，本书建议落实《中华人民共和国水法》（2016 年 7 月修订）第七条"国家对水资源依法实行取水许可制度和有偿使用制度"[②] 的规定，按照谁开发、谁保护、谁受益、谁补偿的原则，这一地区需要创新生态补偿制度，建立与保护生态环境贡献相对应的生态补偿长效机制，按照"南水北调"中线工程每年调水量贡献比例和供水水质比例分配生态补偿资金，并按照一定速度逐年递增，用于水源涵养区环境保护，调节受益区与保护区的利益关系。此外，探索建立基于水权、排污权、水电分配交易等生态补偿机制，充分发挥市场补偿机制的功能；健全生态补偿融资体制，拓宽生态补偿资金筹措渠道等。

6. 创新"飞地经济"发展制度

"飞地经济"园区建设，需要打破行政区划、强化投融资机制，吸收各方面资金，千方百计地解决基础设施建设投入不足问题。园区建设扶持激励机制，集中资金和项目，采取以奖代补形式，大力支持工作实绩突出、建设进度超前的县区和单位。

7. 创新生态与扶贫移民搬迁制度

在"搬得出、稳得住、能致富"等方面创新相关的工作制度与方法。如安康市一些移民搬迁安置点在农村新型社区管理中探索了"社区管理房和人，原籍管

---

① 王金南，刘桂环，张惠远，等．流域生态补偿与污染赔偿机制研究．中国环境出版社，2014：326.

② http：//www.zhb.gov.cn/gzfw－13107/zcfg/fg/xzfg/2016/10/t20161008_365107.shtml.

理地和林"的模式，以使社区居民双向享受城市和农村优惠政策、公共服务的权利和义务，降低了农民进城的后顾之忧，有利于推进农业转移人口市民化。

8. 积极探索党的十八届三中全会所倡导的一系列环境管理制度创新

如建立汉江水源保护目标管理考核奖惩制度；建立和完善生态保护优先的绩效考核评价体系，完善地方政府绩效考核方法，实行生态保护优先的绩效评价，强化对提供生态产品能力的评价，落实对辖区内重点生态功能区环境保护和管理的目标责任；尝试建立损害赔偿制度、责任追究制度；改革生态环境保护管理体制，建立和完善严格监管所有污染物排放的环境保护管理制度，独立进行环境监管和行政执法等。

此外，需要加大对这一地区产业、环保和民生建设的支持力度，加大中央财政转移支付力度。在重点生态功能区和连片特困地区就业、教育、卫生等民生事业发展方面，建议取消市县两级财政配套，尤其是提高生态环保类项目国家补助标准。如安康市有 21 个县级和 18 个重点镇垃圾污水处理项目纳入国家《丹江口水库及其上游地区水污染防治和水土保持规划》，总投资近 18 亿元。安康市仅建成 21 个县级污水垃圾处理项目就需要地方配套投资 6.9 亿元，相当于 2011 年全市财政一般预算收入的 40%，地方财力难以负担。另外，作为贫困地区，安康垃圾污水处理运行费用亦不堪重负。如安康中心城市江南污水处理厂，污水处理费每年有 662 万元缺口需要政府补贴。① 建议国家提高垃圾污水处理、水土保持、退耕还林、天然林保护等生态保护类项目的中央补助标准，取消地方配套资金，并对项目建成后的管护运行费用给予适当补助。

五、总 结

安康市生态保护与经济协调发展的模式特点总结如下。

1. 严格按照主体功能区定位推动发展，同时，以各种生态建设、生态修复工程和生态补偿政策来保障生态产品的供给

保护和提供生态产品，是该地区的核心任务，安康市以空间规划和生态保护红线管控制度为基础；以移民搬迁，"飞地经济"发展来引导人和产业的转移；以政府投资为主的生态建设与环境整治工程为依托，改善生态环境质量，增强生态功能，保障和增加生态产品的供给。

---

① 作者在安康市政府调研数据。

2. 把生态建设与广大人民群众的脱贫致富紧密结合起来，在生态保护与发展中来改善民生

如以最低生活保障制度为基础，以农村社会救助体系、新型职业农民培训、民生工程等为依托，开展精准扶贫帮扶和民生保障工作，实施避灾移民搬迁工程等。

3. 突出资源优势，发展生态产业和循环经济

大力培育装备制造、新型材料、生物医药、电子信息、文化创意、健康养生、节能环保等新兴产业，发展山林经济、涉水产业和劳动密集型产业等生态产业。

总之，安康市作为一个欠发达地区发展的"新样本"，践行了空间规划为基础，面上保护，点上开发，空间集聚，就地城镇化，生态保护以政府投资和强制手段为主，发展生态产业，促进保障民生的路径与发展模式。

第四章

贫困山区农户能源使用现状与
影响因素的微观经济分析

贫困山区农户的能源使用问题，一方面，关系到当地的自然生态保护情况，农民过多采集薪柴会破坏山区的植被和森林覆盖率。农村居民能否实现能源的转型和升级换代，如使用煤炭、沼气等，也是农户生计转型或发展可持续生计的内容之一。另一方面，在天保工程等政策背景下，农户采集或使用薪柴等森林资源是否受到了限制？或者农户对森林或薪柴的可获得性情况，也反映了相关林业政策对于当地农户福利或福祉的影响，尤其是对农村弱势群体的影响。

第一节　背景与研究综述

一、研究背景

中国贫困山区许多农户仍然使用薪柴，或者使用煤炭、液化气罐等，地方政府或非政府组织往往鼓励推广使用节能灶、太阳能或沼气、生物质能源等。这些地区大多为森林丰富和茂密的地区。天然林保护工程实施以后，天然林被禁伐。农户采集薪柴一般也仅限于自家的炭薪林或自留山，集体林一般被禁伐，而且对用于薪柴的树木一般有一定的限制，如，枯枝、枝丫、细枝等。

本章在以往研究综述和收集一手调查数据的基础上，以西部森林丰富山区陕南安康市为例，分析当地被调查农户的各种能源使用情况，如能源使用类型、数量等；使用统计与计量经济模型，分析农户是否使用薪柴、农户薪柴使用数量等的影响因素，分析各类能源间的替代关系或互补关系，尤其是农户贫困与薪柴使用是否存在着恶性循环？农户家庭收入或财富提高，是否可以促进商品性能源的使用等。本章包括以下研究内容。

①国内外薪柴等农村能源生产和消费的研究综述，尤其是欠发达国家农户薪柴使用影响因素的研究综述。

②调查地农户对各类能源的使用现状与描述性统计分析。

③在研究综述和描述性统计分析结果的基础上，利用多个不同计量经济模型，分析农户对薪柴使用数量的影响因素。尤其是关注家庭财富（如物质资产）、家庭当期收入、家庭成员的受教育水平、家庭常住人口等因素的作用。

④农户的能源使用类型与影响因素分析。

⑤有关贫困山区农户薪柴和能源使用的对策建议。

二、国内外贫困山区农户家庭能源使用的研究综述

以往对于贫困地区农户能源使用与消费或需求的研究，国内外的研究大致可以分为以下几个方面：

1. 依据新古典农户模型，研究农户对于薪柴采集劳动力的分配，或者农户薪柴采集劳动时间的决策分析及其影响因素的研究

如洛佩兹－费尔德曼和泰勒（López－Feldman，Taylor，2009）[1] 对于墨西哥热带雨林地区居民采集棕榈（一种非木材森林产品）劳动时间分配决策的研究。他们通过构造工具变量 TOBIT 模型，尤其关注农户采集该非林木森林产品的机会成本（用棕榈采集活动的收入来表征）对于家庭劳动力时间决策的影响。低的机会成本和低的人力资本，是农户从事棕榈采集劳动时间的重要影响因素。

2. 农户薪柴或者煤炭等能源使用或消费的影响因素，家庭对能源的偏好，尤其关注贫困与薪柴消费的关系

以往研究者对薪柴作为能源的需求进行了大量理论和实证研究。如福斯特和罗森茨魏希（Foster，Rosenzweig，2003）[2] 对环境库兹涅兹曲线的研究，杜赖亚帕、洛佩兹、梅勒尔、旺德和朱瓦内（Duraiappah，1998；[3] López，1998；[4] Ma-

① López－Feldman A. ，J. Edward Taylor，Labor allocation to non-timber extraction in a Mexican rainforest community. Journal of Forest Economics，2009，15（3）：205－221.

② Foster，A. D. ，Rosenzweig，M. R. Economic growth and the rise of forests. The Quarterly Journal of Economics，2003，118（2）：301－637.

③ Duraiappah，A. K. Poverty and environmental degradation：A review and analysis of the nexus. World Development，1998，26（12）：2169－2179.

④ López，R. Where development can or cannot go：the role of poverty-environment linkages. In Pleskovic B. & Stiglitz J. （Eds. ），1997 Annual World Bank Conference on Development Economics. Washington D C：World Bank. 1998.

ler, 1998①; Wunder, 2001②; Zwane, 2007③) 对贫困—环境假说的研究、阿诺德等的 (Arnold et al. , 2006)④ 能源阶梯理论, 阿马彻、巴兰等, 古蒂莫达和克什兰, 盖尔贝格以及梅科内恩 (Amacher et al. , 1993⑤, 1996⑥, 1999⑦; Baland et al. , 2010⑧; Gundimeda, Kohlin, 2008⑨; Heltberg et al. , 2000⑩; Mekonnen, 1999⑪) 对恩格尔曲线与农户模型的相关研究)、石晓平等 (Shi et al. , 2009)⑫ 对村级可计算一般均衡分析模型的研究等, 尤其是关注贫困与薪柴使用所导致的森林破坏之间的关系与作用机制, 包括收入、机会成本、偏好、市场不完善、制度缺陷和信贷约束等的背景 (Arnold et al. , 2006⑬; Cooke et al⑭. , 2008; Duraiappah⑮, 1998; Wunder⑯, 2001)。

帕尔默和麦格雷戈 (Palmer, Macgregor, 2009)⑰ 的分析则比较复杂, 他们依据不可分的农户模型, 分析纳米比亚农户在公共地上自己采集薪柴、使用牛

① Maler, K. G. Environment, Poverty and Economic Growth. In Pleskovic B. & Stiglitz J. (Eds.), 1997 Annual World Bank Conference on Development Economics. Washington DC: World Bank. 1998.

② Wunder, S. Poverty alleviation and tropical forests – What scope for synergies? World Development, 2001, 29 (11): 1817 – 1833.

③ Zwane, A. P. Does poverty constrain deforestation? Econometric evidence from Peru. Journal of Development Economics, 2007, 84 (1): 330 – 349.

④ Arnold, M., Kohlin, G., & Persson, R. Woodfuels, livelihoods, and policy interventions: Changing perspectives. World Development, 2006, 34 (3): 596 – 611.

⑤ Amacher, G., Hyde, W., Joshee, B. Joint production and consumption in traditional households: Fuelwood and crop residues in two districts of Nepal. Journal of Development Studies, 1993, 30 (1): 206 – 225.

⑥ Amacher, G., Hyde, W., & Kanel, K. R. Household fuelwood demand and supply in Nepal's tarai and midhills: Choice between cash outlays and labouropportunity. World Development, 1996, 24 (11): 1725 – 1736.

⑦ Amacher, G., Hyde, W., & Kanel, K. R. Nepali fuelwood production and consumption: Regional and household distinctions, substitution, and successfulintervention. Journal of Development Studies, 1999, 35 (4): 138 – 163.

⑧ Baland et al., 2010; Baland, J. – M., Bardhan, P., Das, S., Mookherjee, D., & Sarkar, R. The Environmental Impact of Poverty: Evidence from Firewood Collection in Rural Nepal. Economic Development and Cultural Change, 2010, 59 (1): 23 – 61.

⑨ Gundimeda, H., &Kohlin, G. Fuel demand elasticies for energy and environment studies: Indian sample survey evidence. Energy Economics, 2008, 30 (2): 517 – 546.

⑩ Heltberg, R., Arndt, T. C., Sekhar, N. U. Fuelwood consumption and forest degradation: ahousehold model for domestic energy substitution in rural India. Land Economics, 2000, 76: 213 – 232.

⑪ Mekonnen, A. Rural household biomass fuel production and consumption in Ethiopia: A case study. Journal of Forest Economics, 1999, 5 (1): 69 – 97.

⑫ Shi, X., Heerink, N., & Qu, F. The role of off-farm employment in the rural energy consumption transition – A village-level analysis in Jiangxi Province, China. China Economic Review, 2009, 20 (2): 350 – 359.

⑬ Arnold, M., Kohlin, G., Persson, R. Woodfuels, livelihoods, and policy interventions: Changing perspectives. World Development, 2006, 34 (3): 596 – 611.

⑭ Cooke, P., Hyde, W., Kohlin, G. Fuelwood, forests and community management – Evidence from household studies. Environment and Development Economics, 2008, 13: 103 – 135.

⑮ Duraiappah, A. K. Poverty and environmental degradation: A review and analysis of the nexus. World Development, 1998, 26 (12): 2169 – 2179.

⑯ Wunder, S. Poverty alleviation and tropical forests – What scope for synergies? World Development, 2001, 29 (11): 1817 – 1833.

⑰ Palmer C, Macgregor J. Fuelwood scarcity, energy substitution, and rural livelihoods in Namibia. Environment and Development Economics, 2009, 14: 693 – 715.

粪、从市场上购买薪柴之间的替代关系。他们认为，农户的薪柴采集时间反映了资源的稀缺性，它是薪柴的"影子价格"或机会成本。针对薪柴存量减少、农户采集薪柴的时间机会成本增多、出现资源的稀缺性时，他们发现农户更多的是采取减少薪柴消费，而非在薪柴采集上投入更多的劳动力。当资源存量下降时，也没有证据发现农户从薪柴到其他能源的替代。

以往一些国外研究者研究了中国农村农户的薪柴和煤炭的使用情况，农户可否使用煤炭来替代薪柴。相比于煤炭、煤气、电等商品性能源，薪柴是一种低等消费品，所以，能源阶梯等理论认为，随着收入的增加，农户对薪柴的消费降低，而会增加煤炭、电等的消费。因此，研究者尤其关注家庭收入或贫困与农户薪柴使用量的关系，也分析了家庭成员受教育程度、距离与可及性等影响因素。

陈等（Chen et al., 2006）① 依据不可分的农户模型，分析了中国农村农户的薪柴和煤炭的使用情况，尤其关注相对富裕村和贫困村的农户对能源的可及性及其使用情况的差异、农户可否使用煤炭来替代薪柴。针对两组不同特点（富裕村和贫困村）的样本农户，分别建立了三个计量经济模型来分析农户薪柴采集的劳动力投入（每周工作小时）、薪柴采集的数量、煤炭消费量的影响因素，以及这些影响因素的弹性值，即他们分别考虑了薪柴采集的劳动力投入、薪柴采集的数量和煤炭消费量。他们主要是从农户家庭特征和生计特征来分析，考虑的影响因素包括，家庭是否拥有改进的节能灶、家庭规模、劳动力数量、受教育人数、家庭财富、与森林的距离、耕地面积、家庭收入以及村变量。

德罗格和福尼尔（Demurger, Fournier, 2011）② 聚焦于贫困和农户薪柴消费之间的因果关系，即关注于是否存在着"贫困与环境破坏的恶性循环"。他们在中国江西农村收集农户调查数据，采用多指标的主成分分析方法构建了包括家庭是否拥有自行车、摩托车、电视机、收音机、冰箱、洗衣机、住宅是否有浴室等农户经济财富指标，进一步分析了家庭经济财富与农户薪柴消费之间的关系。除了家庭财富外，他们使用薪柴采集的劳动时间，如每采集 1 公斤薪柴所需要的时间作为薪柴采集的机会成本和薪柴的价格，分析了薪柴的价格效应和家庭成员受教育程度对农户薪柴消费的影响。他们的研究结论支持贫困与环境破坏之间存在恶性循环的假设，即家庭经济财富与薪柴消费存在显著的负相关关系。虽然薪柴在该农村调查地是一个劣等品，他们也发现随着家庭财富增加，农户薪柴消费减少也存在一个上限。此外，农户的受教育程度是能源转换行为的重要因素。

此外，一些研究者关注了农户使用替代能源或新能源技术，如节能灶对薪柴

① Chen L., NicoHeerink, Marrit van den Berg, Energy consumption in rural China: A household model for threevillages in Jiangxi Province. Ecological Economics, 2006, 58: 407–420.
② Demurger S., Fournier M. Poverty and firewood consumption: A case study of rural households in northern China. China Economic Review, 2011, 22: 512–523.

使用的影响。如 zhang 等（Zhang *et al.*, 2012）① 等采用 TOBIT 模型分别分析北京市农户对煤、电、液化气、薪柴和秸秆五种能源的人均消费的影响因素，尤其是关注了家庭是否有环境友好技术，如太阳能街灯、节能房屋、太阳能加热等对能源消费的影响。他们发现，首先，人均收入是人均能源消费的重要影响因素。其次，煤炭和液化气价格之间并未显示有替代效应，但煤炭和液化气价格上升会减少这些能源的消费；再次，可再生能源技术可以降低煤炭使用、提高能源使用效率。

古普塔和克什兰（Gupta，Kohlin，2006）② 分析了印度农户的能源偏好。他们分析了农户对薪柴、煤、煤气和液化气四种能源的需求，也分析了印度家庭对厨房能源特征的偏好排序。同时，发现补贴对减少煤和薪柴使用的作用有限，提高液化气罐（LPG）的可及性和室内空气污染的意识则更有效。

类似地，法尔西等（FARSI *et al.*, 2007）③ 运用序次离散模型研究了印度城市居民的能源选择和厨房燃料的偏好模式。通常，印度城市居民使用三种厨房燃料：薪柴、煤油和液化气。他们发现，收入限制是影响居民使用清洁燃料的因素之一，尤其后者需要购买一些相对较贵的设备。居民对液化气价格也较为敏感，除了收入因素，一些家庭社会人口特征，如受教育程度、户主性别也是家庭燃料选择的重要因素。

3. 在农村能源的演进与替代关系上，尤其是薪柴与其他能源之间的替代关系，以往也有研究发现农户综合使用多种能源的特征，而不是简单地进行"能源阶梯"演进

传统理论认为，发展中国家的家庭能源消费或替代关系呈现如下特点，随着收入水平提升和城市化的发展，家庭沿着"能源阶梯"逐渐上升，存在着一个简单的从相对低效的能源类型到更高效的能源类型和设备的线性演进（Leach，1992；④ Sathaye，Tyler，1991；⑤ Smith *et al.*, 1994；⑥ Reddy，Reddy，1994）.⑦ 总体上，收入使家庭的能源选择增多，收入是影响能源选择的重要因素，但促使家庭在不同能源之间的转换是多种因素交互作用的结果。一些对于发展中国家家

① Zhang Jingchao, Koji Kotani. The determinants of household energy demand in rural Beijing: Can environmentally friendly technologies be effective? Energy Economics, 2012, 34: 381 –388.

② Gautam Gupta, Gunnar Kohlin. Preferences for domestic fuel: Analysis with socio-economic factors and rankings in Kolkata, India. Ecological Economics, 2006, 57: 107 –121.

③ Farsi M., Filippini M., Pachauri S. Fuel choices in urban Indian households. Environment and Development Economics, 2007, 12: 757 –774.

④ Leach, G. The energy transition. Energy Policy, 1992, 20: 116 –123.

⑤ Sathaye, J., Tyler S. Transitions in household energy use in urban China, India, the Philippines, Thailand, and Hong Kong. Annual Review of Energy and the Environment, 1991, 16: 295 –335.

⑥ Smith, K. R., Apte M. G., Yuqing M., et al. Air pollution and the energy ladder in Asian cities', Energy, 1994, 19: 587 –600.

⑦ Reddy, A. K. N. Reddy B. S. Substitution of energy carriers for cooking in Bangalore', Energy – The International Journal, 1994, 19: 561 –572.

庭能源使用的文献认为，能源阶梯理论过于简化了，许多因素决定了家庭对于能源使用的选择（Davis，1998；① Masera et al.，2000②）。此外，研究者也发现，能源转化是逐渐的，能源转化行为通常是不完全的，许多家庭往往同时使用多种燃料。而使用多种类型燃料的原因有很多，不限于经济因素，尽管燃料的费用或家庭支付能力对家庭能源选择有重要影响。一些情况下，家庭使用多种燃料是为了增进燃料的供给安全，或者这也与文化、社会因素或家庭偏好相关。

如戴维斯（Davis，1998）对南非的案例研究发现，③电并非是其他燃料的替代品，而是家庭额外的能源选择。电对其他燃料的替代仅发生在高收入家庭，尽管农村家庭存在一些能源的转换，但事实并非"能源阶梯"这一概念这么简单。

总之，以往国内外文献对于中国贫困山区农户薪柴使用或消费、需求的分析，一方面，关注薪柴使用与贫困之间的关系，如是否存在着能源使用与贫困之间的恶性循环，另一方面，研究了农户对各类能源消费之间的替代、互补或者升级情况。此外，也需要关注在能源使用过程中贫困农户是否存在被剥夺的情况，如农村弱势群体对薪柴等森林资源的可及性情况。而在农户薪柴消费的影响因素中，尤其关注家庭成员的受教育程度、收入或财富情况、家庭规模等。

第二节　安康山区农户薪柴煤炭等使用情况的定量分析

本章所采用的数据，源于西安交通大学人口与发展研究所 2011 年 11 月底在安康市所开展的农户生计与环境调查。该区域地处秦巴集中连片贫困区，以山区为主，地形复杂，交通不便，自然环境恶劣，生态脆弱，贫困人口多且居住分散。本次调查以结构化的入户问卷调查和社区问卷调查为主，辅之以半结构化的访谈作为补充。本次调查共涉及安康四县一区（汉滨区、宁陕县、紫阳县、平利县和石泉县）的 15 个山区乡镇、25 个调查村，其中，平利县为陕西省级贫困县，其余均为国家级贫困县（区）。本次调查共发放问卷 1570 份，问卷回收率为89.8%，共收集有效农户问卷 1404 份，有效率达 99.6%。

农户问卷调查针对家中年龄在 18～65 周岁的户主或户主配偶。调查内容涉及被访者的家庭成员基本信息、家庭住房、土地林地、劳动就业、家庭收入与消费状况、参加移民搬迁与退耕还林工程情况等。家庭收入和消费数据，均对应于调查前的 12 个月。

---

①③　Davis, M. Rural household energy consumption: the effects of access to electricity-evidence from South Africa. Energy Policy, 1998, 26: 207 – 217.

②　Masera, O. R., Saatkamp B. D, Kammen D. M. From linear fuels witching to multiple cooking strategies: a critique and alternative to the energy ladder model. World Development, 2000, 28: 2083 – 2103.

一、安康调查地农户薪柴使用的描述性统计分析

1. 农户薪柴使用的基本情况

根据表 4 - 1，由于冬季气候寒冷、缺乏替代能源等原因，安康山区农户调查前 12 个月中使用薪柴较为频繁，使用量也较大。全部样本使用薪柴的比例是 72.3%，平均每户使用薪柴 1938.4 公斤/年；针对使用了薪柴的农户样本，平均每户使用量为 2683 公斤/年。

薪柴使用情况在安康 5 个调查县之间，也有统计上的显著差异（p < 0.001）（见表 4 - 1）。总体上，五个调查区县中，平利县农户使用薪柴比例最小，使用量也最低；汉滨农户使用薪柴更为普遍，且使用量也较大；而紫阳县农户的使用比例最高，且使用量最大，即薪柴使用的强度大。

表 4 - 1　　　安康农户 2010 年 11 月 ~ 2011 年 10 月薪柴使用的基本情况　　（单位：kg/年）

		薪柴使用比例	均值	标准差
全部样本（N = 1391）		72.3%	1938.4	2690.2
汉滨区农户（N = 253）		89%	2224.75	2810.77
石泉县农户（N = 299）		87%	1746.83	2285.0
宁陕县农户（N = 233）		76%	1659.98	1588.79
紫阳县农户（N = 270）		64%	3212.13	3800.16
平利县农户（N = 336）		51%	1062.95	1967.84
其中，使用了薪柴的样本	5 个调查县（N = 1005）	/	2683.0	2831.99
	汉滨区（N = 224）	/	2512.78	2863.71
	石泉县（N = 260）	/	2008.85	2340.75
	宁陕县（N = 177）	/	2185.17	1474.2
	紫阳县（N = 172）	/	5042.3	3665.41
	平利县（N = 172）	/	2076.46	2388.69

注：①N 为有效样本数，以下同。
②/ 表示数据不存在。
资料来源：本书作者根据本课题组调研数据计算而得，本章以下各表及图同。

2. 薪柴使用与农户家庭所处地理位置、主要社会经济特征

以下从样本农户所在的地理位置（是否位于或临近自然保护区）、政策特征（是否参与了退耕还林工程、是否为移民搬迁户、移民搬迁安置方式）、农户生计活动特征等方面来分析农户对薪柴的使用情况，见表 4 - 2。

（1）地理位置与薪柴消费

本次被调查农户多位于或临近自然保护区。位于或临近自然保护区的农户薪柴使用比例更高（达79%），仅69%的非临近自然保护区农户使用薪柴，位于或临近自然保护区的农户使用薪柴的比例显著高于非自然保护区的农户（p<0.001）。但从使用数量上看，临近自然保护区农户年平均使用薪柴1785.5公斤，自然保护区外农户使用薪柴2016公斤（两者存在显著差异，p<0.1）；在使用了薪柴的那些农户样本中，非临近保护区农户年薪柴使用量（2927.5公斤）同样显著高于临近保护区的农户（2263公斤）（p<0.001）。因此，保护区内农户使用薪柴的占比更高，或者使用薪柴更为普遍；但保护区外农户使用薪柴的强度更大，一旦使用，则使用量更大。

表4-2　薪柴使用与农户的地理位置、主要的社会经济、生计活动特征等

农户特征		全部样本			使用了薪柴的样本	
		使用薪柴比例（%）	均值（kg/年）	标准差	均值（kg/年）	标准差
全部样本		72.3	1938.4	2690.2	2683.0	2832.0
1. 地理位置	临近保护区（N=469）	79.0	1785.5	2124.9	2263.3	2154.6
	非临近保护区（N=922）	69.0	2016.23	2934.4	2927.5	3136.3
2. 家庭常住人口	1~3人（N=786）	71.0	1780.35	2557.3	2507.82	2718.28
	3人以上（N=603）	73.9	2143.8	2842.7	2901.58	2956.37
3. 参与退耕还林	退耕户（N=1118）	73.4	1951.58	2633.39	2657.57	2751.0
	非退耕户（N=266）	68.8	1932.34	2938.9	2808.76	3178.19
4. 搬迁情况	移民搬迁户（N=407）	71.0	2091.07	3315.08	2934.7	3599.24
	非移民搬迁户（N=984）	73.0	1875.31	2383.5	2580.84	2449.08
5. 移民搬迁安置方式	集中安置户（N=256）	61.72	1913.0	3522.9	3087.4	2971.0
	分散安置户（N=151）	87.42	2405.6	2924.1	2751.9	4053.4
6. 兼业情况	兼业户（N=865）	70.52	2002.33	3002.0	2839.4	3225.6
	纯农户（N=526）	75.1	1833.37	2076.78	2441.4	2063.7
7. 是否贫困户	贫困户（N=458）	68.56	1483.65	2214.25	2164.05	2383.57
	非贫困户（N=886）	74.15	2140.64	2834.52	2886.77	2946.55
8. 家庭结构	类型1（N=182）	67.58	3407.27	4612.57		
	类型2（N=210）	76.67	4931.92	7087.96		
	类型3（N=439）	67.43	3640.66	5134.2		
	类型4（N=2）	50.0	1000.00	1414.21		
	类型5（N=496）	76.61	3933.98	5176.61		
	类型6（N=62）	70.97	2990.32	3412.55		

备注：N为有效样本数，以下同。家庭结构类型见文中。
资料来源：作者调研数据，本章以下同。

（2）家庭人口、家庭结构与薪柴消费

根据农户家庭的生命周期，我们将全部样本家庭结构分为六类。一类家庭包括成年劳动力、老人和小孩，二类家庭包括成年劳动力和老人，三类家庭包括成年劳动力和小孩，四类家庭包括老人和小孩，五类家庭包括成年劳动力，而六类家庭仅有老人。其中，成年劳动力指个体年龄在 18～65 岁，老人指年龄在 65 岁及以上。

据表 4-2，家庭类型二（成年劳动力和老人）和家庭类型五（仅成年劳动力）这两类家庭使用薪柴的比例高，使用量也大。即捡拾薪柴需要成年劳动力。家中如有孩子，则会减少薪柴的使用。

此外，家庭常住人口数量与家庭能源消费有着密切的关系。所谓常住人口，指的是居住在本乡镇街道、户口在本乡镇街道或户口待定的人；居住在本乡镇街道、离开户口所在的乡镇街道半年以上的人；户口在本乡镇街道、外出不满半年或在境外工作学习的人。表 4-2 也比较了不同数量常住人口的家庭样本，它们在是否使用薪柴上没有显著差异，但在薪柴使用数量上则有显著差异（p < 0.01）。总体上看，家庭常住人口越多，薪柴使用量越大。

（3）政策特征与薪柴消费

首先，由于调查地是"南水北调"中线工程的水源地以及生态重要的贫困山区，退耕还林工程在当地普遍实行。根据调查样本，退耕户使用薪柴的比例是 73.4%，非退耕户使用薪柴的比例是 68.8%；在薪柴使用数量上，退耕户均值为 1951.58 公斤/年，非退耕户均值为 1932 公斤/年，以上两者无显著差异。在使用薪柴的那些农户样本中，退耕户比非退耕户薪柴使用量略少，但无显著差异。因此，是否参加退耕还林工程，不是当地农户薪柴使用的主要影响因素。

其次，安康市移民搬迁工程是陕西省政府主导的一个重要的农村扶贫与发展项目，也是陕南移民搬迁工程的重要组成部分，安康市计划在 2011～2020 年搬迁处于有地质灾害、洪涝灾害危险的深山区 20.6 万农户，约 88 万人口。一方面，我们从是否是移民搬迁户来看，搬迁户使用薪柴的比例（71%）略低于非搬迁户（73%），但搬迁户的平均薪柴使用数量（2091 公斤）略高于非搬迁户（1875 公斤），但以上均无统计上的显著差异；另一方面，移民搬迁户的安置方法，有集中安置和分散安置（俗称"插花"）两种基本类型。根据表 4-2，分散安置户使用薪柴的比例（87%）显著高于集中安置户（62%），两者有显著差异（p < 0.001），分散安置户的平均使用数量也高于集中安置户，但统计上不显著。这是由于移民搬迁户的集中安置点一般位于集镇、相对繁华的乡镇、县城等。分散安置移民搬迁户虽从山上搬迁下来，但仍较多居住于地理位置平坦的原农村社区。因此，分散安置户比集中安置户对森林资源或薪柴有更多的便利和可及性。

（4）农户家庭兼业情况与薪柴消费

农户薪柴使用、消费与其家庭生计活动特征有一定的关系。在全部农户样本中，家中有成员打工的样本占57.3%，有从事非农经营的样本占10.9%。综上，全部样本中，纯农业户为526户（37.8%），从事了打工或非农经营的兼业户共865户（62.2%）。根据表4-2，兼业户比纯农业户使用薪柴的比例略低，但兼业户年平均薪柴使用量（2002公斤）要大于纯农业户（1833公斤）。针对已经使用了薪柴的农户样本，兼业户平均年薪柴使用数量（2839公斤）也显著大于纯农业户（2441公斤）（$p < 0.05$）。

综上，当地的纯农业户使用薪柴更为普遍，但兼业户的平均使用量更大。因此，从该描述性统计来看，随着生计多样化、农户能力提高、收入增加，当地农户并未出现能源升级，富裕了的农户仍然使用薪柴这一传统能源。

（5）是否为贫困户与薪柴消费

根据人均年收入小于2300元来界定是否为贫困户，本次调查中贫困户占有效样本的34%。根据表4-2，首先，贫困户和非贫困户使用薪柴的比例分别为68.56%和74%，有着显著差异（$p < 0.05$）；其次，贫困户和非贫困户年平均薪柴使用数量分别为1483.65公斤和2140.6公斤，两者有显著差异（$p < 0.001$）；再次，在使用了薪柴的那部分样本中，贫困户和非贫困户的年薪柴使用量分别为2164公斤和2886.77公斤，两者也有着显著差异（$p < 0.001$）。

总之，调查地贫困户使用薪柴的比例和使用量统计上均显著低于非贫困户。即理论上认为，所谓的"贫困与环境的恶性循环或陷阱"（越贫困，越破坏环境，即薪柴使用越多），在安康市调查地并不存在。相反，富裕农户比贫困农户使用薪柴更多，或者，并无证据表明调查地农户收入增加之后会产生家庭能源替代或升级。

3. 被调查农户薪柴使用的变化情况

根据问卷调查，8.5%被调查者认为2010年11月～2011年10月家庭增加了薪柴使用，69.1%认为无变化，21.7%认为家庭减少了薪柴使用，0.8%表示不知道。即大部分被调查者认为，家庭最近一年并未增加薪柴消费，薪柴消费基本稳定。

二、安康山区农户煤炭使用的描述性统计分析

表4-3显示了五个调查县被调查农户2010年11月～2011年10月使用煤炭的比例和煤炭使用的均值。其中，紫阳县农户的煤炭使用量最大，石泉县使用煤炭最少（后文显示，石泉县农户使用沼气的农户较多），各县之间有着显著的差

异（p<0.001），这也大致与各县的经济发展水平相一致。表4-4显示了农户的生计特征与煤炭消费情况。

表4-3 各调查县分类的使用煤炭的农户比例以及煤炭消费情况

	使用煤炭的比例（%）	煤炭使用量均值（斤/年）	标准差	极小值	极大值
汉滨区（N=253）	37.2	3934.58	2588.77	50.00	12000.00
石泉县（N=299）	13.7	705.12	418.93	200.00	2000.00
宁陕县（N=241）	48.4	1096.36	1228.42	60.00	12000.00
紫阳县（N=271）	59	5305.81	4154.55	30.00	40000.00
平利县（N=336）	88.7	4771.14	4973.9	500.00	80000.00
总计（N=1400）	50.64	3936.51	4243.46	30.00	80000.00

表4-4 农户生计特征与煤炭消费

农户特征		使用煤炭的比例（%）	在使用煤炭的样本中	
			使用量均值（斤/年）	标准差
自然保护区	临近保护区（N=479）	47.6	2525.22	2333.73
	非临近保护区（N=921）	52.4	4602.71	4751.10
兼业情况	兼业户（N=865）	51.4	3918.22	4842.31
	纯农户（N=526）	49.43	3968.05	2945.93
贫困情况	贫困户（N=463）	50.1	4159.09	6331.89
	非贫困户（N=890）	50.7	3851.11	2702.53
参与退耕还林	退耕户（N=1121）	50.6	4045.24	4581.0
	非退耕户（N=272）	51.8	3476.67	2427.99
搬迁情况	移民搬迁户（N=408）	47.8	3834.67	2925.36
	非移民搬迁户（N=992）	52.0	3975.00	4647.15

（1）地理位置

农户家庭是否临近自然保护区，在是否使用煤炭上存在显著差异（p<0.05）；同时，是否临近保护区在煤炭使用量上也存在显著的差异（p<0.001）。根据表4-4，未临近保护区的农户煤炭使用比例和消费量都显著高于临近保护区的农户，这可能并不是由于收入或财富引起的。由于薪柴与煤炭都是常用的能源，临近保护区使农户有更多的薪柴可及性，从而减少了煤炭使用量。

（2）纯农业户与兼业户的煤炭消费情况

从纯农业户和兼业户的比较来看，兼业户的煤炭使用比例略高于纯农户，尽管兼业户收入通常高于纯农户，但两者在煤炭使用比例和使用量上均无显著差异。

（3）贫困户与非贫困户的煤炭使用情况

根据表 4 - 4，贫困户与非贫困户使用煤炭的比例基本无差别，甚至在使用煤炭的样本中，贫困户比非贫困户的煤炭使用量还略多些，但统计上不显著。

（4）退耕户与非退耕户、移民搬迁户与非移民搬迁户的煤炭使用情况

退耕户或非退耕户，在煤炭使用比例和使用量上无显著差异，也说明退耕还林政策对于农户煤炭消费无影响。此外，非移民搬迁户比移民搬迁户的煤炭使用比例更高（$p < 0.1$），非搬迁户使用量也略多，但后者统计上不显著。

（5）农户主要收入类型与煤炭消费量的相关性检验

首先，在使用了煤炭的 711 个农户样本中，皮尔逊两两相关性检验表明（表略），煤炭使用量与家庭收入、人均收入、汇款、非农经营收入等无显著相关性，煤炭使用量与非农收入占家庭收入比例显著负相关（$p < 0.05$），与家庭规模显著正相关（$p < 0.05$）。

其次，在全部 1404 个农户样本中进行分析，煤炭消费量与家庭人口数显著正相关（$p < 0.05$），与家庭总收入显著正相关（$p < 0.05$）。但其与人均收入无显著相关性，煤炭消费也与家庭成员初中以上教育比例、打工汇款、非农经营收入、非农比例等无显著相关性。

总之，随着农户家庭收入的增加、家庭主要生计资本的增加，会提高农户使用煤炭的概率，但具体消费多少煤炭则更多与家庭人口密切相关，即能源为生活必需品，家庭收入或财富对农户煤炭的使用量影响不大。同时，农户的煤炭使用与薪柴也有着密切的关系，它们可能存在着替代关系。

三、安康山区农户使用液化气和沼气的描述性统计分析

1. 调查地农户使用液化气和沼气的基本情况

表 4 - 5 显示了调查地农户使用液化气和沼气的基本情况。2010 年 11 月 ~ 2011 年 10 月使用了液化气罐的农户占全部样本的比例为 30.78%，全部样本农户平均使用了 1.3887 罐液化气。而在使用了液化气的农户中，2010 年 11 月 ~ 2011 年 10 月平均使用了 4.5116 罐液化气。

表 4 - 5　　　农户 2010 年 11 月 ~ 2011 年 10 月液化气罐和沼气使用情况

	使用比例（%）	均值	在使用农户中的均值
液化气罐	30.78	1.3887（3.2910）	4.5116（4.5959）
沼气	10.2	／	／

注：括号内为标准差。

此外，全部样本中，仅10.2%的农户建立了沼气池。图4－1显示了农户建设沼气池的资金来源。其中，沼气池建设资金来自政府补贴的样本占48.6%，政府与个人共同出资占47.9%，个人出资仅有5个样本（占3.5%）。

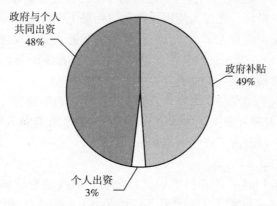

图4－1　安康市调查样本农户建设沼气池的资金来源

此外，在5个调查县和15个调查乡镇之间，农户使用沼气情况有着显著的差异。总体上，汉滨区和平利县的农户使用沼气的比例较高，见图4－2。15个调查乡镇使用沼气情况，见图4－3，可能由于当地乡镇政府的支持或特殊扶持政策，平利县广佛镇的农户使用比例最高，达到31%。一些乡镇，如汉滨区的瀍湖镇、县河镇，石泉县迎丰镇，紫阳县焕古镇，宁陕县四亩地镇农户使用沼气的比例也较高，其他乡镇的农户使用沼气的比例较低。

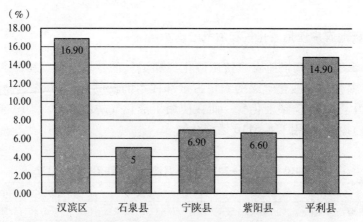

图4－2　按照调查区县分类的安康农户使用沼气的比例（%）

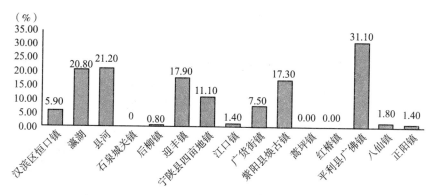

图 4-3 安康市各调查乡镇农户使用沼气的比例（%）

2. 农户使用沼气的主要特征

根据描述性统计（略），使用沼气的农户样本中，搬迁户较多（p<0.001）。调查地农户能源使用中，农户一般不单独使用沼气，一般与其他能源一起使用，因此，沼气是煤炭、煤气的补充。与未使用沼气的农户相比，使用了沼气的农户家庭总纯收入（p<0.01）和兼业比例、家庭现金收入比例显著更高（p<0.001），其农林业收入占比、贫困发生率统计上显著更低（p<0.001）。即使用了沼气的农户经济上更富裕，兼业比例高，农林收入占比低。

四、安康山区农户薪柴消费影响因素的计量经济分析

由于当地农户采集薪柴均为自用，基本上不用于销售或者交易，因此农户薪柴消费量也是其采集量或生产量。这里依据不可分的农户模型（即农户薪柴采集和消费的过程同时发生），根据以往文献和描述性统计结果对安康市调查地农户的薪柴使用量及影响因素进行计量经济分析。

本章从农户对薪柴的可及性、家庭社会人口特征、家庭成员的受教育程度、持久性财富（用家庭物质资产表示）、家庭当期收入、家庭非农收入占比、是否为移民搬迁户来分析农户薪柴消费的影响因素。因此，本章计量模型的具体变量有：反映了薪柴可及性的农户所在行政村与乡镇的距离；家庭常住人口数量；16岁以下儿童的数量；户主年龄；家庭成员初中以上受教育程度的比例（%）；物质资产，家庭纯收入等。为控制安康5个调查区县在社会经济特征上的差异，模型中将紫阳县设为参考组，也设计了其他四个调查地的哑变量。

此处将农户样本分为3类，即：全部有效样本、使用了薪柴的有效样本、仅使用了薪柴的有效样本。对于全部有效样本，因为有部分农户未使用薪柴，计量经济分析模型采用了 TOBIT 模型，其他则采用了稳健标准误 OLS 模型。

表4-6为农户薪柴消费影响因素分析的变量表与变量的描述性统计，表4-7为模型分析的结果。根据表4-7，可以有如下结论：

①农户所在行政村与乡镇的距离，表示了农户对薪柴的可及性。山区农户与乡镇的距离越远，一般是居住越偏远，森林覆盖率越高，薪柴可及性越好，无论是哪个模型，农户所在行政村与乡镇的距离均对薪柴使用量有显著的正向影响。

②家庭人口与结构。出于对能源的需求，家庭常住人口规模对薪柴消费有显著的正向影响，但随着人口增加，这一作用逐渐降低；16岁以下儿童需要人照顾，薪柴采集需要劳动力投入，因此，无论哪个模型，儿童数量均显著降低了薪柴的使用量；户主年龄对薪柴使用量无显著影响，表示薪柴使用量与农户家庭生命周期无关；家庭成员初中以上教育程度比例在模型1有显著负向作用，其在模型2和模型3中也有负向作用，但不显著。

③是否为移民搬迁户对薪柴消费无显著作用。由于当地搬迁户大多是同村或同乡镇搬迁，即从山上的居住点，搬迁到山下的居住点，与原居住地距离并不太远。

④对于非农收入比例，在模型1和模型3分析中对于薪柴使用有显著的负向作用；在模型2使用了薪柴的样本中，也有负向作用，但统计上不显著。

⑤家庭物质资本和家庭纯收入代表了被调查农村家庭的持久财富和当期收入，则显示了有意义的分析结果。在全部样本中，家庭物质资本显著降低了薪柴的消费量，但在模型2和模型3中，物质资本对薪柴消费有正向作用，但不显著。此外，无论在哪种类型的样本中，家庭当期收入均显著提高了农户的薪柴消费和使用，但家庭收入平方项对薪柴使用影响为负。此外，由于经济发展程度、地理特征等方面的差异，五个县之间有所差异。

表4-6 农户薪柴使用数量分析的变量表与描述性统计

变量名称	全部样本 (n=1323)		使用了薪柴的样本 (n=958)		仅使用薪柴的样本 (n=488)	
	均值	标准差	均值	标准差	均值	标准差
薪柴使用数量（公斤）	1938.4	2690.2	2639.15	2825.3	2963.4	3113.6
村与乡镇的距离（里）	9.661	0.2217	10.8069	0.27604	12.42	9.507
家庭常住人口（人）	3.203	0.0422	3.2056	0.04881	2.97	1.562
家庭常住人口的平方	12.605	0.30465	12.556	0.34827	11.276	10.812
16岁以下儿童数量（人）	0.5117	0.0202	0.4854	0.0237	0.406	0.689
户主年龄（年）	50.397	0.3465	50.867	0.4065	51.668	12.868
家庭成员初中以上受教育程度的比例（%）	41.857	34.197	39.942	33.72	37.598	35.587
是否为搬迁户（参考组=是）	0.2933	0.0125	0.2881	0.0146	0.27	0.446

续表

变量名称	全部样本 （n = 1323）		使用了薪柴的样本 （n = 958）		仅使用薪柴的样本 （n = 488）	
	均值	标准差	均值	标准差	均值	标准差
非农收入与家庭收入占比	0.2878	0.0096	0.2563	0.0107	0.2185	0.3059
物质资本标准化指数#	0.2673	0.0041	0.2525	0.0048	0.2194	0.1359
家庭纯收入（单位：千元）	20.772	27.80	20.022	25.58	17.683	22.602
家庭纯收入的平方（单位：千元）	1195.97	4960.2	1057.72	3560.25	822.82	2536.5

注：#家庭物质资本是根据家庭房屋面积和建筑质量、家庭生产工具和耐用消费品，如拖拉机、铲车、机动三轮、摩托车、汽车、电视、洗衣机、计算机等构成的一个标准化指数。参见李小云，董强，饶小龙等．农户脆弱性分析方法及其本土化应用．中国农村经济，2007（4）：37 - 45。

表4 - 7　农户薪柴使用数量的 TOBIT 和 OLS 计量经济模型分析结果

	模型1：农户薪柴使用数量 TOBIT 分析 （全部样本，N = 1323）			模型2：农户薪柴使用数量 的 OLS 分析（稳健标准误） （使用了薪柴的样本， N = 958）			模型3：农户薪柴使用数量 的 OLS 分析（稳健标准误） （仅使用薪柴的样本， N = 488）		
	系数	z	p > z	系数	t	p > t	系数	t	p > t
村与乡镇的距离	268.395 (23.264)	11.54	0.000	195.931 (30.134)	6.50	0.000	240.487 (29.571)	8.132	0.000
家庭常住人口	1439.281 (422.86)	3.40	0.001	922.095 (365.162)	2.53	0.012	1288.191 (585.58)	2.200	0.028
家庭常住人口的平方	-123.786 (57.661)	-2.15	0.032	-83.195 (42.269)	-1.97	0.049	-122.961 (83.137)	-1.479	0.140
16 岁以下儿童数量	-902.191 (283.29)	-3.18	0.001	-558.205 (279.46)	-2.00	0.046	-736.905 (442.13)	-1.667	0.096
户主年龄	13.587 (15.47)	0.88	0.380	7.97759 (14.482)	0.55	0.582	-15.261 (22.153)	-0.689	0.491
家庭成员初中以上教育程度比例	-426.484 (231.88)	-1.84	0.066	-336.782 (271.159)	-1.24	0.215	-561.903 (357.48)	-1.572	0.117
是否为移民搬迁户	15.951 (408.01)	1.75	0.080	561.82 (375.85)	1.49	0.135	19.017 (636.12)	0.030	0.976
非农收入与家庭收入占比	-1623.25 (550.56)	-2.95	0.003	-741.503 (471.86)	-1.57	0.116	-1926.31 (923.96)	-2.085	0.038
物质资本标准化指数	-3135.336 (1432.9)	-2.19	0.029	34.145 (1190.25)	0.03	0.977	20.943 (2426.48)	0.009	0.993
家庭纯收入	0.0275 (0.0167)	1.65	0.099	0.0563 (0.0237)	2.37	0.018	0.087 (0.041)	2.093	0.037

续表

	模型1：农户薪柴使用数量TOBIT分析（全部样本，N=1323）			模型2：农户薪柴使用数量的OLS分析（稳健标准误）（使用了薪柴的样本，N=958）			模型3：农户薪柴使用数量的OLS分析（稳健标准误）（仅使用了薪柴的样本，N=488）		
	系数	z	p>z	系数	t	p>t	系数	t	p>t
家庭纯收入的平方	-0.000 (0.000)	-1.66	0.097	-0.000 (0.000)	-1.97	0.049	-0.000 (0.000)	-1.489	0.137
常数项	-1061.57 (1384.16)	-0.77	0.443	1272.68 (1261.5)	1.01	0.313	2371.7 (1945.1)	1.219	0.223
模型检验	LR chi^2(12)=256.31			F(12,945)=17.45					
	Prob>chi^2=0.0000			Prob>F=0.0000					
	Log likelihood=-9976.09			R^2=0.1537			R^2=0.218 Adj R-squared=0.198		
	Pseudo R^2=0.0127			Root MSE=5098.5			Root MSE=5576.885		

注：括号内为标准误；四个调查地（以紫阳县为参考组）的参数结果略。

五、安康山区农户薪柴使用分析的总结与建议

贫困山区农户薪柴的使用与消费，是一个理论性和现实性均突出的问题。从理论上看，薪柴采集活动体现了农户在农业、林业、非农活动之间进行时间分配的一个机会成本，探索薪柴采集、森林破坏与贫困之间的关系，分析农户能源使用行为、合理促进农民使用新型能源和替代传统能源等都具有重要的理论和现实意义。本章前面的分析可以总结如下。

①调查地或西部贫困山区农户使用薪柴的情况，并不存在贫困—森林破坏的恶性循环。相反，相对于穷人，富人使用薪柴更多；穷人在能源的使用上，可能更处于一种不利状态。

②总体上当地农户日常多种能源并用现象突出，即农户同时使用薪柴、煤炭、煤气、电等多种能源，没有呈现出煤气或煤炭替代薪柴，或从传统能源到商品性能源的替代或递进特征。

③调查地农户使用薪柴更多的仍是一种传统或生活习惯，农户薪柴使用更多与他们采集薪柴的便捷性、周边森林资源的可及性、劳动力的机会成本有关。

④调查地农户随着家庭当期收入的增加，并不会减少他们薪柴的使用和消费，反而会增加薪柴的消费；但随着家庭持久性收入或家庭物质资产的增加，农户会降低家庭薪柴的消费。

因此，为更好地保护森林资源、便利农村居民日常使用能源，地方政府可以努力提高替代性能源如煤炭、煤气的使用便捷性，可以多设立便民煤气罐、

煤炭销售点或加气站；发展沼气和太阳能等清洁能源，并给予补贴；促进农民外出务工，提高家庭非农收入，同时这也增加了薪柴采集的机会成本，从而降低薪柴的消费和使用量。此外，能源是生活必需品，应适当给予穷人使用煤炭或煤气补贴等。

第三节　安康山区农户能源使用情况的综合分析

根据被调查农户的能源使用特征，本节将全部样本分为三种类型：类型一（仅使用薪柴，不使用任何商品性能源或者沼气的农户）、类型二（使用了薪柴，但同时也至少使用一种商品性能源或者沼气）、类型三（不使用薪柴而至少使用一种商品性能源或者沼气），并采用 Multinomial logistic 模型，分析农户能源使用类型一、类型二、类型三的综合特征以及影响因素，并提出对策建议等。

一、农户能源使用类型

全部 1404 个样本中，有 72.3% 的农户使用了薪柴，即约 1/4 的农户完全不使用薪柴；约 10% 的农户使用沼气，约 30% 的农户使用了煤气罐，49% 的农户使用煤炭。即从能源使用频率上看，薪柴 > 煤炭 > 煤气罐 > 沼气。

此外，约一半（49.67%）的农户使用了一种类型的能源；35.26% 农户使用了 2 种类型的能源；少部分农户使用了 3 ~ 4 种能源；甚至个别农户没有使用这 4 种能源，见图 4 - 4。

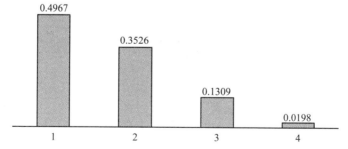

图 4 - 4　安康市农户使用能源数量及其占全部样本的比例

按照家庭收入，我们将全部样本农户进行了四等分，即高收入农户（家庭当年收入 ≥ 24946.1 元）、中等偏上收入农户（家庭当年收入在 11952 ~ 24946.1 元），中等偏下收入农户（家庭当年收入在 5332.3 ~ 11952 元）和低收入农户

（家庭年收入≤5332.3 元）四种类型。表 4-8 显示了该 4 种收入类型农户的能源使用情况。

表 4-8　　　　　　　　　不同收入类型的安康农户能源使用情况

	薪柴		煤炭		煤气		沼气使用比例	能源使用种类
	比例	均值	比例	均值	比例	均值		
高收入户	0.6814 (0.467)	4815.64 (6596.9)	0.584 (0.494)	2597.43 (3028.6)	0.4189 (0.494)	2.427 (5.148)	0.1534 (0.361)	1.838 (0.92)
中上收入户	0.7738 (0.419)	4019.5 (5233.2)	0.4734 (0.50)	1599.55 (2512.27)	0.323 (0.468)	1.232 (2.493)	0.1306 (0.337)	1.69 (0.850)
中下收入户	0.7425 (0.438)	3616.68 (4281.14)	0.543 (0.499)	2272.20 (5041.74)	0.267 (0.443)	0.9614 (1.954)	0.048 (0.214)	1.584 (0.702)
低收入户	0.6925 (0.462)	2869.25 (4666.4)	0.419 (0.494)	1518.73 (3356.61)	0.2226 (0.417)	0.9199 (2.338)	0.0657 (0.248)	1.389 (0.672)

注：括号内为标准差。

表4-8 显示了农户按照家庭收入水平分类的能源使用情况。有以下发现。

首先，高收入类型农户使用薪柴的比例虽不是最高，但有着最高的薪柴使用量均值；也有着最高的煤炭使用比例和煤炭使用量、煤气使用比例和煤气使用量；高收入类型农户，也有着最多的能源使用种类。

其次，总体上，随着收入增加，农户不会自动地沿着"能源阶梯"上升。随着农户收入增加，农户一般并不会放弃薪柴的使用，而是同时使用几种类型的能源。当然，随着农户收入增加，同时也增加了煤炭和煤气的使用（即农户综合使用能源的特征较为明显）。

最后，低收入类型农户的薪柴使用比例不仅较低，而且薪柴使用量也最低；低收入类型农户的薪柴使用量、煤炭使用比例和煤炭使用量、煤气使用比例和煤气使用量、使用的能源种类均为最低。即此处不仅不存在"环境和贫困恶性循环的问题"，而且，低收入的贫困农户由于缺乏对薪柴的可及性或者无力购买足够的煤炭等，他们存在着能量、热量不足，基本生活能源不足，生活质量低、被剥夺、福利水平低的问题。因此，尤其应关注这些弱势群体的基本生存问题。

二、对安康农户能源使用类型的样本分类

被调查安康农户可能使用了薪柴、煤炭、煤气或沼气的一种或某种组合，这样，有以下 12 种能源使用情况或能源使用类型：

①仅使用薪柴的农户，共有 506 个样本，占全部样本的 36%；

②仅使用煤炭的农户，共有 125 个样本，占全部样本的 8.9%；

③仅使用煤气的农户，共有 38 个样本，占全部样本的 2.7%；

④使用煤炭或者煤气，且无薪柴；有 346 个样本；

⑤使用煤炭或者煤气，且有薪柴；有 451 个样本；

⑥使用煤炭或者煤气或者沼气，且无薪柴；有 351 个样本；

⑦使用煤炭或者煤气或者沼气，且有薪柴；有 497 个样本；

⑧使用煤炭 + 煤气，且无薪柴；有 167 个样本；

⑨使用煤炭 + 煤气 + 薪柴；有 158 个样本；

⑩使用了沼气的家庭（沼气 + 其他某种能源，农户极少单独使用沼气），142 个样本；占全部样本约 10%；

⑪使用了薪柴，但同时至少使用一种商品性能源或者沼气；共 497 个样本，占全部样本的 35.4%；

⑫不使用薪柴，使用煤炭或者煤气或者沼气，或者使用煤炭 + 煤气，或者使用煤炭 + 煤气 + 沼气。共 351 个样本，占全部样本的 25.6%。

根据上述情况和描述性统计，在安康山区农户，存在着三种不同能源使用类型的农户。按照环境友好或者商品性能源程度依次为：仅使用薪柴（未使用任何商品性能源或者沼气）的农户（类型一）、使用薪柴但同时也使用至少一种商品性能源或者沼气的农户（类型二）、不使用薪柴而至少使用一种商品性能源或者沼气的农户（类型三）。以上三种样本数量分别为 506 个、497 个和 351 个，占全部农户样本的比例分别为 36%、35.4% 和 25.7%（此处剔除了少量数据缺失或未使用燃料的样本）。即安康山区农户还是普遍使用薪柴，完全不使用薪柴的农户只有约 1/4。表 4-9 显示了这三类农户的燃料使用情况的基本特征。

表 4-9　　　　　　　　根据燃料使用特征分类的三种类型农户

农户	类型一	类型二	类型三
类型界定	仅使用薪柴，没有任何商品性能源或沼气	使用薪柴，同时也至少使用一种商品性能源或沼气	完全不使用薪柴，使用了煤炭或液化气或沼气，或以上某种组合
占全部样本的比例（%）	36	35.4	25.6
薪柴使用量（单位：斤）	5968.7（6273.4）	4754.7（4908.2）	N.A
煤炭使用量（单位：斤）	N.A	2761.28（4259.32）	4040.44（3891.24）
液化气使用量（单位：罐）	N.A	1.6532（2.7200）	3.1282（5.1534）
使用沼气的比例	N.A	0.1984（0.39918）	0.1257（0.332）

注：括号内为标准差。

三、安康市调查地能源使用三种类型农户特征的比较分析

综上，比较三种能源使用类型的农户特征是有意义的。以下从多个方面对三类农户进行单因素方差分析，见表4-10。

表4-10 三种能源使用类型农户的主要特征比较

	能源使用类型一	能源使用类型二	能源使用类型三	总样本	ANOVA p 值
一、家庭人口社会特征					
1. 家庭总人口数	3.401	3.90	3.79	3.69	0.000
2. 家庭常住人口数	3.0079	3.4668	3.2877	3.2489	0.000
3. 家庭男性成员比例	0.59363	0.56491	0.54908	0.57154	0.009
4. 家庭劳动力数量（18~65岁）	2.4644	2.8149	2.6325	2.6366	0.000
4.1 家庭男性劳动力数量	1.3874	1.5392	1.4131	1.4498	0.008
5. 老人和孩子的数量	0.9368	1.0865	1.1624	1.0502	0.003
5.1 老人的数量（65岁以上）	0.4032	0.4225	0.4131	0.4129	NA
5.2 孩子的数量（16岁以下）	0.4130	0.5694	0.6011	0.5192	0.000
6. 家庭成员受初中以上教育程度的比例（%）	37.5978	42.3695	45.5350	41.4069	0.002
7. 全家有村干部经历的人数	0.0593	0.1308	0.1538	0.1100	0.000
8. 家庭耕地面积（亩）	4.501	4.261	2.9037	3.9988	0.000
9. 家庭林地面积（亩）	37.3492	36.1044	27.1603	34.2535	0.063
10. 人均耕地（亩）	1.581453	1.189655	0.940392	1.271456	0.000
11. 人均林地（亩）	11.8736	10.100	8.28998	10.2954	0.012
二、户主特征					
1. 户主年龄	51.6957	50.1051	49.5755	50.5629	0.032
2. 户主文化程度	2.1700	2.3475	2.4274	2.3018	0.000
3. 户主为中共党员的比例	0.0567	0.1332	0.1078	0.0982	0.000
三、地理位置特征					
1. 在自然保护区内或临近自然保护区	0.3399	0.3944	0.2393	0.3338	0.000
2. 村与乡镇的距离	12.3665	9.1136	6.7171	9.7041	0.000
四、政策特征					
1. 是否参加了退耕还林项目	0.8218	0.8149	0.7867	0.8102	NA
2. 是否是搬迁户	0.27	0.31	0.32	0.30	NA
3. 有生态公益林的比例	0.2396	0.2747	0.1738	0.2354	0.003

续表

	能源使用类型一	能源使用类型二	能源使用类型三	总样本	ANOVA p 值
五、农户的生计特征、收入与收入来源					
1. 兼业户的比例（%）	61.07	61.97	64.39	62.26	NA
2. 人均纯收入	5526.68	6038.95	6480.00	5960.58	NA
3. 家庭纯收入	17676.19	22612.45	23235.44	20915.16	0.005
4. 家庭现金收入比例	0.6271	0.6618	0.7310	0.66668	0.000
5. 家庭农林业纯收入	8417.67	7782.79	6297.79	7633.98	NA
6. 家庭养殖收入	1625.41	2053.86	1036.59	1630.47	0.002
7. 家庭打工成员汇款	3949.20	4920.61	5316.98	4660.07	0.053
8. 非农经营纯收入	942.46	3767.14	5911.22	3266.51	0.000
9. 政府各类补贴和低保	1714.14	2499.15	3286.80	2407.45	0.000
10. 其他收入	1039.33	1403.42	1838.26	1380.25	0.032
11. 农林业纯收入占家庭纯收入的比例	0.4172	0.3426	0.2687	0.3513	0.000
12. 打工汇款和非农经营纯收入之和（非农收入）	4893.11	8627.33	11281.28	7916.98	0.000
13. 非农收入占家庭纯收入比例	0.2190	0.2927	0.36327	0.28343	0.000
六、家庭的生计资产					
1. 自然资本指数	0.072409	0.061451	0.052296	0.063173	0.003
2. 物质资本指数	0.222105	0.287773	0.311350	0.269344	0.000
3. 金融资本指数	0.154690	0.184327	0.190805	0.174931	0.003
4. 社会资本指数	0.161627	0.222908	0.257169	0.208889	0.000
5. 人力资本指数	0.311504	0.355437	0.344051	0.336047	0.000
6. 家庭资本总指数	0.922720	1.12634	1.164679	1.059239	0.000
七、贫困 FGT 指数情况					
1. 贫困发生率（P_0）	0.338742	0.308824	0.376471	0.33766	NA
2. 贫困距（P_1）	0.1444	0.13154	0.16982	0.1561	/
3. 贫困强度（P_2）	0.09311	0.092135	0.12246	0.1081	/

1. 家庭人口社会特征和土地情况比较

因为薪柴采集是一种体力活，类型二拥有最多的家庭总人口数、家庭常住人口数、家庭劳动力数量和男性劳动力、65 岁以上老人，其次是类型三农户，类型一农户人口和劳动力最少。

类型三农户的老人和孩子的数量、16 岁以下儿童数量、家庭成员受初中以上教育程度的比例（%）、全家有村干部经历的人数最高；而类型一农户的家庭成员受初中以上教育程度的比例（%）、全家有村干部经历的人数、老人数量、孩子数量都最少。

类型一农户拥有最多的家庭耕地面积、家庭林地面积、人均耕地和人均林地，户主年龄也最大，但户主的受教育程度最低、户主为中共党员的比例也最低；类型三的农户拥有最少的家庭耕地面积、家庭林地面积、人均耕地和人均林地，但类型三农户的户主受教育程度最高。类型二农户的户主为中共党员的比例最高，在上述其他大多数指标上，类型二居中。

此外，从家庭结构上看，能源类型一和类型二属于只有成年劳动力的家庭类型比例最高；而能源类型三的家庭结构，成年劳动力和小孩的比例最高。

2. 地理特征比较

类型二农户在自然保护区内或靠近自然保护区的比例最高，其次为类型一。所以，类型一和类型二农户具有薪柴可及性。类型一农户所在行政村与乡镇的距离最远，而类型三农户距离乡镇最近。

3. 政策特征比较

类型一农户参加退耕的比例最高；由于距离乡镇最近，类型三搬迁户最多。与靠近自然保护区或在其之内的情况一致，类型二农户有生态公益林的比例最高。

4. 家庭收入与生计特征比较

除了家庭农林业纯收入和养殖收入之外，类型三农户的人均纯收入、家庭纯收入、家庭打工成员汇款、非农经营纯收入、政府各类补贴和其他收入均最高，它也拥有最高的兼业户比例、家庭现金收入比例和非农收入（打工汇款和非农经营纯收入之和）占家庭纯收入比例。

类型一农户的家庭农林业纯收入、农林业纯收入占家庭纯收入的比例最高，其他均最低。

类型二拥有最高的家庭养殖收入，在其他指标上均居中。

5. 家庭生计资本比较

在物质资本、金融资本、社会资本、家庭资本总指数上，从大到小，依次为类型三、类型二和类型一；在人力资本上，由于类型二农户具有较多的劳动力，它的人力资本最高；其次是类型三；最后为类型一；在自然资本上，类型一农户拥有较多的土地和林地，它的自然资本最多，其次是类型二，类型三的自然资本最少。

6. 贫困与贫困深度比较

尽管人均纯收入、家庭纯收入等最高，但类型三农户拥有最高的贫困发生率（P_0），以及贫困距（P_1）和贫困强度（P_2）。类型一农户的贫困发生率（P_0），以及贫困距（P_1）和贫困强度（P_2）次之。类型二农户的贫困发生率（P_0），以及贫困距（P_1）和贫困强度（P_2）最低。

总体上，三种农户在许多方面有着截然不同的特征，或者存在统计上的显著差异，总结如下。

首先，类型一农户具有薪柴资源的可及性，如较为靠近自然保护区、距离乡镇最远，有着薪柴采集的便利性；农户参加退耕的比例也最高；农林业收入占家庭收入的比例最高，打工汇款收入最少，几乎没有非农经营；除自然资产外，其他生计资产都最少；他们家庭人口最少，劳动力稀缺，受教育程度最低，家中有村干部的比例也最低；他们的家庭耕地和林地面积大，主要发展农林业，农林业生计特征显著；他们的贫困发生率居中。

再次，类型二农户距离自然保护区最近，家庭总人口和劳动力最多，生计也呈现出多样化，其贫困发生率、贫困距和贫困深度最低；其他各方面的指标较居中。

最后，类型三农户远离自然保护区，距离乡镇最近、交通便利，总体上人均纯收入、家庭纯收入、打工汇款或非农收入、兼业比例、金融资产、社会资产等均最高，同时贫困发生率最高，也呈现出一些收入两极分化特征（依据 P_1 和 P_2）。即该类型内部的一部分农户不具备采集薪柴的条件，土地和林地面积少，生计也只能依赖外出务工等，所以，只能被迫选择使用商品性能源。

根据前述描述性统计，山区农户是否随着收入的提高而减少薪柴、增加商品性能源，有着不确定性，也显著地受地理位置、薪柴资源的可及性影响；在具有薪柴可及性的情况下，薪柴与商品性能源是互补关系，而在不具备薪柴可及性的背景下，薪柴与商品性能源是替代关系。因此，安康山区农户收入增加并不是减少薪柴使用的充分条件，山区农户并未显示出随着收入增加而促进能源转型、升级的明显趋势或特征。农户不会自动实现能源的转型或升级。

总之，薪柴是缺乏弹性的生活必需品，它更多地与家庭人口数等情况相关。与第二节研究结论类似，此处无证据说明存在所谓的"薪柴使用与贫困的恶性循环"。相反地，在缺乏薪柴可及性的地区，贫困农户因能源使用困难而存在被剥夺、福祉降低，处于一种不利的境地。

此外，第三类农户的贫困发生率最高（37.6%）。但该类型农户的家庭纯收入、人均纯收入也最高，说明该类型农户内部收入的两极分化比较严重。

四、安康农户能源使用类型的影响因素的计量经济分析

以下，进一步采用了 Multinomial Logistic（缩写为 MNL）回归模型来分析调查地农户能源使用类型的影响因素，建立标准化后的 Multinomial Logistic 模型为：

$$Pr(Y = j) = \frac{e^{\beta_j x_i}}{1 + \sum_{j=2}^{3} e^{\beta_j x_i}} \quad for \ j = 1, 2, \cdots, 3.$$

其中，1，2，3 分别代表农户能源使用的三种类型，即农户能源使用类型概率的三种结果；x 为解释变量向量，β_j 是与结果 j 相联系的参数向量。

根据以往文献和前面的描述性统计分析结果，该模型考虑了以下影响因素：村与乡镇的距离，家庭常住人口数和家庭 16 岁以下儿童数，用家庭物质资产和家庭纯收入分别表示了家庭的持久性收入和当期收入，户主年龄和家庭成员初中以上受教育程度的比例（%）表示家庭人口特征和人力资本。模型也包括了非农收入与家庭收入占比、家庭耕地面积和林地面积，是否为移民搬迁户，以及农户所在调查县的哑变量。

本模型中未考虑能源价格因素。农户收集薪柴并消费，并未出售，所以没有关于薪柴市场的调查。也就是说，薪柴价格是隐形的，收集薪柴的机会成本可以间接地体现在农户从事的其他生产活动中，如农业、林业、季节性外出务工等。此外，根据调查发现，煤炭和液化气价格在 1～2 年内不会有较大变化，农户所面对的煤炭和液化气的价格几乎相同。有研究表明，从生物燃料到现代燃料转换的速度和程度取决于设备成本、可获得性和现代燃料的可靠性、家庭收入，并在较小程度上考虑燃油的相对价格（Masera *et al.*，2000）。

使用 STATA 软件分析的模型结果，如表 4－11 所示，得到估计参数系数 β_j 和相对风险比率 RRR。β_j 为正或 RRR 大于 1 表明，解释变量与结果的概率密切相关，也就是大于参考个案的概率。β_j 为负或 RRR 小于 1，表明解释变量导致结果的概率会比参考个案更小。根据表 4－11 计量经济分析模型结果，有如下发现。

①村与县之间的距离越大，或者更接近林区的农户变为类型二能源混合使用者或者仅使用商品性能源类型的概率明显降低。

②农户的家庭规模对成为类型二有显著的正向作用（即同时使用薪柴和商品性能源）。但随着家庭规模增大，该作用效果显著降低。家庭规模对使用商品性能源，如煤炭和液化气的农户无显著影响。

③家庭成员受教育程度为初中以上的比例和家庭中 16 岁以下的儿童数量，对农户从仅使用薪柴类型变为混合使用者均无显著影响。但是，家庭成员受教育

程度为初中以上的占比，会显著增加农户成为仅使用商品性能源类型的概率。户主年龄对农户能源使用类型的转换没有显著的影响。

④有趣的是，持久性财富和临时收入在能源使用类型的转换中具有不同的作用。物质资产或持久性财富对农户能源或燃料使用类型的转换，是一个决定性的因素。农户家庭拥有的物质资产越多，会显著提高其成为混合型使用者的概率，同时对其成为仅使用商品性能源类型也有显著的正向作用，或显著降低了农户成为仅使用薪柴类型的概率。然而，在调查时，农户家庭调查前 12 个月的收入，在模型中对任何能源使用类型的转换均没有显著的影响。

⑤家庭不同的生计活动类型，户耕地面积或者农户从事农业活动会显著降低家庭成为仅使用商品性能源类型的概率，也提升了家庭依赖薪柴的可能性。但户林地面积，或家庭从事林业活动在模型中与能源转换类型无统计上的显著关系。而非农收入占家庭总收入比例，对农户成为混合使用者或仅使用商品性能源类型均有显著的正向作用。

⑥地方政府希望通过移民搬迁工程来提高城镇化水平，希望农户会在搬迁安置之后改变能源使用类型。但是，没有证据表明，农户在移民搬迁之后会改变家庭能源使用的类型。

此外，区域假设在模型中非常重要。与紫阳县的农户相比，调查样本中如果是汉滨区、石泉县和宁陕县农户则显著降低了成为能源使用类型二或类型三的概率，而如果是相对富裕的平利县农户则显著提高了成为能源使用类型二或类型三的概率。

表 4－11　　　　调查地农户能源使用类型选择的 MULTINOMINAL
LOGISTIC 回归分析结果

	类型二（混合使用者）		类型三（仅使用商品性能源）	
	β	RRR	β	RRR
村与乡镇的距离（单位：里）	－ 0. 1281 *** (0. 0142)	0. 8798 *** (0. 0125)	－ 0. 2783 *** (0. 0227)	0. 7571 *** (0. 0172)
家庭常住人口数	0. 6157 ** (0. 1998)	1. 8510 ** (0. 3699)	0. 0404 (0. 2487)	1. 0412 (0. 2590)
家庭常住人口数的平方	－ 0. 0798 ** (0. 0267)	0. 9233 ** (0. 0247)	－ 0. 0136 (0. 0334)	0. 9865 (0. 0329)
家庭 16 岁以下儿童数	0. 1850 (0. 1307)	1. 2032 (0. 1572)	0. 3106 + (0. 1706)	1. 3643 + (0. 2328)

续表

	类型二（混合使用者）		类型三（仅使用商品性能源）	
	β	RRR	β	RRR
户主年龄	0.0042 (0.0067)	1.0042 (0.0067)	0.0107 (0.0085)	1.0108 (0.0086)
家庭成员初中以上受教育程度的比例 （%）	0.0006 (0.0027)	1.0006 (0.0027)	0.0104 ** (0.0034)	1.0105 ** (0.0034)
家庭物质资产#	3.5894 *** (0.6762)	36.212 *** (24.486)	6.3499 *** (0.8657)	572.463 *** (495.58)
户耕地面积	0.0057 (0.0199)	1.0057 (0.0200)	- 0.1482 *** (0.0345)	0.8622 *** (0.0297)
户林地面积	0.0024 (0.0016)	1.0025 (0.0016)	0.0024 (0.0020)	1.0024 (0.0020)
非农收入与家庭收入占比	0.6395 * (0.2554)	1.8956 * (0.4841)	0.9576 ** (0.3206)	2.6055 ** (0.8353)
家庭纯收入（单位：1000 元）	0.0024 (0.0071)	1.0024 (0.0071)	- 0.0058 (0.0087)	0.9942 (0.0086)
是否搬迁户（参考组＝搬迁户）	- 0.0386 (0.1863)	0.9621 (0.1792)	- 0.0734 (0.2367)	0.9292 (0.2199)
汉滨区（参考组＝紫阳县）	- 1.6378 *** (0.3244)	0.1944 *** (0.0631)	- 5.0477 *** (0.4324)	0.0064 *** (0.0028)
石泉县（参考组＝紫阳县）	- 2.9989 *** (0.3456)	0.0498 *** (0.0172)	- 5.9422 *** (0.4370)	0.0026 *** (0.0011)
宁陕县（参考组＝紫阳县）	- 1.9369 *** (0.3909)	0.1441 *** (0.0563)	- 5.1621 *** (0.4747)	0.0057 *** (0.0027)
平利县（参考组＝紫阳县）	1.5425 *** (0.3186)	4.6764 *** (1.4899)	1.3729 *** (0.3577)	3.9469 *** (1.4119)
常数项	- 0.0062 (0.6123)		2.1812 ** (0.7536)	
模型检验值	N = 1289			
	LR chi^2(34) = 894.57			
	Prob > chi^2 = 0.0000			
	Log likelihood = - 952.25			
	Pseudo R^2 = 0.3196			

注：①参考类＝能源使用类型一（仅使用薪柴）；RRR（Relative Risk Ratio），即相对风险比例；***，**，*，+ 分别表示 $p < 0.001$，$p < 0.01$，$p < 0.05$，$p < 0.1$；括号内为标准误；

②家庭物质资产的综合评分值采用了李小云，董强，饶小龙等. 农户脆弱性分析方法及其本土化应用. 中国农村经济，2007，（4）：37－45 的方法。即根据家庭住房面积和住房类型、家庭所拥有的固定资产（如机动三轮车、拖拉机、摩托车、电视等）进行了综合评分而得到的标准化分值。

五、总结与建议

安康市山区农户通常使用薪柴作为生活能源。根据本课题组 2011 年 12 月安康农户调查，所调查农户在调查前 12 个月使用薪柴的占比为 72.3%，然而大多数农户使用了多种燃料或者能源类型，即农户经常将商品性能源与薪柴共同使用。没有证据表明，安康山区农户随着收入增加会减少薪柴的使用，或者改变能源类型，使用煤或液化气等商品性能源。农户家庭收入增加时，往往会使用更多样类型的能源。当农户对林木资源具有可获得性时，薪柴、煤炭、液化气、沼气等燃料是薪柴的补充而不是替代品。家庭收入越多，就越有可能使用多种燃料。

与先前陈等以及德罗格和福尼尔等（Chen *et al.*, 2006;[1] Demurger, Fournier, 2011)[2] 对中国农村能源使用调查研究的结论有所不同。我们的研究没有证据表明，贫困和环境退化之间存在恶性循环。相反，在按不同收入等级划分的四种农户中，贫困家庭的薪柴使用量、煤炭使用率和使用量、液化气使用率的均值都为最低，贫困农户也是使用能源类型最少的。换句话说，农村贫困家庭是弱势群体，他们使用的燃料是有限的。贫困家庭的生活质量较低，而富裕家庭相对于贫困家庭来说会使用更多种类的能源和更多数量的薪柴。

本章对调查农户的能源使用类型进行了探讨。在当地农户中有三种不同的能源使用类型，即仅使用薪柴者、混合使用者和仅使用商品性能源者，他们分别占总样本的 36%、35.4% 和 25.6%。与之前的研究结果相似，较容易获得林木资源的农户会增加家庭的薪柴使用。在所调查的农户中，生计活动类型，例如，农业活动或非农活动是农户收集薪柴的机会成本和重要的影响因素。但农业或非农业生计活动，持久性财富或当前收入有着不同的作用。家庭较多的物质资产或持久性收入，对家庭使用更多的商品性能源如煤炭和液化气有显著的正向作用。尽管农户当前的家庭收入可以增加能源种类和使用总量，但在模型中当前收入对农户家庭成为能源使用类型二或类型三并无显著的作用，也不会显著减少薪柴使用。户耕地面积或家庭从事农业活动则显著降低了家庭成为仅使用商品性能源类型的概率，但非农收入占家庭总收入比例增加则会显著地提高农户成为仅使用商品性能源类型的机会。因此，农户家庭生计活动或收入结构，是当地家庭能源使用类型和改变能源使用行为的重要影响因素。模型中，如果山区农户对森林或林木资源缺乏可及性或者家庭是以从事非农生计为主，则可能会转向使用商品性燃

① Chen L., NicoHeerink, Marrit van den Berg, Energy consumption in rural China: A household model for three villages in Jiangxi Province. Ecological Economics, 2006, 58: 407-420.

② Demurger S., Fournier M. Poverty and firewood consumption: A case study of rural households in northern China. China Economic Review, 2011, 22: 512-523.

料。尽管张等（Zhang *et al.*，2012）认为，教育水平提高也是能源转换行为的一个关键影响因素，[①] 但是在我们的研究中，家庭教育不是一个重要因素。

由此，本章最后提出以下政策建议。首先，地方政府应实现农村剩余劳动力的转移，帮助农民找到外出务工等季节性工作，从而增加农户非农活动和收入。其次，在安康调查地，贫困农户为农村弱势群体，应给予他们能源补贴。能源补贴是保护和提升他们生活质量的重要保障。最后，商品性能源的可及性对家庭能源使用是非常重要的。因此，地方政府应当建立方便、快捷的煤炭和液化气罐的零售网点。这些零售网点的改善，特别是瓶装液化气零售网络的改善会提高贫困农户对商品性能源的可及性，从而获得现代、安全、方便的燃料。例如，通过政府专项补贴或者专项投资，地方公用事业公司可以向农户直接提供液化气罐。此外，为推进新型城镇化和减贫的目标，陕南避灾扶贫移民搬迁工程可以制定针对搬迁农户能源使用和促进升级的规划。

---

① Zhang J. C. , Kotani K. The determinants of household energy demand in rural Beijing: Can environmentally friendly technologies be effective?, Energy Economics, 2012, 34: 381 – 388.

第五章

全国及陕西省退耕还林工程的现状与进展分析

第一节　全国实施退耕还林工程的概况

退耕还林工程是世界上规模最大、影响人数最多的生态补偿项目。1999～2006 年是中国退耕还林工程的实施推广阶段；2007 年，国家对退耕还林政策进行调整，工程重点由扩大规模转移到成果巩固，并出台了一系列重要文件，如《国务院关于完善退耕还林政策的通知》《关于做好巩固退耕还林成果专项规划编制工作的通知》等，延长和调整了对退耕农户的直接补助，并以中央财政建立了巩固退耕还林成果专项资金。据此，各地方政府，如陕西省也相应出台了一系列政策文件，如《陕西省人民政府贯彻国务院关于完善退耕还林政策的意见》《关于做好巩固退耕还林成果专项规划实施工作的意见》等，并编制了《陕西省巩固退耕还林成果专项规划》，该规划在 2008～2015 年通过基本口粮田建设、农村能源建设、生态移民、后续产业发展、农民技能培训和补植补造六大措施，力求从根本上解决退耕农户吃饭、烧柴、增收等当前问题和长远生活问题，确保退耕农户长远生计得到有效解决，确保退耕还林成果切实得到巩固。

在巩固退耕还林成果的同时，国家同样重视新退耕还林任务的统筹安排和任务实施。《中共中央国务院关于深入实施西部大开发战略的若干意见》《国民经济和社会发展第十二个五年规划纲要》均提出，要统筹安排新的退耕还林任务。党的十八届三中全会通过的《中共中央关于全面深化改革若干重大问题的决定》

要求稳定和扩大退耕还林范围。①

2014 年，中共中央、国务院《关于全面深化农村改革、加快推进农业现代化的若干意见》明确提出，"从 2014 年开始，继续在陡坡耕地、严重沙化耕地、重要水源地实施退耕还林还草"。此后，《新一轮退耕还林还草总体方案》和《关于下达 2014 年退耕还林还草年度任务的通知》中明确 2014 年退耕还林任务 500 万亩，标志着新一轮退耕还林还草启动实施，其中，陕西省 2014 年新一轮退耕还林 60 万亩。②

2015 年 4 月 25 日，中共中央、国务院发布了《关于加快推进生态文明建设的意见》，在第五部分"加大自然生态系统和环境保护力度，切实改善生态环境质量"中，提出要"保护和修复自然生态系统，实施重大生态修复工程，稳定和扩大退耕还林范围"等。③

《2016 年政府工作报告》中提出，"制定新一轮退耕还林还草方案，今年退耕还林还草 1500 万亩，这件事一举多得，务必抓好"④，也提出积极发展多种形式农业适度规模经营，完善对家庭农场、专业大户、农民合作社等新型经营主体的扶持政策，鼓励农户依法自愿有偿流转承包地，开展土地股份合作、联合或土地托管等。

2015 年，是中国退耕还林工程的一个关键时期。由于退耕还林第一轮补助将于 2015 年全部到期，退耕还林工程面临新的转折。一方面，各地有大量参加了退耕还林第一期和延长期的农户获得的政府退耕还林补助即将到期，原有的退耕还林政策面临挑战，迫切需要巩固退耕还林成果。2015 年，也是考察巩固退耕还林成果专项规划实施进展、检查各专项建设项目实施情况的重要阶段。此外，自 2014 年开始，中国政府实施了新一轮退耕还林，2015 年、2016 年也是新一轮退耕还林工程规划和实施的初期阶段。因此，当前亟待研究如何巩固退耕还林成果，并从国家长期的生态战略要求和农户土地收益期望出发，需要深入研究原退耕还林政策的趋势和农户对新政策的需求情况等。

本节概述全国退耕还林工作进展，包括巩固退耕还林成果和新一轮退耕还林的实施现状与进展。

一、退耕还林工程的实施进展概况

1. 退耕还林试点（1999～2001 年）、全面启动与推进阶段（2002～2007 年）

党中央、国务院在世纪之交做出了实施退耕还林的重大决策。1999 年，四

---

① http://news.xinhuanet.com/2013 - 11/15/c_118164235.htm.
② http://news.xinhuanet.com/2014 - 09/27/c_127041568.htm.
③ http://news.xinhuanet.com/politics/2015 - 05/05/c_1115187518.htm.
④ http://news.xinhuanet.com/fortune/2016 - 03/05/c_128775704.htm.

川、陕西、甘肃三省率先启动了退耕还林。到 2001 年底，全国先后有 20 个省（区、市）和新疆生产建设兵团进行了试点。2002 年，在试点成功的基础上，退耕还林工程全面启动。2003 年，《退耕还林条例》正式施行。

2. 巩固退耕还林成果专项规划与成果巩固政策完善阶段（2008～2015 年）

2007 年，国家对退耕还林政策进行调整，国务院发布了《关于完善退耕还林政策的通知》。2008 年，国务院决定将退耕还林工程从全面推进转入巩固成果阶段，退耕还林工程的重点由扩大规模转到成果巩固阶段，延长和调整了对退耕农户的直接补助，即对退耕还林地原补助期满后的补助进行了延长，还生态林补助 8 年，还经济林补助 5 年，还草补助 2 年，补助减半，即退耕地补助，长江流域及南方地区每亩退耕地每年补助现金 105 元；黄河流域及北方地区每亩退耕地每年补助现金 70 元。原每亩退耕地每年 20 元生活补助费，继续直接补助给退耕农户，并与管护任务挂钩。①

此外，中央财政建立了巩固退耕还林成果专项资金，中央财政安排一定规模资金，集中力量抓好基本口粮田建设、农村能源建设、生态移民、后续产业发展、补植补造等重点工作。作为巩固退耕还林成果专项资金，主要用于西部地区、京津风沙源治理区和享受西部地区政策的中部地区退耕农户的基本口粮田建设、农村能源建设、生态移民以及补植补造，并向特殊困难地区倾斜。按照退耕地还林面积核定各省（区、市）巩固退耕还林成果专项资金总量，并从 2008 年起按 8 年集中安排，逐年下达，包干到省（区、市）。专项资金要实行专户管理、专款专用，并与原有国家各项扶持资金统筹使用。② 2008～2011 年，中央财政累计安排专项资金 462 亿元巩固退耕还林成果。③

2012 年 9 月 19 日，国务院召开第 217 次常务会议，听取《关于巩固退耕还林成果工作情况的汇报》。会议指出，巩固退耕还林成果工作仍处于关键阶段，要突出工作重点，继续实施好巩固退耕还林成果专项规划，加快项目建设进度。一要着力解决退耕农户长远生计问题。实施巩固成果建设项目，要以困难地区和困难退耕户为重点。二要强化项目和资金管理。有关地区省级人民政府要全面履行职责，加强项目管理和监督检查，确保工程建设质量和专项资金运行安全。三要加强建设成果后期管护。做好林木抚育、补植补造、森林防火等工作，提高退耕还林成活率和保存率。引导农户树立主体意识，切实搞好沼气等建设成果日常维护。四要加强效益监测，开展巩固成果成效评估。会议决定，自 2013 年起，

---

① http://www.forestry.gov.cn/main/3031/content - 860180.html.
② 退耕还林政策 10 年评价，2012，http://www.hprc.org.cn/gsyj/jjs/rkzyyhj/201208/t20120808_195798.html.
③ http://baike.baidu.com/link? url = p7N1MjfM4rTfzY1P8X8cyzc9KpudM6pm73WWt1Cm7XcJsD - Vx-YSP9A5hdU - y1i1qsuhVgsr9ypl9LULnnj6IIK.

适当提高巩固退耕还林成果部分项目的补助标准，并根据第二次全国土地调查结果，适当安排"十二五"时期重点生态脆弱区退耕还林任务。①

2015 年，是实施巩固退耕还林成果专项规划的收官之年，也是新一轮退耕还林还草工程全面实施的一年。2015 年 8 月，全国退耕还林还草工作现场经验交流会议指出要积极主动抓好退耕还林成果巩固和新一轮退耕还林还草工作。会议提出，要结合精准扶贫，统筹安排不同渠道的资金，采取综合措施，妥善解决困难退耕农户长远生计。要优先安排自然条件和生存环境恶劣地区的困难退耕农户易地搬迁。根据需求有针对性地安排建设项目，将有限的巩固成果专项资金优先用于支持最困难的退耕农户，修改完善新一轮退耕还林还草实施方案等。②

二、现阶段退耕还林补偿政策的指导思想、目标和原则

1. 现阶段退耕还林政策的指导思想

一是坚持以人为本，全面贯彻落实科学发展观，这是完善政策的思想基础；二是要求采取综合措施，加大扶持力度，进一步改善退耕农户生产生活条件，阐明了完善政策的方向；三是强调逐步建立促进生态改善、农民增收和经济发展的长效机制，巩固退耕还林成果，促进退耕还林地区经济社会的可持续发展。

2. 现阶段退耕还林政策的目标

要实现"两个确保"，一是加强林木后期管护，搞好补植补造，提高造林成活率和保存率，杜绝砍树复耕现象发生，确保退耕还林成果切实得到巩固；二是通过加大基本口粮田建设力度、加强农村能源建设、继续推进生态移民等措施，确保退耕农户长远生计得到有效解决。

3. 现阶段退耕还林政策的三条原则

完善退耕还林政策要兼顾当前和长远，注意发挥国家和个人、中央和地方的积极性，同时避免产生不平衡和不稳定。做好退耕还林成果巩固工作应遵循的三条原则：一是坚持巩固退耕还林成果与解决退耕农户长远生计相结合；二是坚持国家支持与退耕农户自力更生相结合；三是坚持中央制定统一的基本政策与省级人民政府负总责相结合。这些原则，是实现退耕还林政策目标的重要保证。

---

① http：//www. forestry. gov. cn/portal/main/s/436/content – 566497. html.
② http：//www. cs. com. cn/xwzx/hg/201508/t20150807_4773313. html.

4. 相关配套政策

为了配合退耕还林政策实施，国务院提出了四个方面措施：第一，加大基本口粮田建设力度。力争用 5 年时间，实现具备条件的西南地区退耕农户人均不低于 0.5 亩、西北地区人均不低于 2 亩高产稳产基本口粮田的目标。对基本口粮田建设，中央安排预算内基本建设投资和巩固退耕还林成果专项资金给予补助，西南地区每亩补助 600 元，西北地区每亩补助 400 元。第二，加强农村能源建设。以农村沼气建设为重点、多能互补，加强节柴灶、太阳灶建设，适当发展小水电。采取中央补助、地方配套和农民自筹相结合的方式，搞好退耕还林地区农村能源建设。第三，继续推进生态移民。对居住地基本不具备生存条件的特困人口，继续本着自愿的原则，有计划、有组织地实行易地搬迁。西部一些不具备基本生产生活条件，经济发展明显滞后，少数民族人口较多，生态位置重要的贫困地区，巩固退耕还林成果专项资金要给予重点支持。第四，加强补植补造。对于干旱、洪涝等自然灾害损毁或因其他原因成活率、保存率达不到标准的退耕还林地，从实际出发，在不破坏原有森林植被的前提下，通过补植补造、病虫害防治等措施，改善林木结构和质量，确保退耕还林成果得以巩固。[①]

5. 政府和农户对退耕还林工程的责任

按照《退耕还林条例》的要求，全面落实责任。一要落实各级政府责任。国家对退耕还林工程实行省级政府负总责和各级政府负责制，明确了"目标、任务、资金、责任"到省的原则。各地要层层分解落实地方各级政府特别是县级人民政府的责任，确保把国家的政策措施和各项要求逐级落实到位。二要落实林业部门责任，特别是作业设计、种苗生产供应、检查验收、政策兑现、确权发证、档案管理、抚育管护等职责和任务，严把规划设计关、种苗关、质量关和验收关，确保工程建设健康顺利推进。三要落实有关部门责任，退耕还林涉及发展改革、财政、国土、林业、农业等多个部门，要健全工作机制，各司其职，共同推进。四要落实退耕农户责任，要通过检查验收、兑现政策和确权发证等工作，落实好退耕农户的责任和权益，使之成为退耕还林的直接责任主体和受益主体。

三、新一轮退耕还林工程

1. 新一轮退耕还林工程的基本进展

2013 年 11 月，党的十八届三中全会通过的《中共中央关于全面深化改革若

---

① 孔凡斌. 中国生态补偿机制：理论、实践与政策设计. 中国环境科学出版社，2011.

干重大问题的决定》提出了稳定和扩大退耕还林范围，并具体将稳定和扩大退耕还林范围，作为全面深化改革的 336 项重点任务之一大力推进。2014 年 6 月下旬，国务院正式批准了国家发展和改革委员会等部门起草的《新一轮退耕还林还草总体方案》。根据总体方案，新一轮退耕还林还草的目标是，到 2020 年，将全国具备条件的约 4240 万亩耕地退耕还林还草，主要是 25 度以上坡耕地、严重沙化耕地和重要水源地的 15～25 度坡耕地。基本农田不能退耕。对已划入基本农田的 25 度以上坡耕地，本着实事求是的原则，在确保省域内规划基本农田保护面积不减少的前提下，依法定程序调整为非基本农田后，方可纳入退耕还林还草范围。严重沙化耕地、重要水源地的 15～25 度坡耕地，需有关部门研究划定范围，再考虑实施退耕还林还草。①

2014 年，新一轮退耕还林启动，综合考虑粮食安全、种苗供应等情况，2014 年给山西、湖北等 10 省（区、市）及新疆生产建设兵团退耕还林还草任务 500 万亩。其中，退耕还林 483 万亩、退耕还草 17 万亩。陕西省新一轮退耕还林任务 60 万亩，2014 年 11 月，安康市开启了新一轮退耕还林 6.4 万亩。②

2015 年，国家下达 18 个省（区、市）及新疆生产建设兵团 2015 年退耕还林还草建设任务 1000 万亩，其中，退耕还林 940 万亩、还草 60 万亩。要求将退耕还林还草任务主要安排在坡度 25 度以上非基本农田和部分严重沙化耕地。并要求各地将任务优先安排给群众积极性高、基础工作扎实、前期任务落实好的地方，并充分尊重农民意愿，不得强推强退。退耕地块要由国土、林业、农业部门按照最新年度土地变更调查成果和乡（镇）土地利用总体规划共同确定。③

2016 年，全国新一轮退耕还林的任务是 1510 万亩。④

2. 新一轮退耕还林的总体思路、原则和特点分析

（1）总体思路

新一轮退耕还林还草的总体思路发生了较大的变化，由第一轮退耕还林还草"采取自上而下，层层分解任务，统一制定政策，政府推行"的方式实施，改为"自下而上、上下结合"的方式实施，即在农民自愿申报退耕还林还草任务基础上，中央核定各省（区）规模，并划拨补助资金到省（区），省级人民政府对退耕还林还草负总责，自主确定兑现给农户的补助标准。新的思路强调了尊重农民退耕意愿，政府不搞强迫命令，并将制定兑现给农户补助标准的权力交给地方政

---

① 国家林业局. 中国林业年鉴（2015）. 中国林业出版社, 2015.
② http://news.xinhuanet.com/energy/2014-09/27/c_127041568.htm.
③ http://www.chinanews.com/cj/2015/06-05/7324375.shtml.
④ http://www.sdpc.gov.cn/zcfb/zcfbtz/201608/t20160802_813846.html.

府，充分调动地方政府、退耕农户两方面的积极性、主动性，有利于成果的巩固，也向政府购买公共服务的改革方向上迈进了一步，避免了"自上而下"推行的一些弊端，如由于不能充分尊重农民意愿，造成的农民对营造的林木（草）漠不关心，管护责任不能落实；避免了政府唱主角，农民对政策产生依赖；个别地方发生了领导"拍脑袋"决策，选择一些不适宜林种、不应退耕的地块；统一制定退耕还林补助标准，难以客观反映各地不同的情况。

（2）新一轮退耕还林还草遵循的原则

一是坚持生态优先。退耕还林的根本目的，是治理水土流失、改善自然生态，扩大森林面积、增强生态功能。在退耕地选择上，要按照突出重点、先急后缓的原则，优先安排生态区位重要、生态状况脆弱、集中连片特殊困难地区退耕还林，增强退耕还林的针对性和有效性。

二是坚持农民自愿，政府引导。实施新一轮退耕还林还草充分尊重农民意愿，使农民在决定退不退、还什么林（草）的过程中，就会衡量退耕政策对家庭生产、生活的影响，对未来有个长远安排，一定程度上预防了因生活困难被迫复耕的问题。退不退耕，还林还是还草，种什么品种，由农民自己决定。各级政府是加强政策、规划引导，依靠科技进步，提供技术服务，不强推强退。

三是坚持尊重规律，因地制宜。根据不同地理、气候和立地条件，宜乔则乔、宜灌则灌、宜草则草，有条件的可实行林草结合，不再限定还生态林与经济林的比例，重在增加植被覆盖度。在树种和模式选择上，要以乡土适生树种为主，首选涵养水土好的生态林、经济林，特别是生态效益与经济效益兼优的特色林果业，实现改善生态与改善民生互利共赢。

四是坚持严格范围，稳步推进。退耕还林还草依据第二次全国土地调查和年度变更调查成果，严格限定在25度以上坡耕地、严重沙化耕地和重要水源地15～25度坡耕地。兼顾需要和可能，合理安排退耕还林还草的规模和进度。

五是坚持加强监管，确保质量。建立健全退耕还林还草检查监督机制，对工程实施的全过程实行有效监管。加强建档建制等基础工作，提高规范化管理水平。

（3）新一轮退耕还林还草确定了新的退耕还林还草的补助标准和政策

一方面，不再区分生态林与经济林，也不再区分南方地区与北方地区。另一方面，补助标准发生了变化。《新一轮退耕还林还草总体方案》明确了新一轮退耕还林还草补助政策。退耕还林每亩补助1500元，财政部通过专项资金安排现金补助1200元、国家发展和改革委员会通过中央预算内投资安排种苗造林费300元；分三次下达给省级人民政府，每亩第一年800元（其中，种苗造林费300元）、第三年300元、第五年400元。此外，退耕还草每亩补助800元，其中，财政部通过专项资金安排现金补助 680 元、国家发展和改革委员会通过中央预算内投资安排种苗种草费 120 元；分两次下达，每亩第一年 500 元（其中，种苗种草费 120 元）、第三年 300 元。同时，《新一轮退耕还林还草总体方案》还明确，地方各级人民政府有关政策宣传、检查验收等工作所需经费，主要由省级财政承担，中央财政给予适当补助。①

根据上述补助政策，2014 年中央财政共安排新一轮退耕还林还草专项资金 24.976 亿元，其中，现金补助 24.796 亿元、工作经费一次性补助 0.18 亿元。②

需要说明的是，新一轮退耕还林补助标准为每亩 1500 元，比以往补助标准每亩 2260 元有所降低。主要是因为，新一轮退耕还林还草实施条件发生了变化。一是不再限定生态林比例，并允许农民林粮间作，发展林下经济，可以缓解因退耕造成近期农民收入减少等问题；二是退耕农户不再承担配套荒山荒地造林任务；三是农村教育、医疗和社会保险等方面的基本公共支出水平不断提高，整体上强化了退耕户的生计保障；四是巩固成果所需开展的基本口粮田、农村能源、生态移民、特色产业发展等项目建设，可以通过现有各类中央专项资金安排解决；五是地方财政可以根据实际情况再追加一些补助；六是随着中国城镇化水平的提高，农户对劣等地的依赖程度降低。③

（4）新一轮退耕还林还草还制定了巩固成果必要的配套政策

一是退耕后营造的林木，凡符合国家和地方公益林区划界定标准的，分别纳入中央和地方财政森林生态效益补偿。未划入公益林的，经批准可依法采伐。牧区退耕还草明确草地权属的，纳入草原生态保护补助奖励机制。二是发展林下经济，多种经营。在不破坏植被、造成新的水土流失的前提下，允许退耕还林农民间种豆类等矮秆作物，发展林下经济，以耕促抚育、以耕促管理。鼓励个人兴办家庭林场，实行多种经营。三是统筹安排资金。在专款专用的前提下，统筹安排中央财政专项扶贫资金、易地扶贫搬迁投资、现代农业生产发展资金、农业综合开发资金等，用于退耕后调整农业产业结构、发展特色产业、增加退耕户收入，巩固退耕还林还草成果。四是确权。退耕还林还草后，由县级以上人民政府依法确权变更登记，保护农民应有权益。④

四、退耕还林工程的生态与社会经济效益

截至 2015 年 8 月，第一轮退耕还林工程建设，中央已累计投入 4056.6 亿

---

① http://money.163.com/14/0927/15/A75LT3PD00253B0H_all.html.
② http://www.gov.cn/xinwen/2014-10/10/content_2761817.htm.
③ http://money.163.com/14/0927/15/A75LT3PD00253B0H_all.html.
④ 国家发展和改革委员会. 新一轮退耕还林还草政府不搞强迫命令，http://www.chinanews.com/gn/2014/09-27/6636591.shtml.

元，完成退耕地造林 1.39 亿亩、配套荒山荒地造林和封山育林 3.09 亿亩，涉及 3200 万农户、1.24 亿农民。① 工程建设取得了显著的生态效益、经济效益和社会效益。工程区森林覆盖率平均提高 3 个多百分点，国家通过退耕还林发放补助，直接惠及 1.24 亿农民，为解决农民温饱问题、优化农村产业结构、促进农业增产做出了重要贡献。

早在 2004 年，国家林业局印发《退耕还林工程效益监测实施方案（试行）》；2013 年，国家林业局印发《退耕还林工程生态效益监测评估技术标准与管理规范》，对原《方案》进一步修改完善，形成了退耕还林工程生态效益监测评估新标准，并明确了退耕还林生态效益监测的相关责任和工作。②

2014 年，正式发布了《退耕还林工程生态效益监测国家报告（2013）》，第一次从国家层面，系统、科学地用数字反映退耕还林工程所取得的生态效益，是中国林业重点生态工程绩效评价的重大突破；标志着中国退耕还林工程生态效益监测进入了统一规划、统一建设、统一管理、统一规范、统一标准的新阶段。

2014 年，国家林业局将陕西等 17 个省（区）列入全国退耕还林工程生态效益监测重点省份，按照《退耕还林工程生态效益监测评估技术标准与管理规范》进行监测工作。③

2014 年 4 月，《退耕还林工程生态效益监测国家报告（2013 年）》发布。该报告由国家林业局退耕还林（草）工程管理中心组织、由国家林业局森林生态系统定位观测研究网络中心提供技术依托、由河北省等 6 个退耕还林生态效益监测重点省和 42 个森林生态系统定位观测网站提供野外监测数据，共同完成。监测结果表明，截至 2013 年底，6 个退耕还林工程重点监测省的物质量为：涵养水源 183.27 亿立方米/年、固土 2.04 亿吨/年、保肥 444.05 万吨/年、固定二氧化碳 1397.00 万吨/年、释放氧气 3214.90 万吨/年、林木积累营养物质 40.20 万吨/年、提供空气负离子 5452.62×1022 个/年、吸收污染物 102.00 万吨/年、滞尘 1.4 亿吨/年。按照 2013 年现价评估，退耕还林工程重点监测省每年的生态效益价值量总和为 4502.39 亿元。其中，涵养水源总价值量为 2109.48 亿元/年，保育土壤总价值量为 486.09 亿元/年，固碳释氧总价值量为 593.65 亿元/年，林木积累营养物质总价值量为 71.80 亿元/年，净化大气环境总价值量为 344.68 亿元/年，生物多样性保护总价值量为 896.69 亿元/年。④

---

① http://xbkfs.ndrc.gov.cn/gzdt/201508/t20150807_744874.html.
② http://tghl.forestry.gov.cn/portal/tghl/s/3815/content－594471.html.
③ http://www.agri.gov.cn/V20/ZX/nyyw/201409/t20140929_4069968.htm.
④ http://tghl.forestry.gov.cn/portal/tghl/s/3815/content－668195.html.

第二节　陕北、陕南实施退耕还林工程的现状分析

2015年，退耕还林工程步入考察巩固成果规划实施进展、检查各专项建设项目实施情况的重要阶段，同时也是新一轮退耕还林实施的初期阶段。为了深入了解巩固退耕还林成果专项规划，以及新一轮退耕还林工程的进展、成效、所面临的问题，西安交通大学人口与发展研究所课题组开展了大量调研活动。

2015年6月，西安交通大学公共政策与管理学院人口与发展研究所课题组在安康市石泉县林业局、扶贫局、宁陕县广货街镇政府、广货街镇林业站等地进行了调研，与部门负责人进行了座谈。2015年7月，在陕西省林业厅调研。2015年10月中旬、11月上旬，课题组分别在陕西省延安市吴起县、安康市汉滨区进行了专题调研活动，在此期间，与延安市退耕还林办公室、延安宝塔区退耕办、吴起县退耕办、吴起县林业局、吴起县经济发展局、吴起县农业局农业能源处、吴起县水土保持队、吴起县吴起镇林业站、安康市退耕办、安康市汉滨区退耕办、汉滨区瀛湖镇林业站、安康市发改委等部门主要负责人，以及吴起县吴仓堡乡副乡长、吴仓堡乡仗方台村书记、吴起镇马湾村村长、安康汉滨区官庙镇负责人、汉滨区官庙镇新增村委会、官庙镇包湾村书记、瀛湖镇清泉村书记等进行了座谈，累计访谈50人次以上，收集了大量调研资料等。本节以下内容来自这些调研及情况总结。

一、陕北延安市退耕还林工程的实施现状

1. 概况

延安市是中国退耕还林工程的起源地。"退耕还林（草）、封山绿化、个体承包、以粮代赈"十六字治理措施，掀起了以退耕还林为主的生态建设高潮。延安市被誉为"全国退耕还林第一市"。

1999~2014年底，延安市累计完成退耕还林面积1071.59万亩，其中，国家计划内947.26万亩，包括退耕地还林532.38万亩，荒山造林390.28万亩，封山育林24.6万亩；市县自筹资金实施新一轮退耕地还林124.33万亩（含超前实施29.62万亩）。国家计划内退耕还林面积占到全国的2.5%，全省的27%。工程涉及28.6万农户、124.8万农村人口。全市可得到国家退耕还林补助资金和成果巩固专项资金共计122.2亿元，其中直接兑现农户105亿元，成果巩固专项资金17.2亿元。现已兑现给退耕户91.44亿元，户均32384元，人均7421元。根

据 2008 年起国家林业局每年的阶段验收结果显示，延安市 13 县区林木的合格率和保存率均达 99.99%，大部分县达到了 100%，保存率、合格率居全国之首。①

延安市政府对主导产业发展给予较大的政策和资金上的扶持，如农民每建一个标准日光温室市财政补贴 1500 元，新栽一亩果树补贴 100 元，建一个年出栏 1 万头的养猪场（小区、村）一次性补助 100 万元，新建一个年末存栏 1000 只以上（其中基础母羊 400 只以上）的规模养羊场（小区）一次性补贴 50 万元，有力地推动了主导产业快速发展。② 与此同时，延安通过基本农田建设和治沟造地，普及良种和增产技术等措施，努力提高粮食单产，使退耕还林后的粮食产量连续十多年稳定在 70 万吨以上，与退耕前基本持平。围绕退耕还林，还大力开展治沟造地、农村能源建设，移民搬迁等一系列巩固成果项目的实施，并通过工业反哺农业，不断加大对"三农"的投入，农村基础设施和生活环境条件不断改善，对发展农村主导产业改善农户的居住条件，起到了积极作用。此外，当地政府把加快农村富余劳动力转移作为农民增收致富的重要举措，大力开展农民转移就业培训。大量农村富余劳动力转移到二、三产业，有效加快了城镇化进程，为实现城乡社会保障并轨、社会事业发展和公共服务均等化创造了有利条件。

退耕还林给延安市带来的变化，主要体现在：林草植被明显恢复，生态环境显著改善。农村产业结构得到了调整，农民收入有了明显提高；农村基础设施条件得到了改善，农民生活方式发生了深刻变化；农村劳动力得到解放，城镇化进程加快推进。退耕还林后，农村经济结构的调整把农民从繁重的体力劳动中解放出来，大量农村富余劳动力向二、三产业转移。与此同时，农村经济逐步向设施农业、高效农业和现代化农业转变，林果、棚栽、舍饲养殖逐步成为延安的三大农业主导产业。在主导产业的支撑下，农民人均纯收入由退耕前 1998 年的 1356 元提高到 2014 年的 9779 元。延安因退耕还林面积大、成效显著，十余年来备受社会各界关注，其经验做法作为全国生态建设的典型，也为国家层面制定出台退耕还林后续政策，特别是成果巩固政策提供了重要依据和宝贵经验。

2. 延安市巩固退耕还林成果专项规划的实施进展

2008 年，延安市开始启动巩固退耕还林成果专项规划建设项目。2010 年，为进一步做好巩固退耕成果专项规划工作，延安市在印发《关于做好巩固退耕还林成果专项规划实施工作的意见》的通知中进一步明确了巩固退耕成果专项规划的范围、实施期、目标任务、指导思想和基本原则。按照规划，延安市巩固退耕成果专项规划的实施范围包括全市 13 个县区，涉及 163 个乡镇、25.4 万农户、

---

① http：//www.yatghl.gov.cn/News_View.asp? NewsID = 449.
② 作者在延安市退耕还林办公室的调研数据。

131 万退耕农民，规划实施期为 2008～2015 年。规划任务以基本口粮田、农村能源、生态移民、后续产业、农民培训、补植补造等六项目建设为重点，规划建设基本口粮田 210 万亩，农村能源 12.7 万口（台），生态移民 12730 人，补植补造 196 万亩，农民培训 76510 人次，扶持特色经济体、特色种植业、养殖业。

3. 延安市开展新一轮退耕还林工程概况

2006 年后，国家暂停了退耕地还林指标下达，但延安市有 100 余万亩 25 度以上的陡坡耕地仍在耕种。为响应 2012 年中央"一号文件"提出的"巩固退耕还林成果，统筹安排新的退耕还林任务"的生态战略措施，延安市委、市政府启动实施新一轮退耕还林。延安市在全国提前启动实施新一轮退耕还林这项工作，在全国产生了很大的反响。

延安市新一轮退耕还林在制定政策和计划安排上，优先考虑"两线三点"重点区域，由近居地向远山分步实施；本着培育新型农业产业和生态、经济效益兼顾的原则，新的退耕还林地优先栽植苹果、红枣等经济林或经济生态兼用型树种；为确保林种、树种搭配合理，林分结构稳定，生态林建设以乡土树种为主，实行混交。项目实施前，要求县区结合自然立地条件和林分结构的要求，严格按照作业设计标准设计到山头地块。在给退耕户的补偿方面，延安市新一轮退耕还林制定的补助政策标准为，现（休）耕地退耕还林，每亩一次性补助种苗费 50 元，粮食折现和生活补助按生态林补助 8 年、经济林为补助 5 年算，每年每亩补助 160 元。超前实施（2006 年以前已实施退耕还林但未纳入国家计划的退耕还林面积）部分每亩一次性补助 300 元。按照市、县共同投资的办法分年度兑现。

2013～2014 年，延安市共完成退耕还林面积 154.33 万亩，其中新造林面积 124.71 万亩，解决超前实施 29.62 万亩。2014 年，国家启动了新一轮退耕还林政策，下达延安市 2014 年计划任务 30 万亩，目前延安已实施但未纳入国家计划的退耕还林面积共计 124.33 万亩（含超前实施面积 29.62 万亩）。2015 年，全市计划安排剩余 25 度以上坡耕地 5.87 万亩全部退耕还林，到 2015 年底，延安市将实现 25 度以上坡耕地应退则退，基本上达到陡坡不再耕种，全部退耕还林的效果。由于国家新一轮退耕还林的补助标准为每亩 1500 元，为确保公平合理，延安市计划将市县投资实施的新一轮退耕还林面积的补助标准与国家标准并轨，统一将补助标准提高到每亩 1500 元，但考虑到工程管理的需要以及与过去政策兑现办法的衔接，已经实施的退耕还林面积将继续按照每年检查验收分年度兑现的办法 8 年内完成兑现。①

---

① http://www.yanan.gov.cn/info/egovinfo/info/lnfor_con/745018931/2015-0013.htm.

4. 延安市退耕还林工作存在的主要问题

根据调研，目前存在的困难和问题主要有：

（1）专项规划管理实施不够规范，影响了项目效益发挥

2007 年，国务院下发了《关于完善退耕还林政策的通知》，[①] 对巩固退耕还林成果的政策措施做了进一步明确和细化，省、市、县也都结合实际制定实施了相应的专项规划。但调查显示，延安市专项规划实施过程中，呈现出了项目进展不平衡、项目下达滞后、项目配套资金短缺、项目统筹实施不够等问题，影响了项目效益的发挥。一是项目之间进展不平衡。基本口粮田建设、生态移民、后续产业培育、补植补造项目建设成果明显好于农村能源和技能培训项目。口粮田建设、生态移民、产业补贴能让退耕户感受到实实在在的利益，而沼气、太阳能的效率明显低于电能，技能培训也大多流于形式，效果并不理想。二是退耕还林成果巩固项目因各种因素下达较晚，致使施工周期不足，许多项目都得跨年建设才能完成。三是省、市、县配套资金缺位，从 2010 年以后的项目，省级、市级地方配套一直未作安排，特别是基本口粮田、农村能源项目、林分改造和补植补造配套资金不足，严重影响项目工程的顺利推进。四是巩固退耕还林项目建设涉及部门多，编制规划时没有统筹衔接。

（2）管护体系建设滞后，影响了成果巩固的成效

退耕还林以来，专业的管护体系一直没有很好建立，重造轻管的矛盾比较突出。退耕还林成果管护工作机制建立滞后，没有专门的管护机构、管护经费和专业的管护队伍，仅仅依靠农民自觉管护已很不现实。二是基础设施建设、自然灾害对退耕还林成果影响严重，农村公路建设、石油井场开发等大量蚕食和污染退耕林地。

（3）退耕还林比较收益下降，影响了退耕农户的积极性

近年来，国家取消了农业税，粮食直补和农资补贴力度不断加大，种粮、放牧的收益远远高出退耕还林初期的收益。一是林分结构不合理。主要表现为生态林与经济林比例不协调、乔木与灌木比例不协调，生态效益与经济效益不协调。农民从退耕地中基本得不到任何经济利益，无疑严重挫伤了其积极性。二是伴随着农业主导产业的开发升级，山地苹果、地膜玉米、设施农业等技术日趋成熟，经济效益逐年攀升，种粮与造林之间的效益差距悬殊越来越大，在生态效益和现实利益的悬殊对比之间，退耕农户明显更倾向于选择后者。三是随着农村劳动力的不断减少，制约了后续产业的快速发展，农户收益也受到了一定影响。四是林下产业发展不足。没有制定专项规划，确定林下经济发展方向和模式，特色种植

---

① http://www.gov.cn/zwgk/2007-08/14/content_716617.htm.

业和特色养殖业发展扶持鼓励不足。总之，农户退耕林内基本没有收益，农民的主导产业也没有形成，粮食和农副产品及生活必需品价格又不断上涨，巩固退耕还林成果难度越来越大。

（4）新一轮退耕还林工程面临诸多困难，实施难度较大

在新一轮退耕还林工程尚未纳入国家规划范畴之前，还将面对许多困难。一是经费压力巨大。经测算，仅一个周期（8 年）给退耕农户的补助，就需资金近 30 亿元（根据各县区财力的情况不同，市财政负担 10% ~40%，县区负担 60% ~90%）。二是补助标准偏低，农民的积极性不高。受种苗费过低的影响，改善林种比例将难上加难。三是 25 度以上坡耕地中有一部分属于基本农田范畴，鉴于国家对基本农田的保护政策，不利于延安市统筹安排陡坡耕地一次性退耕还林。此外，个别地方有将 25 度以下农田纳入新一轮退耕还林范畴的现象，目前固然得到了利益，而确权发证后土地性质发生变更，农民再要复耕就会触犯法律，长远来看会伤害农民利益。

二、延安市吴起县退耕还林工程的实施现状

1. 概况

吴起县位于延安市的西北部，地处毛乌素沙漠南缘。全县总面积 3791.5 平方公里，辖 6 镇 3 乡 1 个街道办，总人口约 13.6 万人，其中农业人口 10.6 万人。

吴起县退耕还林工程起步早，1999 年率先启动了退耕还林工程，除人均留 2 亩多口粮田外，将其余的坡耕地全部退出，全县一次性退耕面积达 155.5 万亩，成为全国退耕还林退得最早、还得最快、面积最大、群众得到实惠最多的县之一。先后被授予"全国退耕还林试点示范县""全国造林先进县""全国水土保持先进集体""全国退耕还林与扶贫开发工作结合试点示范县""全国退耕还林先进县""全国绿化模范县""全国水土保持生态文明县"等荣誉称号，并被列入了"全国生态文明示范工程试点县"，成为全国退耕还林的一面旗帜。截至 2015 年 9 月，吴起县累计完成退耕还林面积 244.79 万亩，国家计划确认面积 186.87 万亩，其中，退耕地 95.48 万亩、荒山 90.49 万亩、封山育林 0.9 万亩。累计兑现退耕还林补助资金 17.8 亿元，其中，粮食补助 14.2 亿元，现金补助 2.5 亿元，种苗费 1.1 亿元，户均兑现 72952.94 元（22876 户），人均 15829.79 元（105426 人）。[①]

2013 年，延安市委、市政府决定启动新一轮退耕还林建设工程，吴起县计

---

① 作者在延安市吴起县林业局和退耕还林办公室调研数据。

划四年任务三年完成，即从 2013 年起到 2015 年，完成 25 万亩退耕还林任务。

2. 取得的效益

吴起县退耕还林工程取得了成效显著的生态效益、经济效益。

一是生态效益明显，生态环境得到改善。退耕还林工程使吴起县林地面积净增 244.79 万亩，水土流失、生态恶化的状况得到有效遏制。全县的林草覆盖率已由 1997 年的 19.2% 提高到目前的 62.9%，土壤年侵蚀模数由 1997 年的每平方公里 1.53 万吨下降到目前的 0.54 万吨。

二是农民收入增加，脱贫致富步伐加快。农民实施退耕还林后，不仅有了可靠的粮食供给，还剩余更多的劳力可从事多种经营和副业生产，增加收入，2014 年吴起县农民人均纯收入达到 10480 元。

三是转变传统观念，促进产业结构调整。退耕还林工程的实施，改变了长期以来广种薄收的传统耕种习惯，有效地解决了不合理利用土地的现象。农林牧三业用地比例由 1997 年的 60:34:6 调整为 9:66:25。促进了农村产业结构的调整和农村劳动力的转移，拓宽了就业渠道，促进了地方经济发展。

四是后续产业初步发展。按照"生态建设产业化，产业建设生态化"的要求，确立了"畜禽主导、菜薯并举、林果补充、劳务增收"的发展思路。

五是县域经济实力变强。在退耕还林的带动下，县域经济快速发展，农民收入稳步增加。

3. 主要做法

一是超前实施抢先机、注重质量抓退耕，统筹兼顾促发展，兑现资金严把关。

二是把退耕还林与农田水利建设有机结合起来。在加强退耕还林工程建设的同时，该县把农田水利建设作为治理生态环境，改善农村生产生活条件，提高粮食产量的重要内容。按照人均达到 2 亩基本农田的总体目标，为了调动广大群众兴修基本农田的积极性，认真规划、积极组织，吴起县及时出台了兴修一亩高标准农田县财政补助 300 元的优惠政策，并要求各乡镇根据财力制定相应的配套补助政策，从而调动了广大群众兴修农田的积极性。几年来，全县累计新修基本农田达到 31.87 万亩，人均 3 亩。其次，把淤地坝建设和治沟造地也作为改善生产条件、拦蓄泥沙、淤积耕地的有效措施，狠抓小型水利水保工程产权制度改革工作，通过小型淤地坝拍卖、租赁、承包等形式，明晰产权，激发了群众的建设热情。

三是在实施生态环境中，不断加大农业结构的调整力度，提出了"生态建设产业化、产业建设生态化"的发展思路，大力发展以羊、生猪、蛋鸡、兔为主的养殖业和以山杏、沙棘为主的林果业，取得了良好效益，为巩固退耕还林成果和农民增收发挥了积极作用。从 2008 年起，吴起县大力实施人人技能工程，由政府买单对农民实行免费技能培训，提高劳动者的文化水平和技术能力。同时，推进现代农业发展，呈现出了市场化运作、企业化经营、标准化生产、规模化发展的良好态势。

四是政府大力扶持，财政投入大。在退耕还林建设中，针对种苗费不足的问题，该县财政予以补贴，保证了工程的顺利实施，每年投入 2000 万元，专门用于退耕还林林分结构的调整，同时，吴起县自筹资金，启动了数项生态绿化工程。每年县财政用于生态建设方面的投资过亿元，而且在退耕还林后续产业上投入大。

根据课题组在吴起县退耕办的调研，针对退耕后续产业，吴起县政府每年投资 1~2 个亿。比如，一个标准蔬菜大棚（50 米）政府投资 7.3 万元；千只羊厂政府补助 80 万元，全县有 400 个左右；两千只羊厂政府补助 160 万元，全县将近 100 个；万只羊厂政府投资 800 万元。以上都是 5 年补到位，年年检查。政府对于农民养猪也有补助。基本上农民养猪、养羊不需要个人投资，政府补助就够了。一般是，养羊厂把附近的羊都集中起来，统一管理，羊还是农民自己的，卖出后的收入扣除管理费后的余额就是农民的收入，主要是防止农民散养破坏森林。养鸡 200 只以上，政府补助 20 元/只。农民种地，地膜由政府投资，标准为 200 元/亩。地膜覆盖完毕、政府验收合格后，地膜花费全部由政府补助。棚栽上，政府投资建好大棚，农民经营受益就行，一般是承包给公司建，也有些农民自己建，验收合格后，把钱给农民。农机具上也有补助。

五是退耕还林以来，吴起县建立了组织保障、个体承包、钱粮兑现、技术承包、林草管护、奖惩激励六种机制，明晰了产权任务、落实了兑现政策、规范了技术要求、强化了服务指导。

当然，当地退耕还林工作也存在一些问题，如退耕户中仍有一些贫困户。根据 2013 年 4 月，吴起县人民政府关于吴起县困难退耕乡村及困难退耕农户摸底排查情况的报告，据调查，吴起县退耕总户数 25504 户，其中，困难退耕户数 3462 户 12556 人，困难退耕户占退耕总户数比例为 13.6%。

此外，当地农村也存在一些撂荒现象，基本农田改造好了，但农民不太种地了，意义有限。所以，现在土地流转是方向，流转到大户经营，但存在不好推动现象。一是农民不愿意流转，农民担心土地流转后不好回收，与流转费用低也有关系。发展后续产业引起的土地流转情况更少。二是企业没有适合的项目进行大面积经营，主要是陕北地区土地零散，支离破碎，不适合大规模经营。

三、陕南安康市退耕还林工程的实施现状①

安康市从 1999 年开始实施退耕还林，1999～2007 年每年皆有退耕还林任务，尤其是 1999 年、2002 年、2003 年、2005 年退耕地造林均在 30 万亩以上，2008 年进入巩固退耕还林专项成果规划实施阶段。截至 2015 年底，安康市退耕地造林 214.08 万亩，荒山造林 231.92 万亩，封山育林 30.8 万亩，补植补造 94.73 万亩，后续产业新建 35.38 万亩，改造 17.16 万亩。

安康市有 25 度以上 478 万亩土地规划退耕，即目前还有 200 多万亩坡耕地需要退耕。但全市基本农田任务大，基本农田任务达 500 多万亩。这样，退耕还林与基本农田有一定的冲突。②

安康市于 2008 年开始制定巩固退耕还林专项规划实施方案，经陕西省政府批准后，于 2009 年开始正式实施。巩固退耕专项资金基本都源于中央，限于财力，安康市基本无配套资金。自实施以来，安康市 2008～2012 年累计规划新建改造基本农田 106.1 万亩，实际完成 69.8 万亩，投资 41889 万元；新建农村能源累计规划 40.84 万元，实际完成 10.82 万元；2008～2014 年，生态移民累计规划搬迁 3.82 万人，实际完成搬迁 2.44 万人，累计规划投入资金 16217.4 万元，其中，中央投资 8237.4 万元，地方配套 7980 万元；后续产业投入上，2008～2012 年累计下达计划任务 75.4 万亩，50987.1 万元，其中，新建产业 54.9 万亩、改进现有产业 20.5 万亩。2008～2014 年，累计规划培训农民 8.01 万人，100% 完成计划任务；2008～2015 年，累计完成补植补造面积 94.73 万亩。但据调研，当地巩固退耕还林成果规划设计和专项资金分配等不太科学，但是大部分并非针对退耕户的生产和发展，如基本农田建设、生态移民、农村能源等项目所覆盖的不一定就是退耕户，且并不一定能覆盖所有退耕户。后续产业是在退耕区，大概能覆盖 70% 以上的退耕户。

安康市新一轮退耕规划 2014 年 6.4 万亩；2015 年 8.85 万亩，规划的坡耕地已经全部退耕还林，但是土地性质问题还没有完全解决，退耕补助还没有兑现。为解决基本农田保护与退耕还林的矛盾，陕西省出台了"双退政策"：宜林地和农田置换，即林业上 15 度以下的宜林地转化为基本农田，农业上 25 度以上坡耕地和重要水源区 15 度以上坡耕地转化为非基本农田，并实施退耕还林。当地新一轮退耕还林倡导先通过土地流转集中，再统一搞林业产业项目，这种情况占到 50% 以上，更加强调农民的自愿性。退耕农民的收益一方面源于土地租金，一方面源于打工；租期一般是 20 年。之前农户分散退耕来发展林业，前期投入资金

①② 本部分资料来源：作者在安康市林业局的调研数据。

缺乏，经营效益不好，管理不到位。

四、安康市石泉县退耕还林工程的实施现状①

石泉县位于安康市的西北部，全县总面积 1517 平方公里，辖 11 个镇，140 个行政村，21 个城镇社区，总人口 18.26 万人，其中农业人口 15.2 万人。

该县 1999 年启动、2002 年全面实施了退耕还林，截至 2014 年底累计实施退耕还林工程 40.87 万亩（含封山育林 3.5 万亩），其中一期退耕还林 40.17 万亩，新一轮 0.7 万亩；退耕地造林 14.9 万亩，荒山造林 25.97 万亩。工程实施涉及 11 个镇，200 个行政村，1230 个村民小组，3.48 万户，12.36 万人。累计完成政策兑现 37738.3 万元，人均 3053 元，其中兑现种苗费 2698.5 万元，粮食折现 34158.8 万元，生活补助费 2579.5 万元，封山育林费 146 万元，农民技能培训费 15 万元。

（一）该县实施退耕还林的基本情况

①该县林业部门从设计、组织实施、检查验收等各方面严格退耕还林工程的管理，同时，切实做好退耕还林林权证发放工作，截至 2014 年底已经发放林权证 38.87 万亩，占总面积的 95%。同时，认真做好退耕还林补助的兑现，严格兑现工作程序，确保钱粮补助按时足额发放。

②加快产业结构调整。在树种选择上，按照因地制宜、分类经营、分类指导的原则进行科学规划，结合具体情况，在保证生态优先的情况下，突出地方特色，大力发展蚕桑、茶叶、水果三项主导产业，科学选择和发展一批生态兼用林种，采取多林种、多树种混交，实行林竹、林药间套措施，积极培育退耕户新的资源，试图从根本上解决农户的长远生计问题。

③积极培育龙头企业。该县积极探索和培育龙头企业与农户生产相结合的机制，努力形成"龙头带基地，基地联农户"的产业发展格局。

④合理安排扶贫项目。先后实施了农业综合开发、甘露工程、集雨水窖工程、小流域综合治理、生态移民、扶贫移民等一大批农村扶贫项目。在项目实施工程中，该县坚持把这些项目有重点地向退耕区倾斜，改善了退耕群众的生产生活，如截至 2014 年底，退耕区累计新修改造水平梯地 5.6 万亩，建成各类灌溉及人饮工程 8100 处，修建饮水渠道 31 公里，完成移民搬迁 650 户 2500 人。同时，积极推广舍饲圈养和农村沼气、以电代燃料等生态措施，有效地保护了森林植被，巩固退耕还林成果。

---

① 作者在安康市林业局调研数据。

（二）存在问题

①该县仍存在需要退耕的坡耕地，但退耕地指标不够且受限于基本农田保护，存在想退但无法退的问题，需要进一步扩大退耕还林面积。石泉县现虽然完成退耕地造林 14.9 万亩，但仅占全县应退耕面积的 55%，尚有 15 万亩需要实施退耕还林。新一轮退耕还林要求在非基本农田内实施，而该县划入非基本农田的耕地面积仅为 1 万亩，大于 25 度的仅有 5900 亩，根本无法满足退耕区群众的退耕地需要。由于退耕指标有限，安康地区在下达退耕还林任务时，基本上遵循参加了第一期退耕，不再安排新一轮退耕，第一期退耕与巩固退耕还林成果专项规划的实施对象也不重复。

②退耕还林工程技术队伍力量不足，基层缺少技术人员。

③退耕还林实施若干年来，未给农户带来明显的收入。受实施初期二八比例的影响，生态造林占 80%，经济林占 20%，生态林生长缓慢，见效周期长，而经济林比重少，未给农户带来明显收入。

在以前实施退耕过程中，退耕地块的确定缺乏合理性。前期实施时把大量的退耕还林指标安排在了交通要道、汉江两岸条件较好的农户，而大量边远山区镇村组交通不便，自然条件差，坡耕地面积大，早期未安排退耕还林指标，又面临国家对退耕还林进行了结构性调整，导致该县大多数边远山区最贫穷的农户没有享受到退耕还林这一惠农政策。退耕还林工程实施过程中，也存在程序不规范的问题。如对群众宣传不到位，有些村组如实向群众公布退耕还林面积做得不够或虚报面积等问题。

第三节　陕北陕南退耕还林与农户生计的调查分析

2015 年 10 月 28 日~11 月 2 日，西安交通大学人口与发展研究所课题组在延安吴起县、吴起镇马湾村等地进行了为期 5 天的正式调研，采用了便利抽样。共发放农户调查问卷 350 份，回收 300 份，其中有效问卷 296 份，问卷有效率 98.67%。2015 年 11 月 16 日~11 月 20 日，西安交通大学人口与发展研究所课题组又在安康汉滨区、宁陕县和紫阳县 5 个乡镇 13 个行政村，共发放农户调查问卷 800 份，回收 668 份，其中有效问卷 657 份，问卷有效率 98.35%。以下分析内容来自这两次农村入户调查资料。

一、延安吴起县和安康所调查农户参与退耕还林的总体情况

2013 年，延安市率先启动新一轮退耕还林工程，计划用 4 年时间，由市、县

斥资21.5亿元，以每年56万亩以上的进度，完成现有224万亩25度以上坡耕地的退耕还林任务。2014年6月，国务院正式批准《新一轮退耕还林还草总体方案》，提出到2020年将全国具备条件的坡耕地和严重沙化耕地退耕还林还草，11月安康市开启新一轮退耕还林6.4万亩。

在本次调查的296个吴起县农户样本中，291户为退耕户，其中将近一半参与了新一轮的退耕还林工程，仅参加新一轮退耕农户只有4户。而在657个安康样本农户中，退耕户占72.75%，其中参加新一轮退耕有95户农户，仅占14.46%，见图5-1。

图5-2从地块层面上反映了参与退耕的时间，可以看出，吴起县和安康地区新一轮退耕地块所占比重均不大，吴起县地块退耕时间集中在1999年及以前，超过80%的地块面临补偿到期的情况；而安康地区退耕地块集中在2000~2006年，超过一半的样本地块进入了第一轮延长期即补偿减半的阶段，亦有22.91%的地块面临退耕补偿到期的情况。

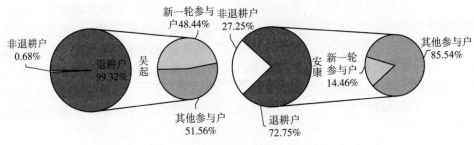

图5-1 吴起县与安康市样本农户参与新一轮退耕还林情况

资料来源：作者根据本课题组调查数据计算整理，本章以下各图同。

二、农户参与退耕还林的机会成本退耕地经营收益情况

1. 退耕的机会成本

表5-1对比了退耕地退耕前的亩均纯收入与调查时退耕地平均获得的补助，延安吴起退耕户退耕前亩均纯收入达到93.15元，而亩均退耕补助78.40元，两者相差14.75元，吴起退耕农户拥有退耕地越多，损失将越大。安康地区，退耕前亩均纯收入与亩均退耕补助之差56.96元，参与退耕还林工程的农户机会成本大于亩均退耕地获得的补助。

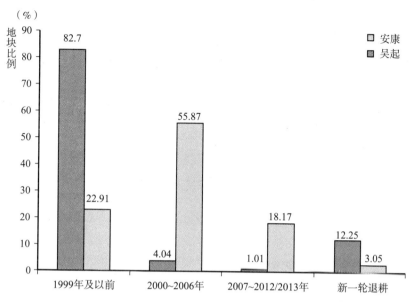

图 5 - 2　吴起县与安康市地块样本退耕时间分布

退耕还林补助标准偏低。退耕补助,尤其是新一轮缺乏依据,没有考虑物价水平和生活水平,补助标准偏低、远低于农户的补偿意愿。以陕北吴起县为例,种植洋芋坡地亩产按 600 公斤计算,近三年市场均价为 1.3 元/公斤(退耕还林初 0.5 元/公斤),产值 780 元,扣除种子成本 50 元、施肥 70 元、播种抚育 160元,净收入 500 元,而当地退耕还林每亩补助 160 元,两者每亩相差 340 元。加之物价上涨和通货膨胀等原因,退耕群众的生产生活成本亦逐年加大,如果补助过低,群众没有退耕积极性,复耕的可能性也将大大增加。另外,根据课题组的调查,在吴起县和安康市,被调查农民认为退耕平均最少补助 500 元/年亩和约580 元/年亩才不亏本。

表 5 - 1　　　　　　　农户参与退耕还林的机会成本分析

	退耕前的 年总纯收入 (元)(1)	退耕地总面积 (亩)(2)	退耕前亩均纯收入 (亩/元年) (3) = (1/2)	调查时退耕地 平均获得补助 (亩/元年)(4)
吴起退耕户(N = 291)	622559	6683.5	93.15	78.40
安康退耕户(N = 462)	394751	2713.82	145.46	88.50

注:调查时退耕地平均获得补助是指以 2015 年课题组调查数据时点为依据,根据退耕时间,不同地块面积和补助标准加权平均计算而得。

资料来源:作者根据本课题组调查数据计算整理,本章以下各表同。

2. 退耕地经营及收益情况

吴起县和安康地区退耕林地情况有明显差异，前者大多种植生态林，经济林仅占3.57%；而安康地区退耕地块多种植经济林，占65.52%，见图5－3。因此，两地退耕林地收益情况也有显著差异。吴起县仅有2%的农户表示其退耕地上有收成，这也是延安地区农户退耕地经营面临的最大困难——无产出；而安康地区约36%的农户表示退耕林地有收成，且有48.75%的农户表示退耕地收入与退耕前相比有所增加（2764元），23.13%的农户表示退耕地上收入无变化，28.13%的农户认为退耕地上收入减少（883元），见图5－4。相比较而言，安康地区退耕地收益要高于吴起县退耕地。

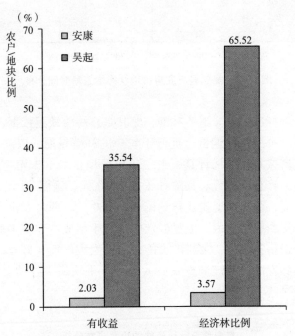

图5－3 吴起和安康退耕地收成情况

3. 安康退耕农户退耕地产销现状

（1）退耕农户退耕地收成来源

安康农户退耕地的收入来源主要集中在干鲜果品（50%），其次是茶（32%），木竹材、药材和调料种植的农户较少。见图5－5。

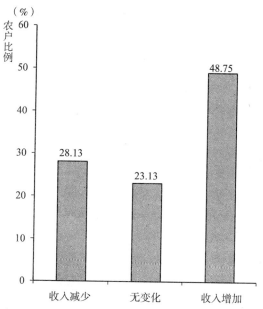

图5-4　安康农户退耕地收入变化情况

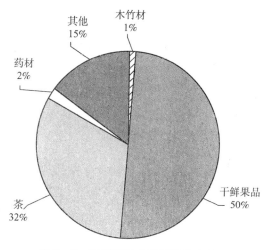

图5-5　安康退耕户退耕地收成来源

（2）退耕地产品供销情况

根据调查，安康农户退耕地的产出大部分是卖给个体商贩，占全部样本的39%；农户没有卖掉退耕地产品的占全部样本的20%；卖给当地集市的有23户，占全部样本的14%；除此之外，农户也将退耕地产品卖给当地游客或者卖给合作社等，见图5-6。多数退耕农户认为，退耕地产品销售还较好，见图5-7。

总之，安康地区退耕林地经营情况总体上是较好的；其收益主要来源于干鲜果品和茶，主要的供销渠道是当地个体商贩，其次是当地加工企业和集市。

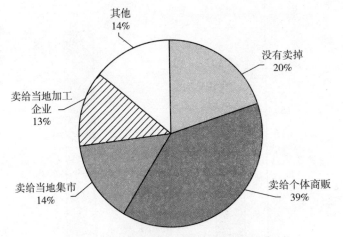

图 5 - 6　安康退耕农户退耕地产品供销渠道

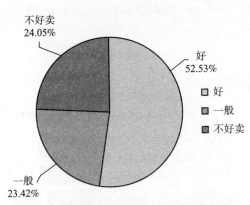

图 5 - 7　安康退耕农户退耕地产品销售情况

4. 退耕地经营存在的困难

　　针对退耕地经营存在的困难，80% 被调查的吴起退耕户认为是没有产出，其他认为存在的困难有运输困难、产品没有销路、缺资金、种苗、劳动力、技术等，见图 5 - 8。在所调查的安康退耕农户中，认为退耕地无产出的占 41.8%；新型城镇化背景下，农民外出务工已成为常态，认为退耕地上缺劳动力占总体的 18.80%；退耕地产品销路也存在一定困难。除此之外，退耕农户也认为缺技术、缺资金、缺种苗，林产品价格过于低廉、土壤质量不好、易受自然灾害等都成为退耕地经营困难的原因，见图 5 - 9。

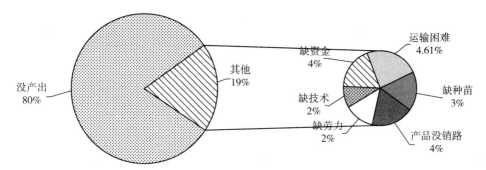

图 5 – 8　吴起农户退耕地经营面临的最主要困难

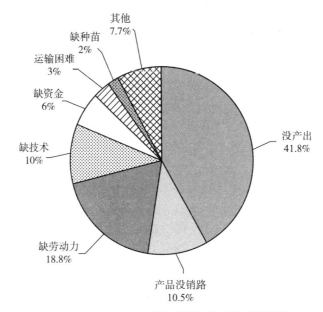

图 5 – 9　安康农户退耕地经营面临的最主要困难

5. 宏观背景下农户参与退耕还林比较效益下降的原因

农业是国民经济的基础，粮食安全十分重要，我国在农业补助方面不断完善和提高。2015 年 5 月 22 日，财政部和农业部发布的《关于调整完善农业三项补贴政策的指导意见》中，提出将启动对农作物良种补贴、种粮农民直接补贴和农资综合补贴三项农业补贴政策的调整和完善工作。2015 年 11 月 2 日，中共中央办公厅、国务院办公厅印发的《深化农村改革综合性实施方案》中提出，完善农业补贴制度，保持农业补贴政策的连续性和稳定性，将现行的"三项补贴"（农作物良种补贴、种粮直补、农资综合补贴）合并为"农业支持保护补贴"，持续增加农业基础设施建设、农业综合开发投入，强化对农业结构调整的支持，加大对农业投入品、农机具购置等的支持力度等。西安交通大学课题组在延安吴起县调研时，吴起县政府对于种植玉米的农户每亩补助达到 150 元/亩，其中，地膜铺设都由政府承担。而被调查的退耕农户，退耕地平均每年补助 78.40 元/亩（见表 5 - 1），已经纳入生态公益林的退耕林地，生态公益林补助每年每亩也只有十几元。

从补助方面来看，国家对农业补贴政策不断提高完善，明显高于退耕还林补助标准，农户退耕还林的机会成本增大，农户参与退耕还林的比较效益下降。

此外，从技术方面看，中国人口众多，耕地资源紧张。发展农业新技术，提高耕地产量成为中国农业发展的必要条件，而林业技术投入相对较弱。退耕还林成果专项建设中包括基本口粮田建设、后续产业发展以及农民技能培训等，其中，对基本口粮田建设、农业技术培训，如大棚蔬菜种植、改造农田等都体现了对农业技术创新的发展与重视，目前对退耕地上的生态林和经济林缺乏足够的技术指导与支持，农户不能获得较好的收益，导致农户参与退耕还林的积极性下降。

总之，通过对陕北吴起县和陕南安康市农户参与退耕还林的机会成本分析比较发现，无论是经济发展水平较好的陕北吴起县，还是经济相对滞后的安康地区，退耕前亩均纯收入都要高于调查时退耕地的平均补助，即退耕还林的机会成本较高。根据西安交通大学课题组的调查，部分第一轮退耕地补偿已期满，但退耕地收益情况并不乐观，如吴起县调查地退耕户补偿到期的退耕地超过 80%，但退耕林地基本上无经济效益。吴起县 80% 被调查农户认为退耕地经营面临的最主要的困难是没产出，而退耕地有收入的农户比例仅为 2.4%。

三、调查地农户参与新一轮退耕还林和巩固退耕还林成果的意愿

（一）农户对新一轮退耕政策的态度及意愿

作为政策的直接参与者，农户对政策的态度及意愿是政策顺利实施和政策成果可持续的关键。因此，该部分首先分析农户对新一轮退耕还林政策的态度、参与意愿、补偿意愿及政策需求等，在此基础上，分析不同收入水平、参与自主权及政策实施环境等对农户参与意愿的影响。

1. 新一轮退耕参与意愿

（1）农户态度与参与意愿

图 5 - 10 和图 5 - 11 分别为安康和吴起两地样本农户对新一轮退耕还林政策的态度和参与意愿。可以看到，吴起和安康样本农户对新一轮退耕还林政策的态度和参与意愿是一致的：大多数农户对新一轮政策表示满意且愿意参与新一轮退耕。由此，可以看出农户参与意愿和实际参与之间存在差距，如表 5 - 2，吴起样本农户愿意参与却没有参与新一轮的农户有 93 户，占 65.96%，而安康这一比例更高（376 户，占 76.42%）。

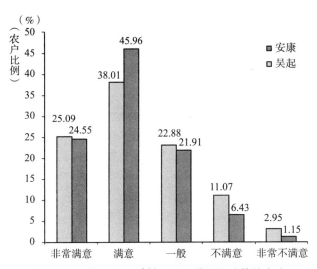

图 5-10　样本农户对新一轮退耕还林政策的态度

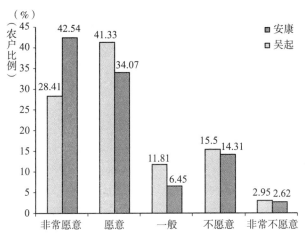

图 5-11　样本农户对新一轮退耕还林政策的参与意愿

表 5-2　　　　　农户新一轮退耕的参与意愿与实际参与情况的差距

	吴起农户（个）	农户比例	安康农户（个）	农户比例
参与意愿和实际差距情况	93	65.96%	376	76.42%

　　虽然吴起和安康两地农户参与意愿一致，但是不愿意参与的原因有所差别。图 5-12 反映了两地样本农户不愿意参与新一轮退耕的原因。吴起农户表示的主要原因是补偿标准太低，退耕不划算；而安康农户的主要原因是没有地（"其他"中 90%是关于没有土地可退或需要自留地种植）；两地都有 20%的农户表示

不愿意退耕是因为家庭粮食安全问题；只有少数农户认为是环境改善而不需要退耕的。因此，吴起地区农户对补偿标准有着更高的期望，而安康地区农户对土地及口粮田安全有着更高的要求。

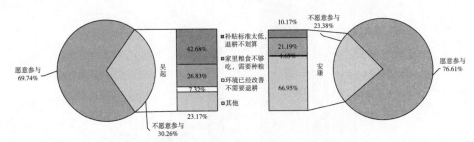

图 5 – 12   样本农户不愿意参与新一轮退耕的原因

（2）计划退耕地块及特征

表 5 – 3 为安康和吴起两地所调查农户计划退耕地块的数量及面积。安康地区超过一半样本地块计划被退耕（522 块，59.59%），总面积达 1448.13 亩，且主要是旱地；而吴起县农户计划退耕的地块只有 13.44%，总面积达 209.2 亩。

图 5 – 13 ~ 图 5 – 16 反映了两地农户计划退耕的地块的特征，如地块地理位置、坡度、土壤质量、灌溉条件、灾害风险等。吴起县农户和安康地区农户的选择呈现出不同的特征：吴起地区农户倾向退耕高坡度，距离公路较远，且产量产值较低的地块，安康地区农户除了以上特征之外，地理位置、土壤质量和灌溉条件也有明显差别，如计划退耕的地块往往位于山顶和山腰，土壤质量和灌溉条件差，地块距离家较远等。

表 5 –4 显示了吴起和安康两地调查农户的计划退耕地块，在到家的平均距离、地块年均产量、地块年均产值方面的特征。

表 5 – 3　　　　　　安康和吴起两地调查农户的计划退耕地块的数量及面积

	吴起	安康
地块数量（块）	73	522
地块总面积（亩）	209.2	1448.13
平均面积（亩/块）	3.49	2.87
最小值（亩）	0.5	0.07
最大值（亩）	14	100

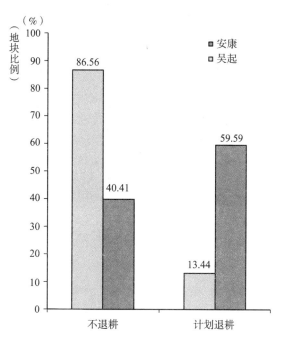

图 5 – 13 吴起和安康计划退耕地块比例

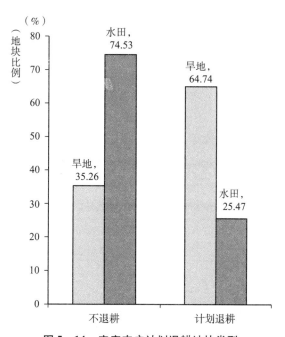

图 5 – 14 安康农户计划退耕地块类型

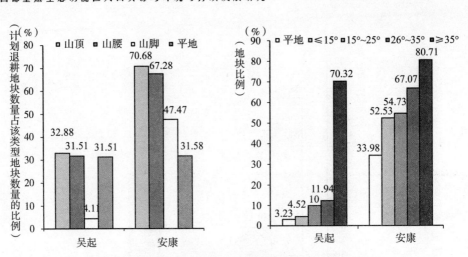

图 5-15 吴起和安康计划退耕地块的坡度、位置特征

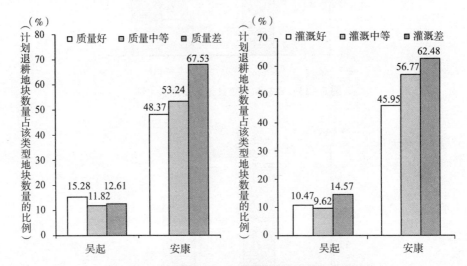

图 5-16 吴起和安康计划退耕地块的质量和灌溉特征

表 5-4　　　　　　　吴起和安康两地调查农户的计划退耕地块特征

	吴起		安康	
	不退耕	计划退耕	不退耕	计划退耕
到家的平均距离（里）	12.26	11.28	3.34	10.03
到主要公路的平均距离（里）	4.53	10.3	3.11	8.09
地块年均产量（斤/年·块）	1150.98	613.24	573.16	341.23
地块年均产值（元/年·块）	3909.02	477.27	470.82	232.81

2. 退耕还林的补偿意愿分析

（1）补偿意愿与实际补偿

图 5-17 分别为安康和吴起退耕农户实际获得补贴额、农户补偿意愿和退耕补偿标准的散点图。亩均实际获得补贴额，即农户实际获得的退耕补贴总额除以其退耕面积。吴起和安康退耕还林的补偿标准分别为 160 元/亩·年和 210 元/亩·年。可以看出，农户实际获得的补偿标准大多低于现行政策的补偿水平，然而大部分农户的退耕补偿意愿高于他们实际获得的补贴水平和现行的补偿标准。当然，调查中农户主观回答的结果存在一定偏差，如农户无法将退耕补贴与其他来源的补助相区别、农户不同地块退耕的时间不同等。

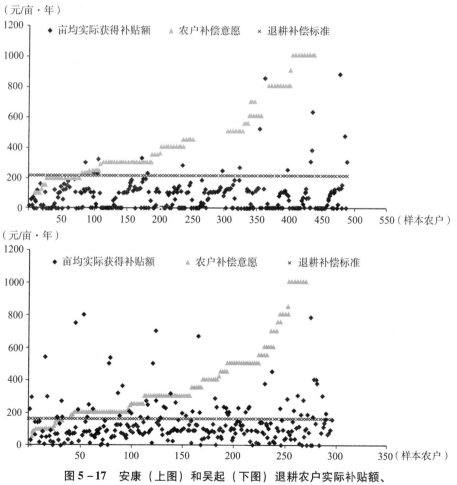

图 5-17　安康（上图）和吴起（下图）退耕农户实际补贴额、
农户补偿意愿与退耕补偿标准的散点图

（2）补偿方式与政策调整偏好

图5-18为两地农户对退耕补偿方式的偏好。两地区农户补偿方式偏好较为一致，绝大部分农户偏好现金补偿的方式；其他补偿形式中，就业支持、实物补偿比较受欢迎。根据图5-19两地农户对退耕政策调整的需求可以看出，首先，维持原政策的农户并不多，仅占10%左右；而补助标准的提升，是多数农户对政策调整的需求，其次，是技术支持、林产品的销售渠道以及增加农户在政策中的自主权。依据访谈记录，农户对补偿标准设计的合理性存在诸多质疑，主要源于两个方面：①补偿标准并没有考虑物价上涨和生活水平提升等因素而进行调整，损害了退耕农户的利益；②补偿标准低于种粮比较收益。此外，安康地区新一轮退耕还林的基本模式，是在农户自愿的前提下先通过土地流转集中，再统一搞林业产业项目，这种情况占到50%以上，发展林业及林下经济、生态旅游等产业项目使农户对技术支持有更高的需求。

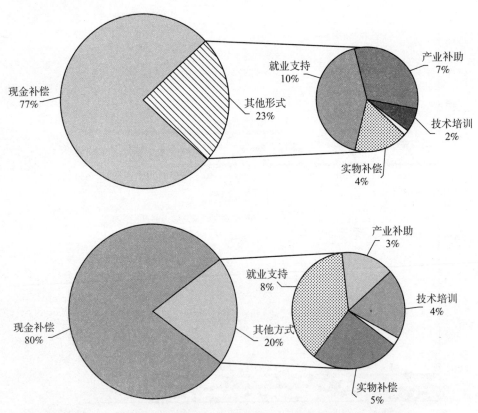

图5-18　吴起（上图）与安康（下图）农户对退耕补偿方式的偏好

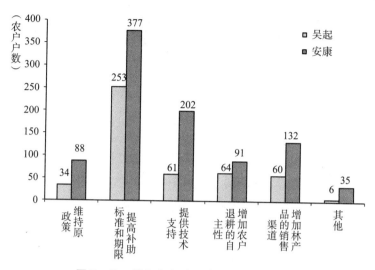

图 5－19　样本农户对退耕政策调整的需求

3. 影响农户参与新一轮退耕还林意愿的因素分析

这里以吴起县农户为例，旨在分析影响农户参与新一轮退耕还林意愿的关键因素。首先，经比较，农户收入水平高低对其参与新一轮退耕还林的意愿强度并无显著影响（数据略）。其次，图 5－20 综合反映了农户参与退耕的自主权情况。

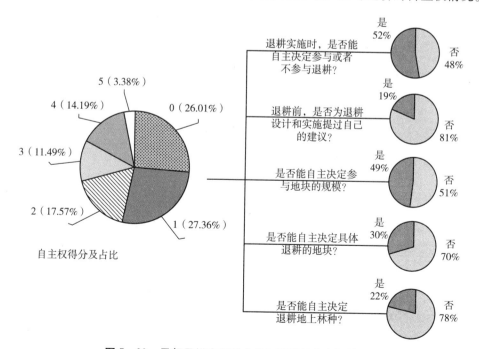

图 5－20　吴起县样本退耕户参与退耕的自主权情况

我们用五个问题测度了农户参与退耕的自主权情况，回答"是"得1分，即分数越高，农户退耕自主权越高。此外，计量经济分析结果显示，农户参与退耕的自主权对参与意愿有显著影响。如吴起县农户参与退耕还林时自主权越多，如自主选择是否参与、参与规模、参与地块、还林树种等，其参与意愿就越强烈；其中，项目参与的自愿性以及退耕地树种选择的自主性，对农户参与意愿的作用尤为重要。此外，政策的实施情况对农户参与意愿有重要影响，如政策实施的透明度、规范性以及公平性等。政策实施过程中的问题越多，农户的参与意愿就越低（以上数据略）。

（二）补偿期满农户继续保持退耕成果意愿

1. 退耕补偿期满的情况

现阶段，随着新一轮退耕还林工程的启动，第一轮退耕还林工程步入后退耕时代，越来越多的退耕户和地块结束了退耕补偿期，退耕还林成果的可持续性接受着严峻的考验。根据表5－5，本次调查中吴起县绝大部分样本农户都有补偿到期的地块（275户，94.5%），共608块，占所有样本地块的82.70%，总面积达5703.8亩，占所有退耕地样本面积的81%。而安康地区补偿到期户125户，占26.71%，补偿到期地块144块，占比22.91%，总面积达834.5亩，占所有退耕地块面积的1/4。

表5－5   退耕补偿期满基本情况

	吴起	安康
补偿到期退耕农户数量/比例	275/94.5%	125/26.71%
补偿到期退耕地块数量/比例	608/82.70%	144/22.91%
补偿到期退耕地块总面积（亩）/占比	5703.8/81%	834.5/25%

注：补偿到期地块指的是，1999年及以前参加退耕的地块、在2015年补偿到期的退耕地块。

2. 退耕补偿期满农户复耕意愿及土地利用计划

（1）补偿期满农户复耕意愿：农户层面

吴起县样本中，极少数农户有复耕行为或认为村里存在复耕活动。但是，43%的退耕户表示他们有复耕种粮的意愿，一旦退耕补偿期结束，户均计划复耕面积21.6亩。安康样本中，10个农户承认有复耕行为，但将近10%的农户认为本村存在复耕活动，补偿期满会复耕的农户仅占不到10%，户均计划复耕面积5.10亩。农户的复耕动机，可能源于以下几方面因素：家庭口粮需求，如剩余耕地面积，粮食消费；生计类型，如生计依赖林业生产；政策设计和实施，如补偿发放、实施的规范性、参与自主权等；农户特征，如家庭结构、社会资本、风险偏好等。表5-6和图5-21对延安市有复耕意愿农户和无复耕意愿农户进行对比分析，可以看出有复耕意愿的农户有以下几方面特征：①人口与生计方面，有更多的劳动人口，对农业收入相对更依赖，而从事林业生产的比例较低，对政策补贴的依赖性较小；②粮食安全方面，人均耕地更小且面临更高的食物现金消费；③对政策设计与实施的认知与态度方面，实际补偿标准与他们的补偿意愿水平差距相对更大，认为政策实施存在更多问题，如政策透明性小，参与自主权差等。

表5-6　　　　　　　　　　　　　吴起农户复耕意愿分析

变量	有复耕意愿的农户			无复耕意愿的农户			t检验
	样本	均值	标准差	样本	均值	标准差	
人均耕地	125	2.11	0.21	164	2.89	0.24	2.49 **
食物现金消费	118	734.28	566.23	155	703.58	922.20	-0.34
是否从事林业生产	126	0.56	0.04	167	0.64	0.04	1.34 +
补偿意愿与实际补偿差距	116	5.62	12.82	148	3.28	6.39	-1.80 *
政策实施中的问题	126	1.46	1.63	167	1.04	1.27	-2.35 **
政策参与自主权	126	1.40	1.41	167	1.96	1.51	3.23 ***
政策公示	124	1.19	0.11	166	1.53	0.10	2.19 *
家庭劳动力人数	125	2.94	1.29	166	2.71	1.56	-1.31 +

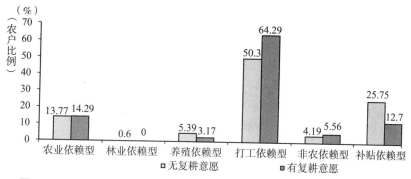

图5-21　吴起县有复耕意愿与无复耕意愿的退耕农户生计依赖类型比较

（2）补偿期满土地利用计划：地块层面

在延安市吴起县调查的情况是，补助到期后有复耕意愿的退耕地块比例是35.75%。这些地块离家和村主要公路较近，土地质量较好，退耕机会成本较高（即退耕前土地收入较高）、无退耕造林的林权证等（见表5-7）。有复耕意愿的退耕农户，他们的基本特征是愿意继续务农，家里耕地面积较小而家庭劳动力数量较多，个人退耕补贴意愿与国家给的实际补贴水平相差较大等。而一些外出打工收入较为稳定，或者已经进城入镇、就近就地城镇化的农民，则无复耕意愿。因此，巩固退耕还林成果是一项系统工程，也与国家大的宏观经济形势、新型城镇化发展趋势有着密切的关系。

补偿期满复耕带来的影响，可以两个方面考虑：首先，计划复耕地块的生态价值；生态林，坡度，灾害风险；其次，计划复耕地块的生产力与生产成本，如土壤质量、距离家和主要公路的距离等因素。

吴起县调查地复耕或对生态威胁较大，一方面，因为延安市地区大多退耕为生态林，复耕地块生态林比例相对较高；且坡度25度以上的地块比例也较高，复耕或对水土流失等造成影响。另一方面，将近一半复耕地块土壤质量差，且集中在山顶和山腰，离家和主要公路有一定的距离（虽然均值低于未计划复耕的地块），复耕后农户的生产成本和效益并非乐观。此外，安康调查地计划复耕的地块数仅占7.83%。安康地区虽然复耕地块中生态林比例较低，但面临与吴起县相同的高坡度、低质量、远距离的生产条件。

表5-7　　　　　　　　　　退耕补偿期满农户计划复耕地块的特征

	吴起	安康
复耕地块数/总面积（亩）	316/2258.6	70/158.3
生态林地块数/比例	246/78%	20/29%
坡度25°以上地块数量/比例	255/82%	50/71%
有灾害风险的地块数/比例	14/5.6%	6/8.7%
土壤质量差的地块数量/比例	139/45%	34/49%
距离家/主要公路距离（里）	12/5.37	14/14
位于山顶和山腰的地块数量/比例	289/93%	65/93%

3. 小结

①农户参与新一轮退耕政策的意愿很强烈，但同时退耕户对政策补偿标准，粮食安全等方面有较高的期望与要求。依据农户需求，计划退耕的地块呈现以下特征：一是土地质量不佳，坡度高，不宜耕种；二是交通不便，距离家和主要公路较远等；三是地块生产力低。

②农户偏好现金补偿方式，但大多数农户退耕补偿意愿远高于现行补偿标准，且农户认知的单位实际补偿收入与补偿标准之间也存在明显差距；因此，农户对政策调整的需求，主要表现为提高补偿标准。

③农户参与新一轮退耕的意愿强度与其收入水平并无明显关系，然而农户参与退耕的自主权以及政策实施情况，如实施规范性和公平性等，对农户参与意愿

有显著影响,因此,鼓励农户参与退耕同样需要从规范政策实施过程入手,以建立农户对政策的信心。

④在新一轮退耕还林的启动与实施的同时,许多第一轮退耕地块面临补偿结束,延安地区率先参与退耕还林,补偿到期的地块占较大比例,且补偿到期后农户的复耕意愿也相对较高,巩固退耕还林成果面临挑战。

⑤与无复耕意愿的农户相比,有复耕意愿的农户有以下几方面特征:一是人口与生计方面,有更多的劳动人口,对农业收入相对更依赖,而从事林业生产的比例较低,对政策补贴的依赖性较小;二是粮食安全方面,人均耕地更小且面临更高的食物现金消费;三是对政策设计与实施的认知与态度方面,实际补偿标准与他们的补偿意愿水平差距相对更大,认为政策实施存在更多问题,如政策透明性,参与自主权等。尤其是在生态林比例较高的延安地区,复耕行为会对生态造成较大威胁,且依据计划复耕地块特征,如将近一半的复耕地块质量差、交通不便,因此复耕后对农户的生产收益改善并不乐观。

四、调查地农户对退耕林木的管护、经营及效率

1. 退耕地管护意识、行为及强度

吴起和安康地区对退耕林地的管护差别并不大,见表5-8。大多数农户认为,自己有管护责任并对退耕林地进行管护,80%左右的农户有劳动投入,户均年投入劳动时间在20天左右,35%左右的农户有资金投入,户均水平在350~400元/年。管护主要是家庭成员自己进行,少数亲戚或流转他人进行管护;一致地,多数农户希望由自己来管护退耕林地(吴起70%;安康82%),希望村集体或者政府统一管护的农户占27%(吴起)、14%(安康)。

表5-8　　　　　　　　吴起和安康样本农户退耕林地的管护情况

	吴起	安康
有管护意识(%)	88.4	90.55
有管护行为(%)	81.72	80.9
全家时间投入(天/年)	23	28
全家资金投入(元/年)	400.9	346.28

2. 退耕地检验与结果

吴起县93.47%的被调查农户表示其退耕地接受过验收,安康地区仅有

61.61%的退耕户清楚自己的退耕地经过验收；且仅有极少部分农户表示未通过验收。图5-22为农户自述的退耕地上林木成活率情况，可见，大多数农户退耕地上林木成活率在80%及以上。

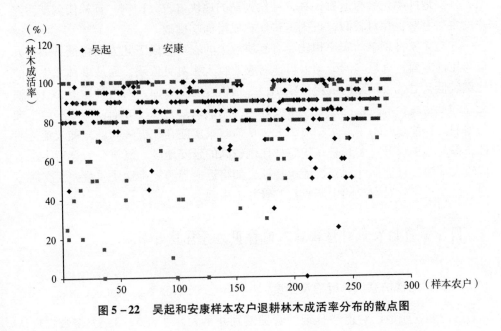

图5-22　吴起和安康样本农户退耕林木成活率分布的散点图

3. 小结

（1）建立激励农户对退耕林地管护的长效机制

调查中，约90%的农户对退耕林地有管护意识，但真正采取管护行为或劳动投入的农户低于这一比例，有资金投入的比例就更低了。因此，一方面，要以外部刺激，即适当的经济手段激励农户将管护意识转化为管护行为、增加管护强度；另一方面，要加强退耕地的可持续经营，从内部刺激农户对退耕林地管护的积极性。

（2）加强退耕地可持续经营

调查中，退耕林地经营收益状况并不乐观，尤其是延安地区农户面临的最大困境是无产出，因此退耕地本身并未给予农户管护与经营的动力。当地政府应以退耕还林政策为契机，鼓励并引导农户发展林业生产及依托林业资源的生态旅游等产业，在保证生态价值的基础上，充分发挥退耕林地的收益潜力，实现退耕林地的可持续经营。

五、对中国进一步实施退耕还林工程和巩固退耕还林成果的政策建议

1. 继续开展以退耕还林为重点的林业生态建设，扩大新一轮退耕还林的覆盖面，做到应退尽退，同时增加退耕还林工程荒山荒坡治理和自然封育项目

根据课题组的调查，陕南山区多，地质条件复杂，自然条件差，陕南各地均存在大面积的坡耕地可以退耕，如陕南安康市石泉县目前尚有 15 万亩 25 度以上的坡耕地需要退耕，这些坡耕地土壤贫瘠，水土流失严重，但目前受限于退耕还林指标的限制等，想退而不能退。一方面，农民种地或种粮的经济收益低，无种地的积极性。陕南地区也实施了大规模的陕南避灾扶贫移民搬迁工程，推进了农民集中居住，农民进城入镇和搬迁新居之后，距离原承包土地的距离加大，易地移民搬迁工程更加强了农村的空心化，存在一些土地撂荒现象。类似陕南地区第一轮退耕还林面积和指标本身就有限、尚有坡耕地的西部贫困山区，应扩大新一轮退耕还林的指标，做到应退尽退。另一方面，根据我们对陕北退耕农户家庭地块与农户意愿的调查，目前农户仍有退耕的空间和需求，未退耕地块中仍有一部分 25 度以上的坡耕地（12.82%），地块质量差（20.68%），面临灾害减产风险（22.64%），无产出和收益（36.2%）。农户希望退耕的地块主要集中在山顶、山腰，交通不便，坡度高，生产收益低的地块。

被调查农民对新一轮退耕还林普遍持欢迎态度，如陕北农户对新一轮退耕还林持满意态度和非常满意态度的比例达 63%，农户的退耕需求基本超过了退耕规划指标。尤其是陕北地区农户超前退耕的行为较为普遍，相当一部分已经退耕的土地（农户）并未纳入退耕补偿的范畴，未能享受退耕补贴。如吴起县未纳入补偿的退耕面积占 24%。

此外，建议国家增加退耕还林工程荒山荒坡治理和自然封育项目。封育是退耕还林的前提和保证，没有封山禁牧，退耕还林成果难保。荒山荒坡治理与退耕地造林相比，节约了粮食补助资金的投入，投资少但发挥的生态效益大。

2. 农户退耕地上收入少，退耕后续产业发展不足，建议继续在西部退耕地区实施巩固退耕还林成果专项规划，或其他农村扶贫与发展项目，且集中于补植补造、后续产业和基本农田改造

根据课题组在延安市吴起县对退耕农户的调查，在陕北延安市调查地，退耕还林实施若干年来并未给农户带来明显的收入。受陕北退耕实施初期二八比例的影响，即生态造林占 80%，经济林占 20%，生态林生长缓慢，见效周期长，而经济林比重少，未给农户带来明显收入。根据我们课题组的调查，部分第一轮退耕

地补偿已期满，但退耕地收益情况并不乐观，如吴起县调查地退耕户补偿到期退耕地超过80%，但林地基本无经济效益。在延安吴起县，80%的被调查农户认为退耕地经营面临的最主要的困难是没产出，而退耕地有收入的农户比例仅为2.4%。

另据调研，各地巩固退耕还林成果专项规划项目的实施情况总体上较好，但覆盖面需要提高。对于巩固退耕还林成果专项规划，地方政府普遍进行了项目配套，其中，基本农田改造、退耕后续产业发展、补植补造项目的投资较大或者完成效果好。但退耕后续产业发展和基本农田改造项目，目前覆盖面仍较小，巩固退耕成果专项规划仅能够覆盖到不足一半的退耕地区。此外，西部退耕地区，如陕南、陕北，立地条件差，退耕还林往往需要多次补植补造；退耕还林的后续产业，普遍还没有建立起来。因此，针对西部退耕地区，建议进一步实施巩固退耕成果专项规划，扩大规模和投资，且集中于补植补造、后续产业和基本农田改造三个项目，从而巩固退耕还林成果。

此外，巩固退耕还林成果是一项系统工程，为稳定退耕农户的生计、确保农户增收，目前西部退耕地区大多为贫困地区，当前政府加大了实施农村精准扶贫工作，在西部退耕区仍需要继续实施各类农村扶贫与发展项目，如易地扶贫移民搬迁、农业综合开发等，从多个方面力保退耕还林成果。

3. 结合主体功能区规划，调整粮食主产区和生态功能区基本农田任务的设计

国家要求在25度以上坡耕地上实施新一轮退耕还林，但各地普遍存在着25度以上坡耕地被纳入基本农田而无法退耕的问题。这样，为解决基本农田保护与退耕还林的矛盾，陕西省出台了"双退政策"，即宜林地和基本农田置换，即林业上15度以下的宜林地转化为基本农田，25度以上坡耕地和重要水源区15度以上坡耕地转化为非基本农田，并实施退耕还林。针对西部贫困地区基本农田与退耕还林在范围上的冲突，建议由国家高层进行协调，调整粮食主产区和生态功能区基本农田任务的设计，从而使生态功能区的退耕还林工程充分发挥其生态效益，确保这些地区优先提供生态系统服务。同时，及时调整更新并统一土地利用等基础数据，加强国土部门和农业部门与林业部门等相关部门间的协调，实现部门间信息平台共享。

4. 退耕还林补贴低于退耕地的机会成本，部分退耕农户仍有复耕风险，建议提高退耕还林的补助标准，建立与物价水平相适应的退耕还林补助的动态调整机制

退耕还林补助标准偏低。退耕补助，尤其是新一轮缺乏依据，没有考虑物价和生活水平，补助标准偏低、远低于农户的补偿意愿。以陕北吴起县为例，种植洋芋坡地亩产按600公斤计算，近三年市场均价为1.3元/公斤（退耕还林初0.5

元/公斤)，产值780元，扣除种子成本50元、施肥70元、播种抚育160元，净收入500元，而当地退耕还林每亩补助160元，两者每亩相差340元。加之物价上涨和通货膨胀等原因，退耕群众的生产生活成本亦逐年加大，如果补助过低，群众没有退耕积极性，复耕的可能性也将大大增加。根据课题组的调查，在陕北吴起县，被调查农民认为退耕平均最少补助500元/年亩才不亏本。

与扩大退耕覆盖面同时存在的情况是陕北、陕南退耕地区，已接受第一轮16年的退耕还林补助到期后，仍有部分退耕户有复耕意愿。

在陕北延安吴起县调查的情况是，退耕补贴在2015年底期满的（即1999年及以前退耕的）地块占82.7%。补助到期后有复耕意愿的退耕地块比例是35.75%。这些地块以生态林为主，离家和村主要公路较近，土地质量较好，无退耕林权证，补偿标准较低，退耕机会成本较高（即退耕前地上收入较高）等。有复耕意愿的退耕农户，他们的基本特征是愿意继续务农，家里耕地面积较小而家庭劳动力数量较多，个人退耕补贴意愿与国家给的实际补贴水平相差较大等。而一些外出打工收入较为稳定，或者已经进城入镇、就近就地城镇化、农民变市民的退耕农户，则无复耕意愿。因此，巩固退耕还林成果是一项系统工程，也与国家大的宏观经济形势、新型城镇化发展趋势有着密切的关系。

因此，建议国家提高每亩退耕地补助标准，且建立与物价水平相适应的退耕补助动态调整机制。在农户对退耕政策调整的需求调查中，85%退耕农户希望能够提高补偿标准和延长补偿年限，约20%的农户希望增加参与退耕的自主权，如种苗选择等、获得技术支持和增加林产品的销售渠道等。

5. 将补贴到期的退耕造林地全部纳入国家级生态公益林，且区分存量与新增的生态公益林，提高退耕造林地的生态补偿标准

为确保退耕还林成果，对于补贴到期的退耕造林地，如果是生态林，因生态林无收益，除了全部纳入生态公益林外，也应区别于一般的生态公益林补偿标准。补助到期的退耕还林地，所形成的新增生态公益林存在着较高的机会成本，应制定较高的生态补偿标准。根据调研，综合基层林业工作者的意见，以及退耕农户退耕地上的机会成本情况，建议补助到期的退耕地生态补偿标准为每年40元/亩，管护费10元/亩，合计50元/亩·年。

6. 加强技术指导，提高退耕还林工程的质量

按照因地制宜、分类经营、分类指导的原则进行科学规划，乔灌结合、针阔混交、林药间套，加大对退耕还林的管护和管理力度，组织退耕农户对已经退耕造林的地块进行看管、除草、施肥、补苗等技术措施，重视退耕还林的管护，提高农民管护的补助，提高林木的保有率；建立退耕林木的网络管理，镇林业站及

村级护林员与农户签订责任书，巩固退耕还林成果。

7. 推动退耕林地的集中和流转，积极探索和培育龙头企业与退耕农户的利益联结机制，发展林业集中经营，延长产业链条

目前，陕南和陕北退耕地区发展后续产业引起的土地流转情况较少。陕北、陕南地区土地林地流转不好推动，一是农民不愿意流转，农民怕流转后不好回收以及流转费用低。二是这些地区土地零散，支离破碎，不适合大规模经营。此外，也缺乏有实力的企业和适合的项目进行大面积林业经营。因此，结合当前的深化农村土地承包经营制度改革、土地林地的确权颁证等，积极推动退耕地区的林地集中和流转，积极探索和培育龙头企业与退耕农户的利益联结机制，促进林业生产规模化和集中经营，努力形成"龙头带基地，基地联农户"的产业发展格局。同时，以农村技能培训项目为依托，培育村级生产/产业带头人，带动本村退耕户尤其是困难户提升产业发展能力，降低其生计活动对土地的依赖，维护退耕还林成果的可持续性。

8. 建议对基层核定和增加退耕还林工程管理经费

国家在启动退耕还林之时，一直未核定退耕还林工程管理经费，目前，退耕还林作业设计、检查验收、政策兑现、效益监测、档案管理等管理经费全部由地方财政承担。地方财政收入较少的地区，往往管理经费难以保障，影响了退耕还林工程建设，建议国家依据年度计划任务和资金，配套一定比例的管理经费，给予基层退耕管护的专项工作经费。

第六章

家庭结构视角下退耕还林工程
对农户生计的影响研究

目前，有关退耕政策对农户生计的影响研究主要基于两种思路，一种是农户参与退耕行为的成本收益分析，包括补助收益、退耕林地收益、机会成本等；一种是由退耕引起的生产要素再分配研究，如退耕户解放部分农业劳动力并转移到非农活动等。这些影响均建立在农户生计决策的基础上，其中，农户异质性尤其是微观人口特征有着关键作用。家庭内部成员在生计活动中承担不同的分工，家庭结构不仅直接影响家庭生计资产基础和获得，还关系到不同效用偏好成员不同生计需求的形成。因此，探究退耕政策对不同家庭结构农户的影响不仅丰富了可持续生计分析框架，而且能够更准确地评估政策效果，为政策设计和实施提供有针对性的建议。

因此，本章分为两部分，首先，研究家庭结构与农户生计之间的关系，分别测度不同家庭结构农户的生计资本，分析并总结不同家庭结构农户生计策略及后果的特征，重点探究退耕政策对不同家庭结构农户收入影响的异质性。其次，探究退耕政策对农户生计的影响，对比分析退耕户与非退耕户在社会人口特征、生计资本、生计策略及后果方面的差异，并分别从农户层次和个体劳动力层次分析退耕政策对农户外出务工决策的影响。

第一节　家庭结构与农户生计的研究

不同家庭结构的农户有着不同的效用偏好，从而资源配置也存在差异，如有孩子的家庭可能更重视教育投资和未来的消费，而没有孩子的家庭可能会更重视当前的消费，如在我国农村老年人普遍作为劳动供给者而非家庭负担的角色，在农业生产和家庭活动中承担着重要责任。因此，为识别不同家庭结构的农户在生计资本、生计活动以及生计后果等方面的差异，将农户样本依据家庭结构分为六类：H1：有老人（大于或等于 65 岁）、成年劳动力（大于 15 岁且小于 65 岁）和孩子（小于或等于 15 岁）的农户；H2：只有成年劳动力和老人；H3：只有成年劳动力和孩子；H4：只有老人和孩子；H5：只有成年劳动力；H6：只有老人。

本节所采用的数据，源于西安交通大学人口与发展研究所 2011 年 11 月底在安康所开展的农户生计与环境调查。该区域地处秦巴集中连片贫困区，以山区为主，地形复杂，交通不便，自然环境恶劣，生态脆弱，贫困人口多且居住分散。本次调查以结构化的入户问卷调查和社区问卷调查为主，辅之以半结构化的访谈作为补充。本次调查共涉及安康四县一区（汉滨区、宁陕县、紫阳县、平利县和石泉县）的 15 个山区乡镇、25 个调查村，其中，平利县为陕西省级贫困县，其余均为国家级贫困县（区）。本次调查共发放问卷 1570 份，问卷回收率为 89.8%，共收集有效农户问卷 1404 份，有效率达 99.6%。

农户问卷调查针对家中年龄在 18～65 周岁的户主或户主配偶。调查内容涉及被访者的家庭成员基本信息、家庭住房、土地林地、劳动就业、家庭收入与消费状况、参加移民搬迁与退耕还林工程情况等。家庭收入和消费数据，均对应于调查前的 12 个月。

由表 6-1 可见，本次调查的 1404 个样本农户的家庭结构，主要分析 H1、H2、H3 和 H5 四种。

表 6-1　　　　　　　　　　　　六种家庭结构类型分布情况

家庭结构	H1	H2	H3	H4	H5	H6	总样本
户数	166	256	367	2	541	72	1404
比例	11.82%	18.23%	26.14%	0.14%	38.53%	5.13%	—

资料来源：根据对课题组 2011 年调查数据计算而得，本章以下图表同。

一、不同家庭结构农户生计资本的测度与计量

结合英国国际发展署（DFID）的农户可持续生计框架以及国内外相关研究，根据调查地实际情况，主要采用表 6-2 所示指标来反映农户的五大生计资本：自然资本主要用土地数量来表示；物质资本用住房面积和房屋价值等级两个指标反映；人力资本包括家庭规模、劳动力数量、家庭平均教育水平和最高教育水平四个指标；金融和社会资本主要由金融可及性和特殊社会经历来反

映。表 6 - 3 和图 6 - 1 则比较了不同家庭结构农户的生计资本水平和结构。家庭结构可能与土地数量、住房面积、家庭规模、劳动力及教育水平等有较大的关系（见表 6 -3）。家中有老人、成年劳动力和孩子的 H1 型农户有着较多的土地、较大的家庭规模和住房面积，房屋价值也相对较高。家中有老人和成年劳动力的 H2 型农户拥有较多的土地资源和较少的劳动力，其他各项指标都接近总体样本均值。由成人劳动力和孩子组成的 H3 型农户在人力资本和金融资本方面占优势，有着更多的劳动力数量、更高的教育水平和更好的金融可及性。只有成人劳动力的 H5 型农户有着相对最小的家庭规模和较多的劳动力资源，可见家庭规模和劳动力数量之间并非正向关系。图 6 -1 可更直观地看出，5 个主要的生计资本指标中，拥有土地数量最多的是农户 H2，住房面积最大的是 H1，教育水平最高的是 H3，且他们均拥有较好的金融可及性和较多的特殊经历人数，而 H5 在 5 项指标中均处于相对较低的水平。

表 6 - 2　　　　　　　　　　　五大生计资本的主要指标及定义

生计资本类型	指标	定义
自然资本	土地数量	包括耕地和林地面积之和（亩）
物质资本	住房面积	家庭住房面积（平方米）
	房屋价值等级	1 = 10 万元以下，2 = 11 ~ 20 万元，3 = 21 ~ 30 万元，4 = 30 万元以上
人力资本	家庭规模	家庭总人口（人）
	劳动力数量	家庭劳动力数量（人）
	家庭平均教育水平	家庭受初中及以上教育程度的人数（人）
	最高教育水平	家庭成员最高受教育年限（年）
金融/社会资本	金融可及性	1 = 最近 3 年，从银行贷过款
	特殊社会经历	拥有特殊经历如村干部或国家公务员、农村智力劳动者、企事业职工、军人等的家庭成员数量（人）

表 6 - 3　　　　　　　　　　　不同家庭结构农户的生计资本组成

生计资本	H1 (166)	H2 (255)	H3 (364)	H5 (535)	总体 (1320)
土地数量	42. 49 (92. 29)	45. 88 (84. 99)	36. 17 (59. 96)	34. 94 (51. 30)	38. 33 (38. 33)
住房面积	140. 05 (67. 24)	130. 95 (67. 03)	137. 94 (78. 37)	119. 43 (65. 90)	129. 32 (70. 38)
房屋价值等级	1. 79 (0. 86)	1. 53 (0. 75)	1. 61 (0. 77)	1. 46 (0. 74)	1. 56 (0. 77)

续表

生计资本	H1 (166)	H2 (255)	H3 (364)	H5 (535)	总体 (1320)
家庭规模	5.20 (1.21)	3.75 (1.42)	4.36 (1.18)	2.95 (1.33)	3.77 (1.52)
劳动力数量	2.55 (1.12)	2.50 (1.25)	2.91 (1.15)	2.84 (1.31)	2.76 (1.24)
最高教育水平	9.05 (2.36)	9.05 (3.52)	9.25 (2.44)	8.91 (3.76)	9.05 (3.24)
家庭平均教育水平	1.67 (1.35)	1.61 (1.48)	1.94 (1.38)	1.69 (1.48)	1.74 (1.44)
有特殊经历人数	0.49 (0.93)	0.48 (0.91)	0.47 (0.82)	0.42 (0.87)	0.46 (0.87)
金融可及性	0.30 (0.46)	0.27 (0.44)	0.30 (0.46)	0.26 (0.44)	0.27 (0.45)

注：表中括号中为标准差。

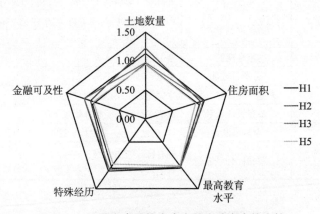

图6-1   不同家庭结构农户主要生计资本的比较

二、不同家庭结构农户生计策略及后果的特征分析

家庭结构不仅能够影响家庭的生计资本水平，对农户在不同生计活动中的时间配置也有重要作用，并最终影响收入结构和水平。因此，由退耕引起的生计活动及各类收入的变化，也因家庭结构而异。以下，先分析4种主要的家庭结构农户（H1、H2、H3和H5）之间劳动时间分配和收入来源的差异；在此基础上，进一步分别分析每种家庭结构下退耕户与非退耕户在家庭生产时间分配和收入来

源之间的差异。

1. 不同家庭结构农户劳动时间分配和收入来源

图6-2和图6-3分别反映了四种家庭结构农户的劳动时间分配和主要收入来源水平。整体上，农户对劳动时间的分配在各生产活动之间差异较大，其中，分配时间最多的是外出打工，其次是农作物、非农经营，林作物和本地打工差别不大。四种家庭结构对生产时间的分配在外地务工、农作物、非农经营和本地打工等活动中有差异，而投入林作物的时间整体上无差别。与其他家庭结构类型的农户相比，家中有老人、成年劳动力和孩子的H1型农户分配在各种生计活动的时间均相对较多，可见H1型家庭结构的农户家庭人口较多，老人一般能作为农业生产和照料孩子等代际支持的提供者，该家庭更有能力兼顾农业和非农业的发展。相应的，H1型农户家庭总收入水平在各种家庭类型中最高，其中农业收入、外地打工收入和其他收入也远远高于其他家庭类型农户。H2型农户家中只有老人和成年劳动力，H5型农户家中只有成年劳动力，他们不存在孩子所需的家庭时间对劳动力配置的约束，对生计活动的选择更为自由，前者更有老年人提供农业劳动力，主要从事农作物生产，后者则投入了较多的外地打工时间。二者其他生计活动时间相差不大，均投入了相对较少的劳动时间，且他们的总收入水平及各项收入水平均相差不大。较H1型和H5型农户，家中只有成年劳动力和孩子的H3型农户面临照料孩子的压力，同时又缺乏来自老人的代际支持，劳动时间分配会受到限制，他们投入了相对较多的时间于本地打工和非农经营，因此本地打工收入远远高于其他类型农户，拥有相对较多的非农经营收入。

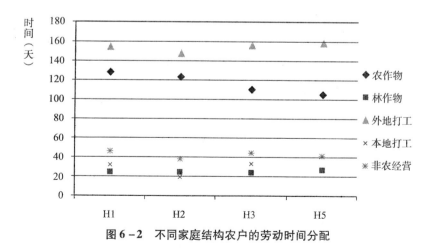

图6-2 不同家庭结构农户的劳动时间分配

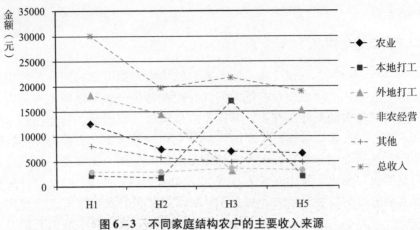

图 6-3　不同家庭结构农户的主要收入来源

2. 不同家庭结构退耕户与非退耕户的劳动时间分配和收入来源的比较

（1）家中有老人、成年劳动力和孩子的 H1 型农户

H1 型退耕户分配在耕作物和林作物上的劳动时间显著多于非退耕户，虽然土地用途发生变化，但他们并未减少农业投入时间，结构也未发生明显变化（见图 6-4），反而是非退耕户将更多劳动力投入非农部门，相对较多地提供外地打工、本地打工和非农经营的劳动供给时间（见图 6-5）。与生计活动相对应，退耕户的农业收入显著多于非退耕户，而非退耕户有着相对较多的本地打工汇款收入，其他收入中包含退耕补偿，因此，退耕户的其他收入显著多于非退耕户（见表 6-4）。

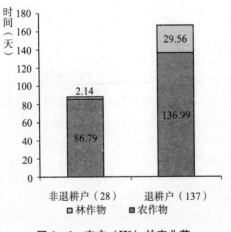

图 6-4　农户（H1）的农业劳
动时间供给

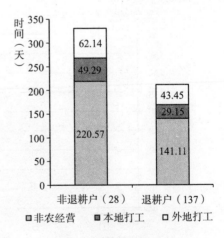

图 6-5　农户（H1）的
非农劳动供给

表6-4　　　　　　　　　　H1型家庭结构农户的主要收入来源

收入类型	非退耕户	退耕户	总体	│t│值
农业纯收入	1413.72	14621.58	12433.78	4.60 ***
本地打工汇款收入	2975.00	1051.1	1377.58	1.38 +
外地打工汇款收入	5678.57	6189.05	6102.42	0.24
非农经营收入	1111.11	3463.24	3073.62	1.29 +
其他收入	5065.41	8820.33	8198.35	2.35 *
总纯收入	15984.87	32854.01	29991.37	3.99 ***

注：*** 表示 p<0.001；** 表示 p<0.01；* 表示 p<0.05；+ 表示 p<0.1。

（2）家中只有老人和成年劳动力的 H2 型农户

虽然 H2 型退耕户农业时间投入仍显著多于非退耕户，但较 H1 农户，退耕户对农业劳动时间的投入相对减少，非退耕户的农林作物劳动时间相对增多，他们之间的差异缩小（见图6-6）。且退耕户本地打工时间显著少于非退耕户，但其在外地打工和非农经营方面已经相对较高了，但差异不显著（图6-7）。相应地，退耕户仍有着相对较高的农业纯收入、外地打工汇款收入、其他收入和较低的本地打工汇款收入（见表6-5）。

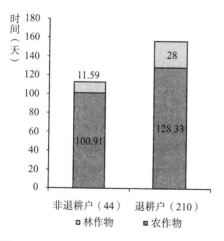

图6-6　农户（H2）的农业劳动时间供给　　图6-7　农户（H2）的非农劳动供给

表6-5　　　　　　　　　　H2型家庭结构农户的主要收入来源

收入类型	非退耕户	退耕户	总体	│t│值
农业纯收入	3222.17	8479.87	7571.91	3.88 ***
本地打工汇款收入	468.18	302.86	331.50	0.51
外地打工汇款收入	2681.82	3372.90	3253.19	0.56

续表

收入类型	非退耕户	退耕户	总体	|t|值
非农经营收入	3513.64	2894.74	3002.37	0.28
其他收入	2430.47	6543.9	5842	4.21***
总纯收入	12187.8	21387.8	19794.1	2.94**

注: *** 表示 p<0.001; ** 表示 p<0.01; * 表示 p<0.05; + 表示 p<0.1。

（3）家中只有成年劳动力和孩子的 H3 型农户

H3 型家庭结构的农户较 H1 型农户和 H2 型农户有着更高的因照料孩子对劳动时间分配的限制，会更关注与孩子等相关的效用，因此，退耕还林的补助会产生收入效应使农户减少生产性劳动供给和收入，增加与孩子相关的家庭时间。如农作物劳动时间由 H1 的 136.99 天（见图 6-4）和 H2 的 128.33 天（见图 6-6）降到 H3 的 114.6 天（见图 6-8）。但退耕户对农作物和林作物劳动时间的投入仍显著多于非退耕户，且在外地打工的劳动时间投入也相对多于非退耕户，非农经营和本地打工并无显著差异（见图 6-9）。相应地，退耕户的农业收入和其他收入显著高于非退耕户，而打工汇款收入和总收入水平并无显著差别（见表 6-6）。

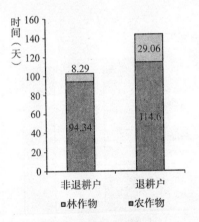

图 6-8 农户（H3）的农业劳动时间供给

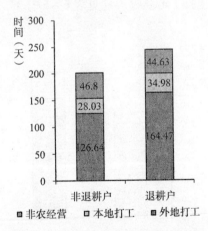

图 6-9 农户（H3）的非农劳动供给

表 6-6 H3 型家庭结构农户的主要收入来源

收入类型	非退耕户	退耕户	总体	|t|值
农业纯收入	4348.92	7761.61	7054.56	2.93**
本地打工汇款收入	2011.84	1134.95	1317.53	0.95
外地打工汇款收入	4105.26	5480.28	5193.97	1.13

续表

收入类型	非退耕户	退耕户	总体	|t|值
非农经营收入	8333.33	2529.17	3728.375	1.40+
其他收入	2748.85	5380.99	4851.62	4.20***
总纯收入	21293.24	21828.75	21717.25	0.12

注：*** 表示 p<0.001；** 表示 p<0.01；* 表示 p<0.05；+ 表示 p<0.1。

（4）家中只有成年劳动力的 H5 型农户

H5 型家庭结构农户在农业生产方面，退耕户较非退耕户在林作物上的劳动时间投入显著要多，而在农作物投入上无显著差异（见图 6-10）；退耕户在外地打工和非农经营的劳动时间投入略高于非退耕户，但并不显著（见图 6-11）。相应的，退耕户的农业收入、外地打工汇款、非农经营收入和其他收入均显著高于非退耕户，而两者的本地打工汇款收入差别不大（见表 6-7）。

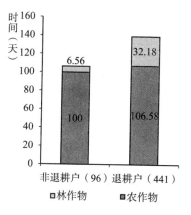

图 6-10　农户（H5）的
农业劳动时间供给

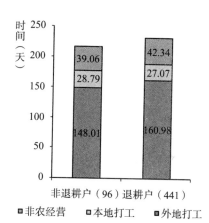

图 6-11　农户（H5）的
非农劳动供给

表 6-7　　　　　　　H5 型家庭结构农户的主要收入来源

收入类型	非退耕户	退耕户	总体	|t|值
农业纯收入	3557.32	7390.88	6697.12	4.03***
本地打工汇款收入	547.42	896.04	833.30	1.16
外地打工汇款收入	1856.70	3539.37	3236.55	2.86**
非农经营收入	1036.18	4003.19	3469.23	2.86**
其他收入	2379.16	5375.59	4846.81	4.82***
总纯收入	9278.67	21089.22	18963.76	6.83***

注：*** 表示 p<0.001；** 表示 p<0.01；* 表示 p<0.05；+ 表示 p<0.1。

三、退耕还林工程对不同家庭结构农户收入影响的异质性分析

从描述性统计分析可以看出，退耕户与非退耕户对生产时间的分配及收入来源因家庭结构的不同而有所差异，因此，以下依托农户可持续生计框架，使用 OLS 模型和 TOBIT 模型，在考虑农户家庭结构的基础上，进一步分析退耕还林政策对不同家庭结构农户的农林业收入、总收入、本地打工收入、外地打工收入等的影响。

从表 6－8 可以看出，农户的五大生计资本不同程度地影响着各项收入。其中，反映人力资本质量的家庭平均教育水平变量，对农业纯收入、本地打工收入和总纯收入均有显著的正向影响，而外地打工收入则主要受劳动力数量的影响。土地数量对农业纯收入影响并不显著，但显著影响着打工收入，且对外地打工收入和本地打工收入的作用相反。因为本地非农工作一般都是零工，较外地打工来说，本地打工的农户不会引起农业劳动力需求的冲突，能够更灵活地对劳动力和时间在农业和非农业之间进行配置。金融可及性和家庭特殊经历人数，分别反映农户金融资本和社会资本，住房面积和房屋价值等级反映农户的物质资本，它们均对家庭总纯收入有显著的正向影响。村距城镇的距离，这一社区变量也对农户收入有重要的影响。

考虑到家庭结构的差异，退耕对农户收入的影响也不同。对于家中有老人、成年劳动力和孩子的 H1 型农户，退耕对其收入的促进作用最为明显，对农业收入和外地打工收入均有显著的正向影响，且不考虑退耕补偿时，仍对总收入有显著正向影响。可见，老人在家庭中作为农业生产和照料孩子等代际支持的提供者，放松了农业生产时间和家庭时间对成年劳动力造成的非农约束，有效地发挥退耕对非农劳动力配置的积极作用。因此，对于家中只有老人和成年劳动力的 H2 型农户，退耕同样对农业收入、外地打工收入和总收入有着显著的正向影响，但是在剔除退耕补偿收入之后，总收入变量变得不显著，说明退耕对 H2 型农户总收入的促进作用主要源于退耕补偿的效应。对于家中只有成年劳动力和孩子的 H3 型农户，退耕对农业收入和外地打工收入有显著的正向作用，而对总收入和本地打工收入影响不显著。理论上，该类农户面临劳动力配置的约束最大，缺乏代际支持，受孩子所需的家庭时间的限制，即使退耕也未必会将解放的劳动力顺利转移到非农部门，然而，这一假设是在政策补偿充足的前提下。家中只有成年劳动力的 H5 型农户的生产时间配置最为灵活自由，退耕对农业收入、总收入以及除去退耕补偿的收入水平均有显著的正向影响，对打工收入作用不显著。

表6-8　　　　　　　**农户收入的 OLS 估计结果和 TOBIT 估计结果**

	总纯收入 （OLS）	农业纯收入 （OLS）	不含退耕补偿 的总收入 （OLS）	外地打工 汇款收入 （TOBIT）	本地打工 汇款收入 （TOBIT）
土地数量	11.01	-4.139	5.43	-27.53 **	38.61 **
家庭平均教育水平	2930.11 ***	889.19 *	2996.24 ***	925.09	1656.32 *
家庭特殊经历人数	3448.52 ***	3046.39 ***	3557.34 ***	-1241.70	-2502.69
金融可及性	7166.13 ***	1432.48	6397.83 ***	2103.43	3798.18
劳动力数量	-718.51	-841.66 +	-939.54	3501.51 ***	-681.58
住房面积	25.63 *	-1.83	32.25 **	-1.17	-8.76
房屋价值等级	6148.62 ***	537.61	5195.37 ***	1826.39 *	513.09
村距城镇的距离	544.24 ***	497.55 ***	484.69 ***	223.22 **	-813.16 ***
H1 * 参与退耕	14618.08 ***	10652.80 ***	12401.28 ***	8552.84 ***	12.42
H2 * 参与退耕	5256.16 *	4829.63 **	3402.77	4066.33 *	-8177.75 *
H3 * 参与退耕	3996.35	3924.75 **	3178.02	5489.41 **	1887.62
H5 * 参与退耕	6572.31 **	4739.62 ***	6288.044 **	1881.16	-2371.74
常数项	-9171.18 ***	-2664.97 +	-8638.36 ***	-25384.22 ***	-19084.72 ***
F 值	22.72 ***	14.2 ***	20.03 ***	/	/
log likelihood	—	—	—	-6130.18 ***	-1711.58 ***
LR hi2 （12）				134.32 ***	70.22 ***

注：① *** 表示 $p < 0.001$；** 表示 $p < 0.01$；* 表示 $p < 0.05$；+ 表示 $p < 0.1$；

②Hi * 参与退耕表示农户家庭类型和参与退耕还林的交叉项，交叉项为1时表示第 Hi 类农户参与了退耕还林政策。

③/表示数据不存在。

第二节　调查地退耕还林工程对农户生计的影响研究

一、退耕还林工程对农户生计状况的影响

1. 退耕户与非退耕户社会人口特征分析

表6-9描述了总体样本家庭特征，并对比了退耕户与非退耕户在家庭平均人口、家庭平均常住人口、家庭劳动力等家庭特征方面的差异。表6-9显示，在1397个农户样本中，有4/5为退耕户；退耕户的家庭规模显著大于非退耕户；退耕户的家庭劳动力（大于等于18岁，小于等于65岁）数量显著高于非退耕户。由此说明，退耕户和非退耕户在家庭特征方面是存在显著差异的。

表 6-9   退耕户和非退耕户家庭人口特征描述

	总体 (1397)	退耕户 (1123)	非退耕户 (274)	LR/t
家庭平均人口	3.66	3.75	3.28	***
家庭平均常住人口	3.22	3.29	2.92	***
家庭劳动力	2.62	2.73	2.19	***

注: *** 表示 p<0.001; ** 表示 p<0.01; * 表示 p<0.05; + 表示 p<0.1; ns 表示不显著。

表 6-10 描述了总体样本户主特征，及退耕户与非退耕户在户主特征方面的差异。样本户主大多数为常住人口（91.8%），且退耕户和非退耕户户主的非常住人口均少于 10%，非退耕户户主常住人口比例显著高于退耕户。户主以男性为主，女性户主仅占 10% 左右，退耕户男性户主比例（90.6%）显著高于非退耕户（81.0%）。户主的平均年龄为 50.5 岁，退耕户户主年龄显著低于非退耕户。从户主民族信息来看，户主以汉族为主，少数民族比例不到 2%，退耕户汉族比例显著低于非退耕户。从户主健康状况来看，退耕户和非退耕户不存在显著差异，身体不好的不到 10%。从教育水平分布来看，户主受教育水平普遍较低，集中在小学（42.9%），初中及以上的占 40.4%，对比退耕户和非退耕户受教育程度可以发现，初中以上水平退耕户显著高于非退耕户，初中以下水平退耕户显著低于非退耕户，说明户主的教育程度与是否退耕之间存在显著影响，退耕户户主的教育水平整体优于非退耕户。从户主的婚姻状况来看，户主已婚所占比例为 89.5%，远高于未婚比例，对比退耕户与非退耕户婚姻状况可以看出，退耕户已婚比例（90.8%）显著高于非退耕户（83.9%）。户主中中共党员不到 10%，民主党派和共青团员分别均占 0.4%，退耕户中中共党员的比例显著高于非退耕户。不到 20% 的户主有过村干部或国家公务员、农村智力劳动者、企事业职工、军人等经历，且退耕户与非退耕户无显著性差异。虽然户主中掌握手艺或技术以及接受过培训的比例很小（均不到 20%），但是退耕户在这两方面的比例均显著高于非退耕户，说明退耕户户主的技能素质相对优于非退耕户。

表 6-10   退耕户和非退耕户户主个人特征描述

	总体 （1397 样本）	退耕户 （1123 样本）	非退耕户 （274 样本）	LR/t
户主是否常住人口				
是（%）	91.8	91.2	94.5	+
否（%）	8.2	8.8	5.5	

续表

	总体 （1397 样本）	退耕户 （1123 样本）	非退耕户 （274 样本）	LR/t
户主性别				
男性（%）	88.7	90.6	81.0	***
女性（%）	11.3	9.4	19.0	
户主平均年龄（年/人）	50.50	50.04	52.39	*
户主民族				
汉族（%）	98.1	97.8	99.3	+
少数民族（%）	1.9	2.2	0.7	
户主健康状况				
好（%）	67.8	68.6	64.6	
一般（%）	23.5	22.9	26.3	ns
不好（%）	8.7	8.6	9.1	
户主文化程度				
文盲（%）	16.7	15.5	21.5	
小学（%）	42.9	42.2	45.6	
初中（%）	33.6	34.9	28.1	
高中（%）	6.2	6.6	4.7	*
中专技校（%）	0.4	0.4	0.0	
大专及以上（%）	0.2	0.3	0.0	
户主婚姻状况				
未婚（%）	10.5	9.2	16.1	
初婚（%）	72.1	75.4	58.8	
再婚（%）	2.9	3.2	1.5	***
离异（%）	3.9	3.3	6.2	
丧偶（%）	10.6	8.9	17.5	
户主政治面貌				
中共党员（%）	9.9	10.8	5.8	
民主党派（%）	0.4	0.5	0.0	***
共青团员（%）	0.4	0.0	2.1	
群众（%）	89.4	88.8	92.2	
户主一种或多种经历				
有（%）	18.0	17.4	20.7	ns
无（%）	82.0	82.6	79.3	
户主手艺或技术				
有（%）	17.1	18.5	11.2	**
无（%）	82.9	81.5	88.8	

续表

	总体 （1397 样本）	退耕户 （1123 样本）	非退耕户 （274 样本）	LR/t
户主一种或多种培训				
有（%）	16.1	17.1	11.6	*
无（%）	83.9	82.9	88.4	

注：*** 表示 p < 0.001；** 表示 p < 0.01；* 表示 p < 0.05；+ 表示 p < 0.1；ns 表示不显著。

2. 退耕户和非退耕户家庭生计资本分析

1397 个退耕户和非退耕户之间生计资本特征描述，如表 6 – 11 所示。可以看出，1123 个退耕户和 274 个非退耕户之间五类生计资本的差异，退耕户的五大生计资本状况均显著好于非退耕户。具体情况如下：

①从退耕户和非退耕户自然资本情况来看，退耕户人均耕地面积和林地面积均显著高于非退耕户的平均水平，尤其是退耕户人均拥有的林地面积，高达平均每人 11.41 亩，而非退耕户平均每人只有 5.52 亩。

②在退耕户和非退耕户的物质资本方面，总体每户平均拥有的住房面积为 127.42 平方米，退耕户显著大于非退耕户；住房结构两者都主要集中在土木结构（45.6%），退耕户与非退耕户没有显著性差异；房屋估价主要集中在 10 万元及以下水平（60.2%），在退耕户和非退耕户之间无显著性差异；从农户拥有的大型生产工具情况来看，农户总体拥有的数量较少，但在铲车的平均拥有量方面，退耕户显著高于非退耕户，非退耕户中拥有的挖掘机数量和铲车数量均显示为零；从农户拥有的耐用消费品情况来看，农户平均拥有的电视机数量最多，几乎达到每户一台，洗衣机、电冰箱（柜）、摩托车和电脑的平均拥有量依次递减，退耕户对这些耐用品的平均拥有量均显著高于非退耕户，汽车平均拥有量最小，在退耕户与非退耕户之间无显著性差异；退耕户平均拥有的大型生产工具和耐用消费品总数量显著高于非退耕户。

③根据金融资本信息可知，在总体农户中从银行有贷款的有 27.1%，退耕户比例显著高于非退耕户；大多数农户家中没有存款，有存款的比例仅约占 1/4，且退耕户与非退耕户的存款状况无显著性差异；在年平均家庭现金收入上，退耕户显著高于非退耕户。

④由社会资本信息可以看出，约有 33% 的农户从亲朋好友处借钱，退耕户与非退耕户之间无显著性差异；当农户需要大笔开支可求助的户数约为 4.5 户，退耕户和非退耕户之间无显著性差异；在家庭成员上个月通信费用上，退耕户使用的通信费显著高于非退耕户；在参与专业合作协会方面，农户很少参加专业合作协会，参与比例不足 5%，但是，退耕户的参与比例显著高于非退耕户，具体

来看，仅有2.6%的农户参与种植或购销协会，仅有0.7%的农户参与"农家乐"等旅游协会，仅有0.3%的农户参与农机协会，另有1.6%的农户参与养蚕等其他协会，退耕户在"农家乐"等旅游协会和其他协会的参与比例上显著高于非退耕户，退耕户参与协会的数量显著高于非退耕户。

⑤根据退耕户和非退耕户的人力资本信息可以了解到，平均每户男性劳动力数量为1.44人，退耕户显著高于非退耕户；平均每户受初中及以上教育的人数为1.66人，退耕户显著高于非退耕户；平均每户掌握技能的人数和接受培训的人数均约为0.38人，退耕户仍显著高于非退耕户。

表6-11　　　　　　　　　退耕户和非退耕户生计资本特征描述

	总体（1397）	退耕户（1123）	非退耕户（274）	LR/t
1. 自然资本				
人均耕地面积（亩/人）	1.56	1.63	1.26	*
人均林地面积（亩/人）	10.26	11.41	5.52	***
2. 物质资本				
平均住房面积（平方米/户）	127.42	129.55	118.69	*
住房结构				
土木结构（%）	45.6	44.4	50.6	
砖木结构（%）	16.1	16.2	15.8	ns
砖混结构（%）	38.2	39.4	33.2	
其他（%）	0.1	0.1	0.4	
房屋估价				
10万元及以下（%）	60.2	58.8	65.8	
11万~20万元（%）	28.7	29.9	23.7	
21万~30万元（%）	8.2	8.2	8.3	ns
30万元以上（%）	2.9	3.0	2.3	
大型生产工具				
挖掘机（个/百户）	0.14	0.18	0.00	ns
铲车（个/百户）	0.36	0.45	0.00	**
机动三轮车（个/百户）	2.15	2.32	1.46	ns
拖拉机（个/百户）	0.64	0.71	0.37	ns
水泵（个/百户）	7.30	7.12	8.03	ns
耐用消费品				
摩托车（个/百户）	38.94	41.76	27.37	***
汽车（个/百户）	5.51	5.79	4.38	ns
电视机（个/百户）	95.42	99.82	77.37	***

续表

	总体 (1397)	退耕户 (1123)	非退耕户 (274)	LR/t
电冰箱（柜）（个/百户）	44.45	47.82	30.66	***
洗衣机（个/百户）	78.02	81.66	63.14	***
电脑（个/百户）	10.31	11.04	7.30	**
大型生产工具耐用消费品总数量 （个/百户）	283.78	299.11	220.88	***
3. 金融资本				
从银行有贷款（%）	27.1	30.3	13.9	***
在银行有存款（%）	25.4	26.2	22.1	ns
年平均家庭现金收入（元/户）	15514.99	16575.85	11003.23	**
4. 社会资本				
从亲朋好友处有借款（%）	33.2	33.5	32.1	ns
需要大笔开支可求助的户数（户/户）	4.50	4.50	4.49	ns
上个月家庭成员通信费用（元/户）	111.48	117.02	88.72	***
参加了以下一种协会或几种协会 （%）	4.7	5.4	1.5	***
参加种植或购销协会（%）	2.6	2.9	1.5	ns
参加"农家乐"等旅游协会（%）	0.7	0.9	0.0	**
参加农机协会（%）	0.3	0.4	0.0	ns
参加其他协会（%）	1.6	2.0	0.0	***
参加协会的数量（个/户）	0.05	0.06	0.01	***
5. 人力资本				
男性劳动力数量（人/户）	1.44	1.49	1.24	***
受初中及以上教育的人数（人/户）	1.66	1.74	1.34	***
掌握技能的人数（人/户）	0.38	0.41	0.26	***
接受培训的人数（人/户）	0.38	0.42	0.22	***

注：*** 表示 $p < 0.001$；** 表示 $p < 0.01$；* 表示 $p < 0.05$；+ 表示 $p < 0.1$；ns 表示不显著。

3. 退耕户和非退耕户家庭生计策略和生计后果分析

1123 个退耕户和 274 个非退耕户在户主职业和非农经营方面的差异，如表 6-12 所示。从户主职业信息可以看出，将近一半的户主目前从事农业、养殖业。退耕户在专业技术、行政管理、农业养殖业、工人、业主或企业家、军人等职业的比例，均显著高于非退耕户，而非退耕户无工作的比例显著高于退耕户。说明退耕户在职业方面有竞争力，生计策略更多样化。从事非农经营的农户很少（10.8%），其中，商业、住宿餐饮以及交通运输占总体比例在各非农经营类型中排在前三位，虽然只有0.4%的农户从事了汽车修理服务，但在这方面非退耕户显著高于退耕户，其他类型非农经营则在二者之间无显著性差异。

表6-12　　　　　退耕户和非退耕户户主职业和非农经营特征描述

	总体 （1397）	退耕户 （1123）	非退耕户 （274）	LR/t
户主目前职业				
专业技术（%）	3.2	3.4	2.5	
行政管理（%）	1.0	1.1	0.4	
商业或服务业（%）	3.8	3.3	6.2	
农业、养殖业（%）	49.3	50.7	43.0	
工人（%）	13.9	14.0	13.6	+
业主或企业家（%）	0.6	0.7	0.4	
军人（%）	0.1	0.1	0.0	
无工作（%）	17.6	16.2	24.0	
其他（%）	10.5	10.6	9.9	
从事非农经营活动				
是（%）	10.8	10.7	11.3	ns
否（%）	89.2	89.3	88.7	
非农经营的类型				
住宿餐饮（%）	2.8	2.6	3.6	ns
商业（%）	4.1	4.1	4.0	ns
交通运输（%）	2.3	2.4	1.8	ns
农产品加工（%）	0.7	0.8	0.4	ns
汽车修理服务（%）	0.4	0.1	1.5	**
其他（%）	1.5	1.6	1.1	ns

注：*** 表示 $p < 0.001$；** 表示 $p < 0.01$；* 表示 $p < 0.05$；+ 表示 $p < 0.1$；ns 表示不显著。

1123个退耕户和274个非退耕户在家庭收入方面的差异，如表6-13所示，以下收入均为在过去一年农户家庭各项年平均收入。农户家庭收入，主要由农林产品收入、养殖收入、打工成员汇款、非农经营收入、政府补贴或低保及其他收入包括土地转租收入、亲友馈赠收入和采药收入构成。其中，农林产品现金和实物总纯收入最高，依次是打工成员汇款、非农经营收入、政府补贴或低保、养殖现金和实物总收入、其他收入。退耕户在农林产品现金和实物收入、养殖现金和实物收入、政府补贴和低保、其他收入上均显著高于非退耕户。退耕户的家庭现金纯收入、家庭总纯收入、人均现金纯收入、人均总纯收入，也均显著高于非退耕户。此外，农户总体的贫困发生率为34.0%，退耕户与非退耕户的贫困发生率有显著性差异，由图6－12可以看出，非退耕户的贫困发生率（46.69%）显著高于退耕户（p＜0.001）。退耕户年平均收入变化是正向的，且显著大于非退耕户。

表6－13　　　　　　　　　　退耕户和非退耕户家庭收入特征描述

	总体 （1397）	退耕户 （1123）	非退耕户 （274）	LR/t
农林产品现金纯收入（元/户）	2992.23	3449.98	1110.57	***
农林产品现金和实物总纯收入（元/户）	7502.46	8499.90	3405.98	***
养殖现金收入（元/户）	983.59	1128.99	388.20	***
养殖现金和实物总收入（元/户）	1598.58	1800.09	773.42	***
打工成员汇款（元/户）	4662.00	4826.49	3987.13	ns
非农经营纯收入（元/户）	3224.80	3190.90	3364.37	ns
政府补贴和低保（元/户）	2350.67	2610.47	1252.21	***
其他收入（元/户）	1349.22	1494.56	755.11	***
家庭现金纯收入（元/户）	15514.99	16575.85	11003.23	**
家庭总纯收入（元/户）	20647.37	22267.46	13763.57	***
人均现金纯收入（元/人）	5946.67	6322.76	4348.65	***
人均总纯收入（元/人）	4396.35	4631.47	3396.38	*
贫困发生率（%）	34.0	31.0	46.7	***
收入变化情况收入增加（元/户）（%）	8739.32 （29.7）	9375.92 （31.6）	4930.51 （21.8）	ns
收入减少（元/户）（%）	－5751.76 （9.4）	－6218.61 （9.0）	－4180.00 （11.1）	+
收入不变（元/户）（%）	0.00 （60.9）	0.00 （59.4）	0.00 （67.1）	－
年平均收入变化（元/户）	2051.24	2400.73	610.70	**

注：*** 表示p＜0.001；** 表示p＜0.01；* 表示p＜0.05；+ 表示p＜0.1；ns 表示不显著。

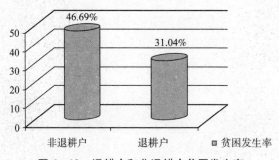

图6－12　退耕户和非退耕户贫困发生率

1123 个退耕户和 274 个非退耕户在消费支出方面的差异，如表 6－14 所示。从家庭生活消费信息可以看出，每户每年平均总消费为 25417.54 元，退耕户显著高于非退耕户。耐用消费品消费最多（11331.87 元/户），其次是年平均食物消费、人情礼金费用、医疗费用、子女上学支出和煤炭煤气电费用，办理婚丧嫁娶的费用最少（609.02 元/户），退耕户在年平均人情礼金费用、医疗费用、子女上学支出、煤炭煤气电费用及婚丧嫁娶的费用方面，均显著高于非搬迁户。

在农业机械等生产工具消费方面，每户每年平均花费 153.78 元，退耕户显著高于非退耕户。在生产资料及雇工消费方面，每户每年平均总花费为 660.9234元，退耕户显著高于非退耕户；其中，农药费用最多，之后是种子费用和雇佣费用，退耕户显著高于非退耕户，大棚费用比较低（36.1452 元/户），退耕户和非退耕户，在此项消费上无显著差别。

表 6－14　　　　　　　　退耕户和非退耕户消费支出特征描述

	总体 （1397）	退耕户 （1123）	非退耕户 （274）	LR/t
家庭年平均生活消费				
食物消费（元/户）	5674.89	5778.88	5249.31	ns
耐用品消费（元/户）	11331.87	11901.12	8981.62	ns
子女上学支出（元/户）	2233.86	2393.19	1575.94	*
医疗费用（元/户）	2287.09	2412.05	1769.74	**
煤炭、煤气、电费用（元/户）	1028.69	1057.01	911.98	*
人情、礼金费用（元/户）	2372.59	2487.98	1896.13	**
婚丧嫁娶费用（元/户）	609.02	673.26	341.08	*
家庭年平均生活总消费（元/户）	25417.54	26609.44	20532.49	+
家庭年平均生产消费				
农业机械等生产工具消费	153.78	189.60	3.92	*
生产资料及雇工总消费	660.9234	732.1229	369.1095	***
大棚费用（元/户）	36.1452	36.0128	36.7347	ns
化肥和农药费用（元/户）	413.8918	440.3346	293.6875	***
种子费用（元/户）	129.6787	140.5431	80.1297	***
雇工费用（元/户）	114.2974	137.2123	10.4167	***

注：*** 表示 $p < 0.001$；** 表示 $p < 0.01$；* 表示 $p < 0.05$；+ 表示 $p < 0.1$；ns 表示不显著。

1123 个退耕户和 274 个非退耕户其他方面的差异，如表 6－15 所示。总体农户中低保户的比例不到 1/4，且退耕户中的低保比例显著低于非退耕户，说明退耕户的一般生活状况要优于非退耕户。农户对于低保名额分配的了解程度一般，对于村集体事务的参与程度也比较少，说明村民对于村集体事务的了解和参与情况都不是很好，但是退耕户的了解程度和参与程度都显著高于非退耕户。

无论是退耕户还是非退耕户遭受自然灾害或重大意外的比例都比较小，每户每年平均受到自然灾害和重大意外的损失为 994.97 元，其中，意外和灾害的财产损失比重最大，其次是农林业损失和养殖损失，退耕户意外和灾害的财产损失金额显著高于非退耕户，总损失也显著高于非退耕户。

表 6 – 15　　　　　　　　　退耕户和非退耕户其他信息特征描述

	总体 （1397）	退耕户 （1123）	非退耕户 （274）	LR/t
是否为低保户				
是（%）	23.1	21.7	29.3	**
否（%）	76.9	78.3	70.7	
对村低保分配的了解程度（1~5） （1 非常了解）	2.87	2.84	2.99	*
对村集体事务的参与程度（1~5） （1 很多）	3.32	3.27	3.52	* *
是否遭受自然灾害或重大意外				
是（%）	11.3	11.1	12.5	ns
否（%）	88.7	88.9	87.5	
由于自然灾害遭受的农林业损失 （元/户）	394.54	457.11	137.36	ns
由于意外和灾害遭受的财产损失 （元/户）	575.45	654.46	250.73	+
养殖意外损失（元/户）	24.98	18.72	50.73	ns
年平均损失总金额（元/户）	994.97	1130.29	438.83	+

注：*** 表示 p < 0.001；** 表示 p < 0.01；* 表示 p < 0.05；+ 表示 p < 0.1；ns 表示不显著。

二、农户层次和个体劳动力层次分析退耕对农户外出务工的影响

我国的退耕还林工程是世界上投资规模最大、涉及面最广的生态补偿项目，且主要集中在生态脆弱、经济欠发达的中西部地区，涉及全国一半以上的贫困县和 90% 的贫困人口。尽管生态补偿项目是改善自然资源管理的机制，而非减贫机制，但许多学者认为它通过对农户的资源要素再配置，如增加现金收入、调整劳动时间等，为农户从事其他创收型生产活动提供了基础，可以对减缓贫困有着积极的影响。以往研究表明，发展非农活动是促进中国农民增收和农村减贫的突出力量。因此，探究退耕还林对外出务工的作用机制及其影响因素，就显得尤为重要。本章在对比退耕户和非退耕户外出务工情况的基础上，主要从农户和个体

劳动力两个层次分别建立农户打工人数模型和个体劳动力打工收入模型，运用 Heckman 两阶段估计法，分析退耕还林对农户外出务工的影响。

首先，退耕户有打工的情况以及家庭打工劳动力数量等显著多于非退耕户，而外出务工情况（是否打工、打工收入等）在退耕劳动力与非退耕劳动力（个体层面）之间并无显著差异。此外，由于退耕户的家庭及户主基本情况优于非退耕户，且在个体劳动力特征，如掌握技术（包括厨艺、养蜂、裁缝、木匠技能等）、接受过培训（如农林业、外出务工培训）等方面，退耕劳动力比例也显著高于非退耕劳动力，因此，需要进一步控制家庭及个体特征等因素，从而更准确地估计退耕还林对农户外出务工的影响。

其次，建立农户和个体劳动力层面的计量模型，分别探究了退耕还林对农户打工人数和农村劳动力打工收入的影响。

1. 农户打工人数模型

在 Heckman 两阶段估计中，第一步用 Probit 模型估计农户是否有外出务工：

$$P(Y=1) = \beta_0 + \beta_1 X_1 + \beta_2 X_2 + \cdots + \beta_{16} X_{16} + \varepsilon \tag{6-1}$$

式（6-1）左边表示农户中有外出务工的概率，Y 为二分因变量，表示农户家庭是否有打工人口，Y=1 时为该农户有外出务工。X_1 表示农户是否参加退耕还林。$X_2 \sim X_6$ 为一组区域特征变量，以控制农户所在村的地理位置、气候、交通等自然条件。$X_7 \sim X_{14}$ 为一组家庭特征变量，包括家庭总人口、男性劳动力占比等，以控制家庭成员对农户外出务工决策的影响。X_{15} 和 X_{16} 为个人特征变量，在式（6-1）中表示户主特征，以控制户主在家庭行为决策中的影响力。

第二步估计退耕还林对农户打工人数的影响程度：

$$L = \beta_0' + \beta_1' X_1 + \beta_7' X_7 + \cdots + \beta_{16}' X_{16} + \alpha\lambda + \varepsilon' \tag{6-2}$$

在式（6-2）中，L 表示农户家庭外出打工人数，其解释变量与式（6-1）相比仅少了 $X_2 \sim X_6$ 这组区域特征变量，此外，还需在模型中引入修正项，即在第一步 Probit 模型估计基础上得到的逆米尔斯比率 λ，以修正样本选择性偏差。

2. 个体劳动力打工收入模型

第一步，建立 Probit 模型估计个体劳动力外出务工的概率：

$$P(Y'=1) = b_0 + b_1 X_1' + b_2 X_2' + \cdots + b_{22} X_{22}' + \varepsilon \tag{6-3}$$

式（6-3）左边表示，个体劳动力外出务工的概率，Y' 为二分因变量，表示劳动力个体是否外出打工；Y'=1 表示，劳动力个体正在打工或在调查前 12 个月内有过打工经历。X_1' 表示，该劳动力所在的家庭是否参加退耕还林。$X_2' \sim X_6'$ 为一组区域特征变量，同式（6-1）。$X_7' \sim X_{11}'$ 为一组反映该劳动力个体所在家庭特征的变量，包括老年人数量、小孩数量、人均耕地等。$X_{12}' \sim X_{22}'$ 为一组该劳动力个人特征的变量，包括性别、年龄、受教育年限等。

第二步，估计退耕还林对个人打工收入的影响程度：

$$\ln(R) = b_0' + b_1'X_1' + b_7'X_7' + \cdots + b_{22}'X_{22}' + \alpha\lambda + \varepsilon' \qquad (6-4)$$

在式（6-4）中，R 为个人过去 12 月打工总收入，因变量为其自然对数。其解释变量与式（6-3）相比仅少了 $X_2' \sim X_6'$ 这组区域特征变量，同样，还需在模型中引入修正项，即在第一步 Probit 模型估计基础上得到的逆米尔斯比率 λ，以修正样本选择性偏差。

估计结果见表 6-16，两个模型的 Wald 卡方值检验均在 0.001 的水平上显著，说明模型的整体拟合效果较好；同时，两个模型的逆米尔斯比率 λ（IMR）在统计上不显著，说明本节采用的两个模型均不存在样本选择偏误。

表 6-16　　退耕还林对外出务工影响的 Heckman 两阶段模型分析结果

	户层面模型				个体劳动力层面模型			
	阶段（1）		阶段（2）		阶段（3）		阶段（4）	
	是否有人打工		打工人数		是否打工		打工收入	
	系数	|z|	系数	|z|	系数	|z|	系数	|z|
是否退耕	0.01	0.12	0.00	0.06	-0.06	0.94	0.02	0.25
区域特征								
汉滨区	-0.14	1.05			-0.18 *	2.14		
石泉县	0.37 **	2.73			0.13	1.53		
宁陕县	0.33 *	2.21			-0.01	0.07		
平利县	0.03	0.27			-0.00	0.01		
村与乡镇距离	0.01	1.37			-0.01 +	1.88		
家庭特征								
家庭总人口	0.27 ***	9.18	0.24 ***	6.45				
男性劳动力占比	0.42 *	2.54	0.43 **	3.31				
老年人数量					-0.02	0.52	0.12 **	2.97
小孩数量					0.03	0.72	0.09 **	2.6
劳动力负担比	-0.11	1.53	-0.34 ***	8.11				
初中以上教育程度比例	0.44 **	3.00	0.44 ***	4.02				
户耕地面积	-0.01	1.14	-0.01 +	1.77				
户林地面积	-0.001 *	2.31	-0.001 +	1.88				
人均耕地面积					-0.04	1.49	0.12 ***	4.95
人均林地面积					-0.004 *	2.16	-0.004 *	2.29
家庭社会资本	0.32	1.46	0.01	0.11				
是否为搬迁户	0.00	0.01	0.02	0.37	0.02	0.38	-0.04	0.73

续表

	户层面模型				个体劳动力层面模型			
	阶段（1）		阶段（2）		阶段（3）		阶段（4）	
	是否有人打工		打工人数		是否打工		打工收入	
	系数	|z|	系数	|z|	系数	|z|	系数	|z|
个体劳动力特征								
性别					0.64 ***	12.47	0.003	0.02
年龄	− 0.01 ***	4.1	0.00	0.15	0.04 *	2.58	− 0.02	0.84
年龄平方					− 0.001 ***	5.04	0.00	0.61
受教育年限	− 0.02	1.6	− 0.02 +	1.89	0.11 ***	5.06	− 0.00	0.09
受教育年限平方					− 0.01 ***	5.82	0.00	0.22
是否已婚					− 0.22 **	3.29	0.18 *	2.19
是否为中共党员					− 0.13	1.06	0.06	0.48
是否为村干部或公务员					− 0.33 +	1.91	0.09	0.41
是否为农村智力劳动者					− 0.11	0.71	− 0.08	0.55
是否掌握某种技术或手艺					0.10	1.53	0.03	0.53
是否接受过培训					0.26 **	3.29	− 0.26 **	3.23
常数项	− 0.49	1.61	0.19	0.7	− 0.82 **	2.72	10.16 ***	17.74
λ			0.29	1.25			− 0.38	1.31
Log likelihood	− 807.61				− 1833.46			
Wald chi2 (22)	270.73 ***				Wald chi2 (34) 656.27 ***			
Prob > chi2	0.000				0.000			
Pseudo R²	0.0915				0.1688			
删失样本数	532				2476			
未删失样本数	786				1099			
样本数	1318				3584			

注：*** 表示 p < 0.001；** 表示 p < 0.01；* 表示 p < 0.05；+ 表示 p < 0.1；ns 表示不显著。

表 6 - 16 的模型分析结果，主要有以下几点结论：

首先，在农户层面，退耕户在外出务工比例、打工劳动力数量，尤其是外地务工劳动力方面均显著多于非退耕户，且退耕户在人力资本（家庭劳动力规模和家庭教育水平）、自然资本（耕地、林地）等方面也显著优于非退耕户。而在控制家庭及个人等因素后，退耕还林对农户是否有人打工以及外出务工人数均无显著影响，而家庭人力和受教育水平以及户主年龄对外出务工决策和打工人数有着显著影响，家庭劳动力负担和林地面积也会影响农户外出务工的人数。

其次，在个体劳动力层面，退耕劳动力中的中共党员比例、掌握某项手艺或技术的比例以及接受过培训的比例均显著高于非退耕户家中的劳动力，但他们在外出务工比例和打工收入方面均无显著差异。在控制了家庭、个人等因素之后，退耕还林对个体劳动力是否打工及打工收入同样无显著影响。此外，计量分析结果发现，个人特征在个体劳动力外出务工决策中起着关键作用，但是对打工收入并无显著影响，家庭劳动力负担、人均耕地和林地情况对打工收入有显著影响。

总之，无论在农户还是个体劳动力层次，调查地农户参加退耕还林行为均未对外出务工起到显著的促进作用，退耕还林政策未能有效地实现当地农村产业结构的调整，促进当地农村劳动力发展兼业或非农活动。因此，在学术研究方面，未来还需进一步探索具体的市场和制度环境下退耕还林对农户要素禀赋再分配的作用机制及其阻碍因素，这对退耕还林政策资源配置功能的充分发挥以及政策效果的提升有着重要意义。此外，根据本节研究，农户人力资本和个体劳动力素质对非农劳动力转移作用明显。

第七章

生态补偿政策与农村综合发展
项目的比较研究

　　本章包括两节。重点生态功能区普遍存在两类公共政策，一类是以生态保护为主要目的的生态补偿政策，一类是农村扶贫与发展政策，但这两类政策往往都有生态保护和减贫的双重目的，两者有相同和差异之处。因此，本章第一节为生态补偿政策与农村综合发展项目的比较研究，这里将以陕西安康市为例，结合安康市的两类政策，分析和比较它们的项目设计，如制度安排、产权与交易成本情况，项目的实施对象瞄准、实现生态保护和农民增收情况等。第二节，具体使用了课题组2011年安康调查数据，使用倾向值配对方法对当地开发式扶贫项目与补贴式扶贫项目的绩效进行了比较研究等。

第一节　生态补偿政策与农村综合发展项目的比较研究

——以陕西省安康市为例

一、研究背景

　　传统的以经济增长为导向的发展理念，使得中国经济发展与资源、环境之间的矛盾不断升级，成为影响经济持续、健康发展的"瓶颈"。对此，中国围绕资源管理和生态保护方面作出了许多尝试和努力，由传统的规制型保护措施，如林木禁伐、建立自然保护区，封山育林、飞播造林等国家投资为主的生态保护与林

业建设，逐渐丰富为政府主导、基于市场机制的生态服务付费或生态补偿政策（Payment for Ecosystem Services，PES），如退耕还林工程、生态公益林补偿、重点生态功能区转移支付等。同时，当前中国贫困人口集中于自然保护区、荒漠化等生态脆弱地区以及边境、少数民族地区等，呈现出特殊类型与特殊人口贫困问题。① 为实现农村扶贫与发展，中国政府积极促进减贫事业，实施了大量农村扶贫政策与发展干预项目，这些政策包括财政专项扶贫资金、银行贷款支持、整村推进项目、农业科技扶贫、移民搬迁工程和劳动力输出与培训、义务教育学杂费减免等。②

与世界其他地区一样，中国西部地区的贫困和生态环境保护问题也相互交织。中国贫困地区与生态环境脆弱地区有着高度的相关性，两者在地理空间分布上具有较高的一致性。国家环保部 2005 年统计数据显示，全国 96% 的绝对贫困人口生活在生态环境极度脆弱的老少边穷地区。③ 随着中国贫困人口绝对规模的减少，贫困人口的分布进一步向西部地区集中，生态环境在诸多致贫因素中越来越突出。贫困与生态环境存在着互为因果的密切关系，需要统筹解决生态保护、农村减贫与发展。另如丁文广等（2008）从西部贫困地区与生态脆弱区和重要生态功能区空间分布的关联性以及地区贫困对生态环境的影响等方面，研究了西部地区贫困和生态环境互为因果的耦合机理。④

总之，在环境保护与经济发展方面，中国政府试图结合这两方面的政策、投资与项目，加强生态环境建设与扶贫开发的有机结合，从而实现贫困地区生态环境改善与贫困人口脱贫致富的"双赢"目标。但目前的环境政策与农村发展政策，有着各自独立的政策体系，并未实现生态保护与减贫之间的有效结合。

本章试图根据大量国内外文献，首先，在综述以往研究的基础上，从理论上分析和比较生态补偿和农村发展项目，提出本节的分析框架；其次，以陕西省安康市为例，对当地具体的两类项目进行分析，总结梳理两类政策的异同，探索其协调环境与经济可持续发展的政策创新。

二、研究综述

本部分首先综述国外研究者对生态保护与减贫之间关系的重要观点。在此基

---

① 国家统计局．农村社会经济调查司．2001～2004 年中国农村贫困监测报告．中国统计出版社，2005.
② 课题组．中国农村扶贫开发纲要（2001～2010 年）实施效果的评估报告．2010.
③ 刘慧，叶儿肯·吾扎提．中国西部地区生态扶贫策略研究．中国人口·资源与环境，2013，23（10）：52-58.
④ 丁文广，陈发虎，南忠仁．自然—社会环境与贫困危机研究——以甘肃省为例，科学出版社，2008.

础上，综述生态补偿政策（PES）与农村综合发展项目（Integrated conservation and development project，ICDP）达到生态保护、减贫目标的情况，它们的研究现状和案例等。

1. 生态保护与农村减贫的关系

如何协调生态保护与经济发展是一个世界性难题，尤其是在发展中国家的生态脆弱农村地区该问题更为突出。人们也普遍认识到，生物多样性保护和贫困是相互联系的问题，需要同时解决。亚当等（Adam et al.，2004）发表于美国《科学》杂志上的《生物多样性和减贫》，针对生态保护与发展目标的联系，将生态保护与发展目标之间的关系与侧重点归纳为四种情况。即，贫困和保护是各自独立的政策领域；贫困对生态保护有着决定性的制约；保护不应破坏减贫；减贫依赖于当前的资源保护情况。从这四种思路或认识出发，有不同的公共政策设计和实施方法。[1]

类似地，波科尔尼等（Pokorny et al.，2013）阐述了探讨环境保护和减贫之间关系的重要性。[2] 一些学者，视环境保护为优先目标，减贫为有益的副产品。[3][4] 而有些学者认为，不能将贫困家庭与他们所依赖的资源和环境分开，保护政策亦要考虑农户的生计。[5][6]

2. 生态补偿政策与农村综合发展项目是否可以达到生态保护、减贫与发展的双重目标

因为生态保护与农村减贫两者存在密切的关系，为实现生态保护目标，通常有生态补偿或生态服务付费（PES）和农村综合发展项目（ICDP）两种干预方法。一般地，两者都有双重目标，农村扶贫与发展、自然生态保护目标。

在实践中，各国政府、一些国际组织或机构，如世界银行、亚洲开发银行，以及环境保护类非政府组织，如世界自然基金会（WWF）、大自然保护联盟

---

① Adams W. M. , Aveling R, Brockington D. , et al. Biodiversity conservation and the eradication of poverty. Science, 2004, 306: 1146 – 1150.

② Pokorny B. , Scholz I. , Jong de W. REDD + for the poor or the poor for REDD + ? About the limitations of environmental policies in the Amazon and the potential of achieving environmental goals through pro-poor policies. Ecology and Society, 2013, 18 (2): 3. [online] URL: http://www. ecologyandsociety. org/vol18/iss2/art3/.

③ Sanderson S. , Redford K. The defence of conservation is not an attack on the poor. Oryx, 2004, 38 (2): 146 – 147.

④ Cordeiro, N. J. , Burgess D. N. , Dovie K. D. B. , et al. Conservation in areas of high population density in sub-Saharan Africa. Biological Conservation, 2007, 134 (2): 155 – 163.

⑤ De Sherbinin A. Is poverty more acute near parks? An assessment of infant mortality rates around protected areas in developing countries. Oryx. 2008, 42 (1): 26 – 35.

⑥ Upton C. , Ladle R. , Hulme D. , et al. Are poverty and protected area establishment linked at a national scale? Oryx, 2008, 42 (1): 19 – 25.

（TNC）、全球环境基金（GEF）等，这些机构所主导和实施的生态保护或生态补偿项目往往同时具有生态保护和农村减贫的目标。如2002年12月，国务院颁布的《退耕还林条例》第四条规定："退耕还林必须坚持生态优先。退耕还林应当与调整农村产业结构、发展农村经济，防治水土流失、保护和建设基本农田、提高粮食单产，加强农村能源建设，实施生态移民相结合"。第五十三条规定："地方各级人民政府应当调整农村产业结构，扶持龙头企业，发展支柱产业，开辟就业门路，增加农民收入"，以及第五十六条："退耕还林应当与扶贫开发、农业综合开发和水土保持等政策措施相结合"。同时，由于退耕补贴对于农户家庭有现金增收的作用，退耕还林政策也被作为农村普惠政策之一。①

政府或发展机构所实施的减贫、农村综合发展项目（ICDP）的范围较广，一些以收入分配的形式存在，如农村低保，将一部分收入以现金转移的方式分配给居民以改善收入和福利；其他形式，如生态移民、发展替代生计项目，如发展生态旅游、土鸡养殖等农村增收项目，以及推广节柴灶、实施农业科技项目以提高农业生产力，开展农村义务制教育、劳动力培训等教育、健康项目，以及促进性别平等等各类发展项目。这些农村综合发展项目，也具有协调生态保护和发展、实现双赢目标的潜质。格克耳和格雷（Gockel，Gray，2009）研究了秘鲁帕卡亚-萨米利亚（Pacaya Samiria）国家自然保护区的一个基于社区的自然资源管理计划，发现其同时改善了生物物种的状况和社区参与者的福利。②

总之，以往国内外研究者和实践者关注到生态补偿项目、农村扶贫与发展项目（如生态移民、农村教育、健康、促进性别平等的发展项目）往往同时具有多个社会、经济、环境的目标与功能，需要兼顾发展与生态保护，具有环境保护与促进农村发展的双重目标。两类公共政策或政府干预项目在目标、手段、实施机制等方面，也存在一些共同点或可借鉴之处。如两者都为正向激励措施，大多均是由政府财政支持，政府自上而下来组织实施，通常均关注农户对土地的产权、项目实施成本、农户的机会成本。穆勒和阿伯斯（Muller，Albers，2004）③ 比较了当农户面临完全市场、劳动力市场缺失、资源市场缺失三种不同的市场环境下，自然保护区附近采用强制性管理、农业发展项目和生态保护补偿三种管理手段或者某种组合下农户的决策行为、农户的资源利用和福利情况等，得到了许多有价值的结论。

但更多的研究者认为，两者有各自的主要目标，难以兼顾环境保护与发展，尤其是国外研究者对于生态保护项目的社会影响或者以社区为基础的保护方式也

---

① 课题组. 中国农村扶贫开发纲要（2001～2010年）实施效果的评估报告. 2010年.

② Gockel C. K. , Gray L. C. Integrating conservation and development in the Peruvian Amazon. Ecology and Society, 2009, 14（2）: 11. [online] URL: http: //www. ecologyandsociety. org/vol14/iss2/art11/.

③ Muller J, Albers H. J, Enforcement, payments and development projects near protected areas: how the market setting determine what works where. Resource and Energy Economics, 2004, 26: 185 - 204.

存在着激烈的争论。主要结论和观点如下：

第一，生态补偿项目如果考虑了减贫目标，或考虑了社会公平目标会削弱生态补偿项目达到环境目标的效率和效果。

费拉罗和基斯（Ferraro，Kiss，2002）在美国《科学》杂志上所发表的论文有着较广泛的影响。[1] 他们分析了各类自然生态保护政策工具与干预措施的环境效果情况，从间接的农村替代生计项目、以社区为基础的自然资源管理（CBNRM），到更直接的政策工具，如以绩效为基础的生态服务付费。他们比较了这些项目的制度复杂性、成本、发展效应与可持续性四个方面，认为直接保护手段要优于目标复杂的间接手段，鼓励发展基于绩效的生态付费项目。费拉罗等反对农业综合发展项目，认为它们实现不了环境保护目标，或者其效率低下，如替代生计项目。他认为农户即使增收或者发展了非农活动，如外出务工、非农产业，但无证据表明农户会自动、自愿地放弃原先不可持续的生计活动，如砍伐薪柴、低的农林业生产效率、剩余农业劳动力从事传统生计活动等。他们认为，生态服务付费或生态补偿项目的优点有，它可以减少不同具体背景下的实施复杂性，长期和短期内均能在生态系统的尺度上达到保护目标；项目精准瞄准和随着时间快速适应；能够在个人福祉、个人行为与生物多样性保护之间建立有机联系；将保护地居民从反对者变为合作者；鼓励生态服务受益者为该服务付费。

一些研究者认为，在 PES 项目设计中增加社会变量或社会标准、干预内容，以保证 PES 项目的社会合理、合法性，可能会以损失效率为代价，被视为一种次优选择，甚至在一些情况下，也代表了一种"寻租"行为，如穆尼奥斯－皮尼亚等的研究（Muñoz－Piña et al.，2008）。[2]

环境经济学家鲍莫尔和奥兹（2003）很早就认为，环境政策不适合实现收入分配目标，包括农业发展项目的 ICDP 无法达到环境保护的效果。他们的研究认为，劳动力市场的功能、运行是这一问题的关键；生态补偿项目在市场不完善或缺失，尤其是在资源市场缺失的情况下是无效的。[3]

第二，许多研究者质疑 ICDP 实现生态效益目标的有效性，认为 ICDP 项目在环境保护方面的成功缺少证据。

霍尔登等（Holden et al.，2006）采用农户模型分析了以工代赈项目（FFW）公共投资的挤出效应、项目对埃塞俄比亚农户劳动力时间分配的影响和作用、在长期内减贫和促进土地可持续利用的潜力，以及是否会带来家庭劳动力配置的扭

① Ferraro P.，Kiss A.，Direct Payments to Conserve Biodiversity. Science，2002，298：1718－1719.
② Muñoz－Piña，C.，Guevara，A.，Torres，J.，Braña，J.，Paying for the hydrological services of Mexico's forests：analysis，negotiations and results. Ecological Economics，2008，65：725－736.
③ 鲍莫尔，奥兹. 环境经济理论与政策设计，经济科学出版社，2003 年，第 206～223 页.

曲、低效、对公共投资是否有挤出效应等。①

一些研究认为，ICDP 项目没能实现任何一个目标，少有证据表明保护区周边居民福利的改善会促使他们提高保护行为②～④。

杰里米等（Jeremy et al., 2011）对一个具体的农村综合发展项目，即与林业相关的小微企业的公共投资的效应进行定量评估，认为该农村综合发展项目有助于实现发展目标，对农户现金和收入的增加，资产的积累有积极作用；但对环境目标作用不明显，并没有形成农户生计从农业向可持续的林地利用转变。⑤

波科尔尼等（Pokorny et al., 2013）分析了亚马孙地区以往环境与发展政策在环境保护与减贫方面的效应，发现现有政策对实现双赢目标的作用有限，如以环境保护为目标的政策限制了贫困户收入改善，补偿收入却不能弥补环境保护行为造成的交易成本，而以改善农户生计为目标的政策对环境的影响也是不同的。⑥

总之，费拉罗等（Ferraro et al., 2002）认为，ICDP 项目实现环境目标的效率低下，而鲍莫尔等（2003）也认为，环境政策不适合实现收入分配目标。尤其是，许多学者对农户因获得替代生计而自愿放弃对自然资源的破坏这一假设提出了质疑。这些研究者认为，农业综合发展项目，是在原有生计活动的基础上增加了一项新的收入来源，而非原有活动的替代。

如约翰内森等（Johannesen et al., 2005, 2006）针对保护区管理者和当地居民之间的互动关系进行了研究，发现农村综合发展项目通过管理者向当地居民的资金转移并不一定促使当地居民进行野生动植物保护。她认为，ICDP 要想达成双赢目标，需对环境目标作出明确的要求以及建立相应的惩罚机制，ICDP 项目无条件的实物和资金转移是无法避免参与者采取环境破坏行为的。⑦⑧ 巴雷特和

---

① Holden S, Barrett C. B, Hagos F., Food-for-work for poverty reduction and the promotion of sustainable land use: can it work? Environment and Development Economics, 2006, 11: 15 – 38.

② Brown K. Integrating conservation and development: a case of institutional misfit. Frontiers in Ecology and the Environment, 2003, 1 (9): 479 – 487.

③ Emerton L. The nature of benefits and the benefits of nature: why wildlife conservation has not economically benefited communities in Africa. African wildlife and livelihoods: the promise and performance of community conservation, Oxford, UK, 2001: 208 – 226.

④ McShane, T. O., M. P. Wells. Getting biodiversity projects to work: towards more effective conservation and development. Columbia University Press, New York, USA, 2004.

⑤ Jeremy G. Weber, Erin O. Sills, Simone Bauch, et al. Do ICDPs Work? An Empirical Evaluation of Forest-Based Microenterprises in the Brazilian Amazon. Land Economics, 2011, 87 (4): 645 – 681.

⑥ Pokorny B., Scholz I., Jong de W. REDD + for the poor or the poor for REDD + ? About the limitations of environmental policies in the Amazon and the potential of achieving environmental goals through pro-poor policies. Ecology and Society, 2013, 18 (2): 3. [online] URL: http://www.ecologyandsociety.org/vol18/iss2/art3/.

⑦ Johannesen A. B., Skonhoft A. Tourism, poaching and wildlife conservation: what can integrated conservation and development projects accomplish? Resource and Energy Economics, 2005, 27: 208 – 226.

⑧ Johannesen A. B. Designing integrated conservation and development projects: illegal hunting, wildlife conservation, and the welfare of the local people. Environment and Development Economics, 2006, 11: 247 – 267.

阿尔切塞（Barrett，Arcese，1995）认为，这种以收益共享方式的农村综合发展项目会增加当地居民对项目分配收益的依赖性，反而促进他们对资源的破坏，如非法狩猎。①

第三，一些研究者提出将 PES 与 ICDP 相结合。

理论研究者、发展组织、非营利组织、实践者等试图改善实施对象选择（目标瞄准机制）、项目的设计和实施方法等，从而提高项目在实现环境保护和减贫目标的成本有效性，试图实现环境干预项目有益社会的目标；或者，社会发展干预项目带来较好的环境结果。

罗德里格斯等（Rodriguez et al.，2011）认为，生态补偿项目为追求双赢目标而进行次优选择是具有现实意义的，认为在现实中，生态补偿项目往往需要以损失效率为代价，在项目设计中增加社会标准以有利于贫困者，从而达到效率次优的状态。他们认为，在次优目标下，通过确定合适的瞄准机制和空间定位，对农户进行排序，确定合适的参与农户，提出将生态补偿与条件现金转移项目（conditional cash transfer，CCT）相结合的项目设计。他们提出，该项目的瞄准和选择机制需要同时考虑环境效应和农户的贫困状况，可以在次优目标下，将两者统一起来。② 通过生态制图（MAPPING）瞄准到贫困程度高，同时生态服务交叉或重叠的地区。这样，通过使用代理家计调查法和相应的环境指标来对农户（到户项目）进行排序，从而选择和确定合适的农户，找到能够同时实现贫困和环境目标的 PES 项目实施对象。

加西亚－阿马多等（García－Amado et al.，2013）比较了墨西哥 La Sepultura 自然保护区同时长期实施的生态补偿和农村综合发展项目，包括项目的资金分配以及当地居民的生态保护感知情况等。③ 研究发现，生态补偿项目对环境保护有直接效果，短期见效快，但项目产生的社会资本少，而且，那些获得生态补偿的当地居民更倾向于将未来的生态保护基于金钱等实用因素，这一倾向还随着居民获得生态补偿的时间而增加。当地农村综合发展项目提高了居民的环境意识和社会资本，这对于长期的生态保护有益，但当地以往的农村综合发展项目经济效益不佳。他们认为，问题的关键不是这两类项目哪个更佳，而是合理有序地实施两类项目，同时要提高居民的环境保护价值观。

中国一些学者从不同的视角和研究案例提出了"生态扶贫"的概念，对生态

---

① Barrett C. B.，Arcese P. Are integrated conservation-development projects（ICDPs）sustainable？On the conservation of large mammals in sub-Saharan Africa. World Development，1995，23：1073－1084.

② Rodrígueza L. C.，Pascual U.，Muradian R.，et al. Towards a uni？ed scheme for environmental and social protection：Learning from PES and CCT experiences in developing countries. Ecological Economics，2011，70：2163－2174.

③ García－Amado L. R.，Pérez M. R.，García S. B. Motivation for conservation：Assessing integrated conservation anddevelopment projects and payments for environmental services in La Sepultura Biosphere Reserve，Chiapas，Mexico. Ecological Economics，2013，89：92－100.

建设与地区农业产业化发展的耦合关系、生态灾害对农牧民生计的影响，以及贫困地区生态服务功能建设等方面进行了研究。

刘慧等（2013）提出了生态扶贫的思路和战略，界定了生态扶贫的概念和基本内涵，认为要实施生态扶贫战略以实现贫困地区生态环境改善与贫困人口的脱贫致富的"双赢"目标。① 其主旨是试图将生态保护和扶贫结合，即：加强西部生态环境建设与扶贫开发的有机结合，认为生态建设与扶贫开发同步进行，生态恢复与脱贫致富相互协调。文献具体设计了原地扶贫和离地扶贫两大生态扶贫模式，并提出了不同生态扶贫模式的特点、实施范围和基本内容。原地扶贫通过创造生态管护就业岗位，发展当地特色生态绿色产业体系，实现贫困人口在当地就业、增加贫困人口的收入。同时，通过拓展整村推进和本地教育工程，改善贫困地区生产、生活条件，提高贫困人口稳定脱贫能力。离地扶贫则以生态移民为主，并结合城镇化战略，引导贫困地区劳动力向城镇和东部沿海地区转移，通过异地就业、生活实现脱贫。最后，提出了实施生态扶贫战略的相关政策建议，包括以教育为核心的人力资本开发，以特色农副产品开发、特色生态旅游和绿色品牌建设为核心的特色优势产业发展，以及以生态移民制度和政府管理体制为核心的制度建设创新等。

类似的，中国环境与发展国际合作委员会《西部环境与发展的战略与政策研究》（2012）也提出，在省级和地方层面，将以保护中国西部生态服务功能、维持生态系统稳定和生物多样性为目的的各类生态保护手段（如生态工程建设等）与区域扶贫开发结合起来，生态环境保护与扶贫开发相关手段的长期有机结合。②

总之，在环境保护与经济发展方面，中国政府试图结合这两方面的政策、投资与项目，加强生态环境建设与扶贫开发的有机结合，从而实现贫困地区生态环境改善与贫困人口脱贫致富的"双赢"目标。但目前的环境政策与农村发展政策有着各自独立的政策体系，并未实现有机结合。

三、安康市现有的主要生态补偿政策与农村发展项目现状

（一）安康市现有的生态补偿项目与国家重点生态功能区转移支付

安康市作为"南水北调"水源地和西部生态脆弱地区，在这一地区广泛实施

---

① 刘慧，叶尔肯·吾扎提. 中国西部地区生态扶贫策略研究. 中国人口资源与环境，2013，23（10）：52 -58.
② 中国环境与发展国际合作委员会秘书处. 中国环境与发展国际合作委员会环境与发展政策研究报告：区域平衡与绿色发展（2012）. 中国环境出版社，2013.

了退耕还林工程、天然林保护工程和生态公益林、流域治理及水土保持项目等。中国于 2008 年开始在均衡性转移支付的项目下，试点建立具有生态补偿性质的国家重点生态功能区转移支付。与均衡性转移支付的其他子项目相比，国家重点生态功能区转移支付资金的使用受到限制，"重点用于生态环境保护和涉及民生的基本公共服务领域"。其目的不是单一地解决地区间财力的差异，而是既要提高当地政府的基本公共服务能力，又要引导当地政府加强生态环境保护。

财政部先后颁布的《国家重点生态功能区转移支付（试点）办法》（2009）、《国家重点生态功能区转移支付办法》（2011）和《2012 年中央对地方国家重点生态功能区转移支付办法》（2012），从资金分配的基本原则、资金分配、监督考评等方面，体现了国家重点生态功能区转移支付对环境保护目标和生态建设的要求。根据这些文件，该国家重点生态功能区转移支付的计算方法为，某省（区市）国家重点生态功能区转移支付应补助数 =（ $\sum$ 该省（区市）纳入试点范围的市县政府标准财政支出 − $\sum$ 该省（区市）纳入试点范围的市县政府标准财政收入）×（1 − 该省（区市）均衡性转移支付系数）+ 纳入试点范围的市县政府生态环境保护特殊支出 × 补助系数 + 生态文明示范工程试点工作经费补助。

为规范资金使用，提高资金的使用绩效，陕西省于 2012 年制定了《陕西省2012 年国家重点生态功能区转移支付办法》，从分配原则、范围确定、分配办法、资金使用和监管四个方面的规定来看，与财政部颁布的国家重点生态功能区转移支付办法相同。更为具体地，陕西省国家重点生态功能区转移支付政策具有"保护生态环境"和"改善民生"的双重目标。在资金分配与生态环境保护方面的规定主要有：①限制开发区域及"南水北调"中线水源地保护区所属县区国家重点生态功能区转移支付应补助额 = 该县标准财政收支缺口 × 补助系数，补助系数 = 省财政安排的补助金额增量/财政收支缺口；②禁止开发区域重点生态功能区转移支付补助额 = 禁止开发区域面积 × 补助标准，补助标准 = 省财政安排的补助金额/区域面积总和；③引导性补助根据《全国生态功能区域》（2008）的规定，按照其标准收支缺口对生态功能较为重要的县给予适当补助；④按照每县200 万元的标准，给予生态文明示范工程试点县工作经费补助。但对已获得限制开发等转移支付的试点县，不再发放该项补助。而对转移支付的生态环境质量绩效考核的奖惩机制与财政部的办法相同。可见，陕西省财政部门在分配转移支付资金时做到了重点突出、分类处理，对不同类型的区域给予有区别的转移支付金额，并以激励约束的方式将县域生态环境质量改善程度与县域所获得的国家重点生态功能区转移支付资金相挂钩，鼓励基层政府努力提高县域生态环境质量。

由于中央和地方的国家重点生态功能区转移支付政策中，均没有明确规定双重目标的资金分配比例和使用去向。根据李国平等（2013，2014）的研究，陕西省大多数享有国家重点生态功能区转移支付的县主要将转移支付资金用于基本公共服务领域，忽略了对环境保护的支出（如建设堤防、城镇污水处理厂、垃圾处理厂、实施生态移民搬迁工程等长期项目或短期项目）。基层政府在转移支付资金有限的情况下，将转移支付资金主要用于基本公共服务，以满足本地区的基本公共服务的需求。①②③

表 7-1 　　2009~2011 年安康市来自中央财政的重点生态功能区转移支付 　（单位：万元）

安康市	2009 年	2010 年	2011 年	2011 年 IE	2009~2011 年/△IE
安康市	1000	1500	1800		
汉滨	13332	15674	16309	54.05	-2.24
岚皋	2644	3330	3544	53.72	-0.01
汉阴	3835	4792	5059	60.72	-0.01
石泉	2757	3403	3648	66.46	0.01
宁陕	2656	3036	3263	57.83	0
紫阳	4582	5347	5541	65.79	0.01
平利	4449	5366	5659	60.97	0
镇平	1688	1974	2163	57.68	0
旬阳	4962	6529	6966	59.56	-0.11
白河	2890	3787	4040	59.38	0.2
合计	44795	54738	57992		

资料来源：陕西省环保厅调研数据。
注：IE 为《2011 年国家重点生态功能区县域生态环境质量考核办法》中的生态考核指标值。该指标包括共同指标和特征指标。其中，共同指标包括：A 自然生态指标：林地覆盖率、草地覆盖率、水域湿地覆盖率、耕地和建设用地比例；B. 环境状况指标：COD 排放强度、SO_2 排放强度、工业污染源排放达标率、固废排放强度、优良以上空气质量达标率、Ⅲ类或优于Ⅲ类水质达标率。

（二）安康市的扶贫资金与扶贫项目

2014 年，累计争取中央级省级扶贫、搬迁、农综等专项资金 29.73 亿元，其中，避灾扶贫移民搬迁专项资金 26.43 亿元，扶贫开发专项资金 2.64 亿元，农业综合开发专项资金 0.66 亿元，另外，有社会扶贫资金 1.46 亿元。④

① 李国平，刘倩，张文彬. 国家重点生态功能区转移支付与县域生态环境质量——基于陕西省县级数据的实证研究. 西安交通大学学报（社会科学版），2014，34，（2）：27-31.
② 李国平，汪海洲，刘倩，国家重点生态功能区转移支付的双重目标与绩效评价. 西北大学学报（哲学社会科学版），2014，44（1）：151-155.
③ 李国平，李潇，汪海洲，国家重点生态功能区转移支付的生态补偿效果分析，当代经济科学，2013，35（5）：58-65.
④ 安康市地方志编纂委员会编. 安康年鉴 2015. 三秦出版社，2015.

其中，2014 年陕西省下达安康市财政专项扶贫资金 26419.4 万元，主要安排移民搬迁、整村推进、产业扶贫、贫困户能力建设和其他项目。具体如下：①

①扶贫移民搬迁项目。陕西省下达资金 7640 万元，搬迁 6960 户 2.7 万人。

②整村推进项目。陕西省下达资金 5840 万元。2014 年，继续实施 174 个贫困村整村推进项目，按照每村 80 万 ~120 万元分三年安排到位的原则，重点用于扶持产业开发、村内小型基础设施、村居环境整治等项目，当年项目当年实施完成。

③产业扶贫项目。陕西省下达资金 5750.5 万元。其中，贫困户生产发展项目安排资金 1480 万元，直补到户扶持贫困户发展产业；贷款贴息项目安排资金 1618.5 万元，包括小额到户贷款贴息项目安排贴息资金 500 万元，龙头企业贷款贴息项目安排贴息资金 1118.5 万元；产业化扶贫项目安排资金 2180 万元，用于贫困地区各类涉农企业、专业合作社、专业协会采用现代经营模式，与贫困户建立紧密的利益联结关系，组织和带动贫困户建设标准化种植和养殖基地、发展山林经济、开发乡村旅游等，带领贫困户增收致富；贫困残疾人生产发展直补项目安排 178 万元，主要用于对农村贫困残疾人发展种植业、养殖业、农副产品加工业所需的设施、购买种苗种畜的补助；互助资金项目安排资金 294 万元，其中，新发展互助资金协会安排资金 192 万元，互助资金协会奖励资金 102 万元。

④贫困户能力建设项目。省里下达资金 4775.9 万元。其中，"雨露计划"培训项目安排资金 1164.9 万元，包括贫困户两后生定点培训安排资金 705.3 万元，扶贫移民搬迁户和贫困家庭劳动力就业创业培训安排资金 459.6 万元；"雨露计划"试点项目安排资金 780 万元；农村贫困大学生助学项目安排资金 2461 万元，资助贫困大学生 2590 人；农民实用技术培训项目安排资金 370 万元，培训农民实用技术 10.9 万人次。

⑤其他项目。省里下达资金 1613 万元。其中，"一村一策一户一法"试点项目安排资金 460 万元；绩效考评奖励安排资金 510 万元；中央级、省级项目管理费安排资金 505 万元；贫困户建档立卡经费 138 万元。

⑥中央专项彩票公益金支持革命老区扶贫项目。中央专项彩票公益金支持革命老区整村推进（小型基础设施）扶贫项目 800 万元。

综上，以上的开发式扶贫项目包括扶贫移民搬迁项目、扶贫连片开发（如整村推进扶贫重点村建设、特困村建设）、产业扶贫（贷款贴息、贫困户生产发展项目、产业化扶贫项目、互助资金项目等）、贫困户能力建设项目（"雨露计划"培训项目、农民实用技术培训项目、农村贫困大学生助学项目等）、农业综合开

---

① http：//akfp. ankang. gov. cn/html/gongshigonggao/20141216/1669. html.

发、新农村建设等。

(三) 安康生态补偿政策与农村扶贫项目的关系

图7-1直观地显示了陕西省安康市生态保护政策和扶贫政策的目标及形式。横轴表示经济发展目标，纵轴表示生态保护目标。坐标中各点表示各种类型的政策束，其中点表示生态保护政策，三角形表示扶贫开发政策。

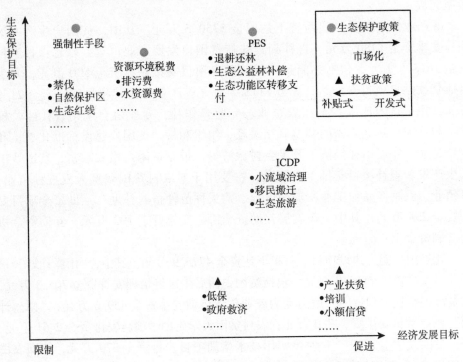

图7-1 安康市生态补偿与农村扶贫政策目标及形式

图7-1中圆点的生态保护政策点以生态保护为核心目标（集中于坐标上部），由左至右，依次为政府强制性手段，引入市场机制的资源环境税费和生态补偿政策（虽然还是以政府为主导）。同时，传统的环境管制工具对经济发展有制约作用，而生态补偿机制对经济发展可以发挥一定的积极作用。

三角形的扶贫政策点以经济发展为核心目标（集中于坐标右部），由左至右，依次为补贴式扶贫政策，如农村低保、政府救济，以及农村综合发展项目，如小流域治理、移民搬迁、生态旅游，开发式扶贫项目，如产业补助、劳动力培训、小额信贷等。

四、生态补偿与农村综合发展两类政策的比较分析框架

旺德等（Wunder *et al.*，2008）梳理了发达国家和发展中国家的 PES 案例，主要从项目的特征和设计方案、效果和效率、分配效应等方面进行了对比分析。[①]

恩格尔等（Engel S. *et al.*，2008）针对生态补偿的方案设计进行了研究，认为生态补偿方案应包括生态补偿项目的定义、范围、基本特征，如购买者、生产者、实施方式。实施方式包括活动类型、补偿水平和方式，分析了生态补偿项目的效果和效率，包括社会无效率、溢出效应、可持续性、目标瞄准情况等。[②]

萨默维尔（Sommerville，2009）等提出了生态补偿项目的概念框架，认为生态补偿项目的基本构成要素是生态服务的生产者、购买者以及两者的相互关系。[③]其中，生产者的制度特征包括治理背景、生产者类型、所有权、行为的合法性、生产者的机会成本，购买者特征则包括资金来源、购买者对目标的权衡情况，生产者与购买者的关系包括系统面临的威胁、双方的距离与关系、协商的基础、参与限制等。

综合以往对环境与发展项目的研究，这里提出了以下分析框架，从设计、实施和绩效三方面来对生态补偿和农村综合发展项目的关键要素进行对比分析，见图 7 - 2。

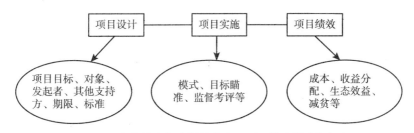

图 7 - 2　生态补偿与农村综合发展项目的比较分析框架

五、陕西省安康市生态补偿和农村综合发展项目的比较分析

陕西省安康市是中国西部典型的环境与贫困问题突出的地区，当地有许多环境

① Wunder S. , Engel S. , Pagiola S. Taking stock: A comparative analysis of payments for environmental services programs in developed and developing countries. Ecological Economics, 2008, 65: 834 - 852.

② Engel S. , Pagiola S. , Wunder S. Designing payments for environmental services in theory andpractice: An overview of the issues. Ecological Economics, 2008, 65: 663 - 674.

③ Sommerville M. , Jones J. , Milner - Gulland E. J. A Revised Conceptual Framework for Payments for Environmental Services. Ecology and Society, 2009, 14 (2): 34 - 47.

与发展相关的政策干预项目。本节基于上文提出的政策分析框架，比较分析安康市政府主导的三个生态补偿项目（两个到户的生态补偿项目，即退耕还林、生态公益林；同时，《主体功能区规划》和"南水北调"工程实施后，安康获得来自中央财政的重点生态功能区转移支付，如根据表 7-1，2011 年安康市获得该生态补偿资金 5.799 亿元），以及三个农村综合发展项目（移民搬迁工程、生态旅游、小流域治理），以上六个为中国西部典型的生态补偿项目或农业综合发展项目，探究现行政策存在的问题及其实现生态保护与扶贫发展双赢目标的潜力，结果如表 7-2 所示。本节研究的数据资料主要源于相关文献、官方网站等收集的二手资料，以及本书作者对农户、政府部门管理人员的访谈和入户调研获得的一手数据。

1. 项目目标

梳理安康 PES 和 ICDP 相关政策文件可以看出，两类项目均具有多元化目标，但侧重点不同。PES 以环境保护为主目标，但要兼顾对发展受到限制或损失的补偿，以弥补农户或目标地区的生产损失，如生态功能区转移支付中对限制开发区和禁止开发区的补偿。

安康当地 ICDP 项目以农村基础设施建设和发展生产为主，但同时对生态保护有一定作用。如安康实施移民搬迁工程，农户搬离生态脆弱、交通不便的山区不仅改善其生活条件，也在一定程度上减少甚至避免对资源环境的破坏。而发展生态旅游必须依托于良好的生态与环境资源，也为当地生态环境保护提供了条件和动力。

2. 项目对象及目标瞄准

两类项目的对象，均涉及农户、企业和地方政府。PES 是基于特定的生态服务而对其提供者给予相应的补偿。生态服务的提供者可以是农户、企业和地方政府。如退耕还林工程中，农户将坡耕地转化为更具生态价值的林地，农户是水土保持、固碳等多种生态服务的提供者，而重点生态功能区的企业和地方政府也为提供水源涵养等生态服务而使自身发展受到限制等。ICDP 的实施则直接为特定的农户、企业和地方政府提供资金，以改善农户居住环境，促进地区基础设施建设和经济发展，如安康市岚皋县发展生态旅游过程中，主要是地方政府招商引资和进行基础设施建设，企业投入资金和管理，当地农户提供劳力的方式开展的，因此，地方政府、企业和农户都应属于项目的实施对象。

陕西省安康市两类项目的目标瞄准在政策文件中都有明确的依据，如《退耕还林条例》《全国主体功能区规划》《安康市 2011 年移民搬迁安置工作实施意见（试行）》等，PES 主要依据的是客观的地理条件，如土地质量、生态脆弱性等，较少考虑农户自身的条件；而 ICDP 不仅依据农户或地区的环境状况，还要考虑农户自身条件，如移民搬迁工程优先瞄准居住在地质灾害高易发区、洪涝灾害高易发区、边缘贫困山区等，小流域综合治理选址在水土流失相对集中、危害严重的地区等。然而在实际操作过程中，这些项目对相关配套的要求会形成门槛，反而会筛选掉那些最贫困、生存环境最恶劣的农户，如搬迁户和从事"农家乐"的农户均需要有一定的经济基础。可见，PES 和 ICDP 两类项目在目标瞄准对象和瞄准机制上不完全相同。由于环境与贫困地理上存在密切联系，一些 PES 项目如退耕还林工程更可能瞄准到贫困农户。

表7-2　　　　陕西省安康市生态补偿和农村综合发展项目的比较分析

项目类型	安康的生态补偿项目	安康的农村综合发展项目
项目示例	（1）退耕还林工程 （2）生态公益林补偿 （3）重点生态功能区转移支付等	（1）移民搬迁工程 （2）小流域综合治理 （3）生态旅游等
目标	环境保护，如流域保护，减少水土流失，提高水资源质量；森林资源保护，增加森林覆盖等； 补偿农户或地方政府因提供生态服务造成的损失等	农村基础设施建设，减贫和避灾，促进地区经济发展等； 生态保护，流域保护等
实施对象	特定的生态服务和土地利用，如25°以上的坡耕地退耕为林地； 参与项目的农户或企业，如退耕农户； 在项目实施范围内的地方政府，如位于重点生态功能区的地方政府	农户，如搬迁户，"农家乐"经营户等； 企业，如旅游景区企业等； 地方政府
发起者	中央政府	中央政府，地方政府，如省级、县级
其他支持方	无	银行，信用社，企业，社会群众等
期限/周期	每年，如退耕有一定的补偿期限	依据具体项目，一次性、定期或不定期
补贴标准	均有统一的标准或标准化公式，①但差异性表现在：（1）参加退耕的批次、林种； （2）生态公益林，不同权属，不同地区② （3）区县具体情况，如财政收支缺口等③	（1）移民搬迁工程，有一定的标准，差异性表现在安置方式，对特困户有更多补助。④⑤ （2）小流域治理和生态旅游无统一补助标准

①　2012 年中央对地方国家重点生态功能区转移支付办法，http：//yss. mof. gov. cn/zhengwuxinxi/zhengceguizhang/201207/t20120725_669214. html.

②　石泉县林业局和财政局. 石泉县森林生态效益补偿基金管理实施细则，http：//www. forestry. gov. cn/main/424/content - 635100. html，2013 - 10 - 18.

③　王天洋. 退耕还林工程钱粮兑现证"变脸"的背后. http：//www. sxdaily. com. cn/data/shxwdc/20100519_9883536_0. htm，2010 - 05 - 19.

④　陕南地区移民搬迁安置工作实施办法（暂行），http：//fgj. xunyang. com. cn/zcfg/2012/06/15/12432858203. htm.

⑤　安康市 2011 年移民搬迁安置工作实施意见（试行），http：//xinfang. ankang. gov. cn/Article/ShowArticle. asp？ ArticleID = 278，2011 - 06 - 01.

续表

项目类型	安康的生态补偿项目	安康的农村综合发展项目
模式	以现金补偿为主,还有其他补偿,如对退耕户粮食、种苗,农业技术等方面的支持	以现金为主,其他补助方式相结合,如对农户,有就业、培训、设施等方面的补助;对企业,有税收优惠等政策
目标瞄准	基于规划文件,依据客观的资源环境等对农户或区域进行筛选	依据项目对象或选址的相关规定,对补助对象的基础条件有一定的要求
监督考评	地方政府,专门的考核文件,主要涉及工作任务、环境质量、资金使用等	地方政府综合考核,如计划、资金等的管理,工程质量监管
成本	较高的机会成本和交易成本	较高的实施成本,如建筑工程与安装,旅游资源开发等
资金/收益分配	(1) 退耕还林补贴直接到户; (2) 生态公益林补偿款到户和村集体; (3) 生态功能区补偿到省,再分配到市县	(1) 到企业,如承包工程的公司,投资公司; (2) 到农户,如搬迁户,"农家乐"经营户; (3) 到政府,如生态旅游税收等
生态效益	生态环境改善,如森林覆盖率提高,水土流失减少,水资源质量改善等	正面效应,如环境改善,水土流失减少等;负面效应,如生态破坏或灾害转移等。
减贫效应	研究结果不一致	正面效应,如生活条件改善,就业机会增加;负面效应,如生活成本提高,项目条件筛选掉部分贫困户,项目收益分配不均等

3. 补偿或补助方案

补偿或补助方案,如补助期限、标准、模式等,一直以来都是 PES 和 ICDP 的研究重点和难点。由于项目性质差异,安康 ICDP 项目所提供的通常是一次性补助,作为启动资金或者基础支持,如对搬迁户的建房补助,或对"农家乐"的产业补助等,它们能够逐渐形成自我发展的机制,不会对补助资金形成较强的依赖。

生态补偿的补偿资金则是针对农户或企业生产和发展受限制的损失,补偿过程具有长期性,其意义不仅体现在对他们原有生产活动损失的赔偿,更应是他们改善原有生产策略、实现生产或生计转型的**过渡资金**,但目前补偿的意义更多的体现为前者。如退耕农户对生态补偿资金的**依赖较强**,一方面,可能因为生态补偿标准过低,未能弥补农户的机会成本,另一方面,补偿模式过于单一,对农户选择替代生计尚不能发挥有效作用。相对来说,ICDP 的补助模式就更具针对性和实用性，如生态旅游中资金与设备、培训支持相结合的补助模式，更有助于新的生产活动的迅速开展。

4. 资金来源

由于项目性质差异，安康 PES 的补偿期限较 ICDP 更长，因而面临更大的资金可持续性压力。且其资金来源比较单一，基本都是源于中央政府或地方政府的专项资金，较少其他方面的支持。ICDP 的资金来源更为多元化，除了政府财政外还有其他融资渠道，如引进企业资本、银行信贷或社会资本等。如安康市小流域综合治理项目，"丹治"工程（"南水北调"工程水源区丹江口库区及上游水土保持工程）的资金源于中央政府、地方政府和群众自筹，2009 ~ 2010 年两年地方配套及群众自筹占累计投资的 44%。① 而收益型或市场化的农村综合发展项目，如生态旅游更能吸纳多方资金，如景区及基础设施的建设由地方政府财政和承包经营企业共同投资，农户开办"农家乐"的资金一般来自农户自有资本、政府的以奖代补资金和农村信用社的支持等。

5. 监督考评

安康 PES 和 ICDP 项目均有各自的监管和考核体系，多以地方自查与国家抽查结合的考核方式，但监督考核的内容各有侧重。总体来说，两类项目的考核均涉及计划任务的完成、工程建设质量、资金的管理使用、组织机构与管理等方面。此外，PES 侧重对生态环境质量的考核，有比较规范的考核方案和指标体系，如《退耕还林工程效益监测实施方案（试行）》要求对退耕还林的生态效益监测实行国家、省、县三级负责制，系统、科学地用数字反映退耕还林工程所取得的生态效益；《国家重点生态功能区县域生态环境质量考核办法》和实施方案，对水源涵养、水土保持、防风固沙、生物多样性维护、"南水北调"中线工程丹江口库区及上游等重点生态功能区县域生态环境质量进行年度考核。但其评价体系较少涉及农户、企业或地区发展等方面的内容。安康 ICDP 项目，如移民搬迁，其工作年度考核除了对工作任务、资金管理等的考察之外，还涉及主观的评价指标，如群众对移民搬迁安置工作的满意度等，但基本无生态保护方面的内容。

6. 成本、资金或收益的分配

根据国外研究者旺德（Wunder, 2005）的定义，PES 是生态服务的购买者与生产者针对具体的生态服务，双方进行自愿性交易的过程。② 一方面，生产者提

---

① 高全成. 汉江流域生态治理存在的问题及对策，陕西农业科学，2012（3）：192 – 195.
② Wunder S. Payments for environmental services: some nuts and bolts. CIFOR Occasional Paper No. 42. Jakarta: CIFOR. 2005.

供生态服务往往需要改变或限制其原有生产开发活动，造成较高的机会成本，另一方面，生态服务属性决定其购买者和生产者数量较多，面临较高的交易成本。政府主导的 PES 项目虽然降低了合约签约成本等，但也增加了信息搜寻成本等。而 ICDP 是以发展和改善原有生产生活为目的，主要体现在较高的实施成本，如移民搬迁工程的住房建安成本，生态旅游的开发成本等，机会成本一般相对较小。

资金或收益分配，是影响项目目标实现的关键因素。如重点生态功能区转移支付政策中没有明确规定双重目标的资金分配比例和使用去向，因此，基层政府在转移支付资金有限的情况下，将转移支付资金主要用于基本公共服务，而忽略了环境保护的支出。同样，由于各种原因，如收益分配机制的不公平，社区人力资本、金融资本和社会资本等的缺乏，以及农村土地产权制度不完善等问题，农村综合发展项目往往没能为当地居民社区带来预期的收益。如课题组通过对安康市岚皋县和石泉县生态旅游发展情况进行调研和访谈后发现，大部分旅游收益并没有惠及当地农民，大部分收入归外地的投资企业，当地农户和政府从景区收入中直接获益较少，仅"农家乐"住宿和餐饮收入由当地居民获得，但占比较小。

7. 生态效益与减贫效应

生态效益和减贫效应是检验两类项目是否促进环境与发展的重要方面，许多学者围绕这一问题展开了大量研究，但没有得出一致性的结论。总体来说，PES 改善了生态环境，但在扶贫方面贡献较弱或实证不足；ICDP 则促进了经济发展，但生态效益方面结果比较复杂。如根据本课题组的研究成果，安康移民搬迁有助于新型城镇化的发展，也促进了生态服务功能的改善。[①]

六、总结与建议

通过以上对比分析，有如下初步的结论：

首先，陕西省安康市 PES 和 ICDP 有不同的类型，但均是以政府为主导的、多目标的、积极的激励政策。但两者目标侧重点不同，其目标瞄准、补偿或补助方案、监督考评、实施绩效也有所差异。

其次，在达到环境保护与发展的双重目标上，安康的 PES 和 ICDP 仅停留在政策导向层面，在方案设计、实施和评估过程中缺乏相应的考虑，主要体现在：①目标瞄准与目标设定不完全一致；②补偿/补助方案设计与目标之间存在偏差；

① Li C. , Zheng H. , Li S. , et al. Impacts of conservation and human development policy across stakeholders and scales, National Academy of Sciences of the United States of America（PNAS）. 2015, 112（24）: 7396 - 7401.

③监管考评与目标设定不完全匹配；④资金或收益分配情况对实现项目目标有重要影响。此外，根据对安康生态补偿与农村综合发展项目的比较分析，此处有如下对策建议：

第一，提高项目瞄准对象的精准程度。

当前，农村扶贫项目要求提高瞄准对象的精准化程度。如 2014 年 1 月 25 日，中共中央办公厅、国务院办公厅印发的《关于创新机制扎实推进农村扶贫开发工作的意见》提出建立精准扶贫机制，"对每个贫困村、贫困户建档立卡，建设全国扶贫信息网络系统，深入分析致贫原因，逐村逐户制定帮扶措施"。同时，为了同时实现环境保护和减贫目标，未来在农户层面实施的 PES 项目也需要优化瞄准机制，提高瞄准对象的精准程度，如利用代理家计调查法和相应的环境指标来对农户进行排序，从而选择出能够同时实现贫困和环境标准的参与生态补偿项目的农户。

第二，完善对农户的补偿/补助方案的设计，促进农户实现生计转型。

当前生态补偿项目，如退耕还林项目需转变现行单一的现金补助模式，以提高农户可持续创造收益的能力或方法为目标，项目设计要促进当地居民从中获得生计支持和发展的可能性。一些开发式扶贫项目需要加强相关的配套支持，引导满足客观条件但能力较弱的农村弱势群体得到改善和发展的机会。

第三，完善项目的监督考评体系，促进环境保护和农村发展双赢目标的实现。

如当前《国家重点生态功能区县域生态环境质量考核办法》中，对重点生态功能区转移支付的资金分配方法不仅要考虑提高当地政府的基本公共服务能力，更要增强当地政府生态环境保护情况的考核指标。同时，在对地方政府实施的农村综合发展项目的考核指标中，如陕南移民搬迁工程等，也应增加生态保护方面的相关指标。

第二节　安康山区项目扶贫的农户收入效应分析

一、中国农村扶贫政策的阶段与精准扶贫战略的提出

中国农村扶贫政策经历了 4 个阶段：针对特殊贫困地区的扶贫开发（1985 年以前）、以区域瞄准为主的扶贫开发（1986～1993 年）、改善资金投入和贫困瞄准的"八七扶贫攻坚计划"（1994～2000 年）和以整村推进为主的中国农村扶贫开发（2001～2010 年）。《中国农村扶贫开发纲要（2001～2010 年)》将扶贫开发的重点从贫困县转向贫困村，采取自下而上的参与式方法制定贫困

村的发展规划等。即中国农村扶贫项目的目标瞄准，经历了从瞄准到县到瞄准到村的过程。

2014 年 1 月 25 日，中共中央办公厅、国务院办公厅印发了《关于创新机制扎实推进农村扶贫开发工作的意见》提出，要建立统一的扶贫对象识别办法。在已有工作基础上，坚持扶贫开发和农村最低生活保障制度有效衔接，按照县为单位、规模控制、分级负责、精准识别、动态管理的原则，对每个贫困村、贫困户建档立卡，建设全国扶贫信息网络系统。专项扶贫措施要与贫困识别结果相衔接，深入分析致贫原因，逐村逐户制定帮扶措施，集中力量予以扶持，切实做到扶真贫、真扶贫，确保在规定时间内达到稳定脱贫目标。在该文件提出中国将重点推进精准扶贫十项工程：干部驻村帮扶、职业教育培训、扶贫小额信贷、易地扶贫搬迁、电商扶贫、旅游扶贫、光伏扶贫、致富带头人创业培训、龙头企业带动等。

同时，国务院扶贫开发领导小组、中央农办、民政部、人力资源部等发布了《建立精准扶贫工作机制实施方案》，提出了中国实施精准扶贫的基本原则：精准识别、精准帮扶、精准管理和精准考核。国家扶贫办提出了精准扶贫的"六个精准"，即扶持对象、项目安排、资金使用、措施到户、因村派人、脱贫成效"六个精准"。其中，扶持对象精准必须在建立"扶贫对象瞄准机制"上下功夫，要让群众和扶贫对象知情并参与进来，做好贫困人口精准识别和建档立卡。2014年，全国扶贫系统完成了规模庞大的贫困人口建档立卡工作，摸清了贫困"家底"。2014 年，是精准扶贫的启动之年。中国贫困识别建档立卡工作已经全面完成，共识别贫困村 12.8 万个、贫困人口 8862 万人。[①]

在这一背景下，各地政府积极发布有关精准扶贫的指导意见。如中共甘肃省委、甘肃省政府 2015 年 6 月发布了《关于扎实推进精准扶贫工作的意见》，提出了六个精准，对象精准、目标精准、内容精准、方式精准、考评精准和保障精准。

综上，精准扶贫作为 2014 年提出的中国扶贫系统的新工作机制和工作目标，官方定位为："通过对贫困户和贫困村的精准识别、精准帮扶、精准管理和精准考核，引导各类扶贫资源优化配置，实施扶贫到村到户，逐步构建精准扶贫工作长效机制，为科学扶贫奠定坚实基础"。

二、农村扶贫项目对农户收入作用的研究综述

本节关注农村扶贫项目的作用效果，而有关中国扶贫政策的文献研究并不

---

① http：//www. gov. cn/xinwen/2015 – 01/30/content_2812591. htm.

少。从积极方面看，李宏彬和孟岭生（Li，Meng，2008）运用回归间断点设计方法（Regression-Discontinuity Design approach，RDD）对面板数据的分析发现，实施"八七扶贫攻坚计划"期间政府扶贫显著促进了农户人均纯收入的增长。[①] 姚洪心和王喜意采用多分类 Logistic 模型，对影响四川省通江县农户收入差距的各种因素进行实证分析，发现农村各种扶贫政策会对不同收入类型的农民脱贫致富产生影响。[②] 陈卫洪和谢晓英发现，贵州省扶贫资金投入与农户家庭人均纯收入存在长期稳定的正向均衡关系。[③]

与以上研究不同，汪三贵等的分析结果显示，尽管对农户的直接生产和创收性扶贫投资在短期内对农户收入的增加有明显的作用，基础设施投资在短期内对收入增长却没有显著的影响或者是负的影响。[④] 汪三贵等还发现，整村推进战略下，贫困村的农户平均收入增长高于非贫困村，但贫困村内受益的主要是富裕的农户。[⑤]

最近的研究表明，目前无论是普惠式的农业农村发展政策，还是瞄准贫困人口的扶贫政策，对农村贫困的政策干预都没有形成持久的影响，冲击响应衰减很快。[⑥] 张彬斌考察了新时期农村扶贫政策的农民增收效果，发现新时期扶贫政策对国家级扶贫重点县农民收入具有干预效应，但效应的大小根据初期收入水平的不同而具有差异，另外，扶贫项目对农民的增收效果还具有一定的时期滞后性。[⑦]

从研究方法来看，以上有些研究存在局限性，主要是计量分析过程中并没有考虑或处理选择偏差问题，即农户能否捕获扶贫项目可能存在的内生性将会导致参数估计的有偏性和非一致性，而这里的内生性来源于农户能否或是否愿意参与农村扶贫项目，可能本身就与其收入水平有关。再者，农户所在的行政村最终是否实施扶贫项目是由政策制定者在兼顾农户需求的基础上做出的，因此管理选择的问题也无法避免。这样，如果不能解决由于反向因果关系或者遗漏变量所带来的选择偏差问题，那么，很多关于扶贫政策对农户收入存在影响或不存在影响的研究结论就不能令人完全信服。

本节采用倾向得分匹配法（PSM），克服农户能否捕获扶贫项目的选择并不

---

① Li H. , Meng L. Evaluating China's Poverty Alleviation Program：A Regression Discontinuity Approach. 2008，http：//igov. berkeley. edu/workingpapers/series4/china2008li. pdf.

② 姚洪心，王喜意. 劳动力流动、教育水平、扶贫政策与农村收入差距——一个基于 multinomial logit 模型的微观实证研究. 管理世界，2009（9）：80 – 90.

③ 陈卫洪，谢晓英. 扶贫资金投入对农户家庭收入的影响分析——基于贵州省1990～2010年扶贫数据的实证检验. 农业技术经济，2013（4）：35 – 42.

④ 汪三贵，李文，李芸. 我国扶贫资金投向及效果分析. 农业技术经济，2004（5）：45 – 49.

⑤ 汪三贵，Albert Park，Shubham Chaudhuri，Gaurav Datt. 中国新时期农村扶贫与村级贫困瞄准. 管理世界，2007（1）：56 – 64.

⑥ 叶初升，张凤华. 政府减贫行为的动态效应——中国农村减贫问题的 SVAR 模型实证分析（1990～2008）. 中国人口资源与环境，2011（9）：123 – 131.

⑦ 张彬斌. 新时期政策扶贫：目标选择和农民增收. 经济学（季刊），2013（4）：959 – 982.

是随机的所存在的样本自选择问题以及管理选择问题，实证分析开发式和补贴式扶贫项目对农户人均纯收入及其各分项收入的净效应，并对结果进行分析对比。

三、农村扶贫项目和农户收入的分析框架

结合以往相关文献研究，此处将扶贫项目、农户收入与减贫结合起来，构建了农村扶贫项目和农户收入的分析框架，见图 7 - 3。此处，将扶贫项目对农户收入的影响拓展到农户生产能力、市场参与程度和贫困脆弱性等视角，试图更加全面真实地反映其收入效应。

根据《中国农村扶贫开发纲要（2001~2010）实施效果的评估报告》和张伟宾和汪三贵[①]的研究，将农村扶贫项目划分为开发式项目和补贴式项目，前者包括扶贫移民搬迁、劳动力培训、产业化扶贫、以工代赈和小额信贷等项目，作为中国过去十年间主要的扶贫攻坚战略，这些项目可以改善农村基础设施建设、提高贫困农户的生产能力等，进而对农户收入产生间接影响；后者主要由退耕还林补助、政府救助和低保等组成，能够针对特定的贫困群体直接增加收入水平，因而对农户收入的影响是直接的。不同的扶贫政策和项目落实到贫困农户，其对农户收入的影响因为具体项目而作用不同。考虑到扶贫项目的作用机制和影响效果，可分为提高农户生产能力、促进市场参与度和缓解贫困脆弱性等作用。移民搬迁、整村推进和以工代赈可以从总体上改善贫困群体分享经济增长、发展成果的能力，提升农户自身的生产能力等，劳动力培训、产业化扶贫和小额信贷从促进市场参与的角度发挥了重要作用，而低保和政府救助等则通过缓解贫困脆弱性对农户收入产生直接的影响。

可见，农村扶贫项目对农户收入的影响不限于收入维度，事实上，扶贫项目正是通过改善贫困农户的可行能力，进而创造改变其自身状况的可能。农户可行能力的缺失，作为贫困重要的表现维度，最初是由 1998 年的诺贝尔经济学奖获得者阿玛蒂亚·森提出的，而这种定义贫困的方法被称为能力方法（The Capability Approach）。[②] 森认为，贫困被视为人的基本可行能力的剥夺和权力的丧失，而不仅仅是收入水平低下。除了收入低之外，受教育机会的缺失、健康缺少保障、就业机会不足和不稳定以及住房条件恶化等其他因素，都严重影响到可行能力的被剥夺，进而影响真实的贫困。

图 7 - 3 所示的分析框架，可以为本节系统分析农村扶贫项目对农户收入的影响提供整体性思路。根据农户家庭的要素禀赋和收入来源，并结合调查地区的

---

① 张伟宾，汪三贵. 扶贫政策、收入分配与中国农村减贫. 农业经济问题（月刊），2013（2）：66 - 75.

② Amartya Sen. Development As Freedom, Oxford University Press, 1999.

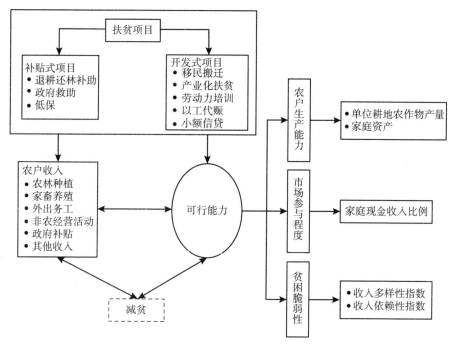

图 7-3　扶贫项目和农户收入的分析框架

注：虚线部分表示减贫与农户可行能力的作用机制，此处不作讨论。

实际情况，本节涉及的农户主要生计活动，包括农林种植、家畜养殖、外出务工和非农经营四类活动。首先，陕南地区属于秦巴山连片特困区，自然资源严重短缺，农林种植始终是其最重要的生计方式，再辅之以家畜养殖作为补充。来自农林种植、家畜养殖的收入是当地农户传统的收入来源。其次，农户来自非农活动的收入，也表示了其从事非农产业的情况。由于当地劳动力市场的缺失和有限的非农就业机会，农户外出务工也是其收入组成的重要来源。农户进行经营性活动需要一定的资金和技术支持，本次调查样本中从事非农经营的农户较少。除了上述四类生计活动之外，农户还有政府补贴以及来自房租、土地流转租金、亲友馈赠或采药等其他收入。此外，本节选择单位耕地农作物产量和家庭资产两个变量考察扶贫项目对农户生产能力的影响，使用家庭现金收入比例分析扶贫项目促进市场参与的程度，贫困脆弱性用收入多样性指数和收入依赖性指数来衡量。

利用实地调查获取的微观数据，本节接下来将通过建立计量经济模型来评估扶贫项目对农户收入及其扩展效应。

四、数据与方法

这里所采用的数据，源于西安交通大学人口与发展研究所 2011 年 11 月底在陕西安康市所开展的农户生计调查。

1. 变量定义

按照前文对扶贫项目的划分，本书选取参与或当年完成开发式项目的紫阳县样本农户 123 户，平利县补贴式项目组农户 236 户，对照组 332 户农户未参与任何扶贫项目。由于农村扶贫项目普遍采取集中、捆绑的方式实施和陕南地区的实际情况限制，为了减少偏差和错误，依照上述步骤选取的两类项目的样本之间可以避免交叉和重叠，防止对回归和评估结果产生影响。

根据国家统计局对"农民纯收入"的定义并借鉴课题组前期成果及相关研究，①② 此处将 PSM 模型的因变量设置为农户年人均纯收入及其分项收入，例如，农林种植、家畜养殖、外出务工、非农经营活动、政府补贴及其他方面收入（房租、土地流转租金、亲友馈赠或采药等）、单位耕地农作物产量、家庭现金收入比例、收入多样性指数、收入依赖性指数以及家庭资产。

首先，农户的农林种植纯收入，包括现金和实物两部分收入，其中，实物收入=（总产量−出售量）×市场价格，农产品指玉米、红薯和土豆等传统粮食作物，林产品包括核桃、生漆和板栗等；家畜养殖收入主要指，饲养牛、羊、猪、蜂、蚕等的收入；外出务工收入指，农户家庭外出打工成员通过邮寄或捎带等方式给家里的汇款，并不包括其在外收入自用部分；非农经营活动纯收入主要指，农户通过开办"农家乐"、商店或跑运输获得的收入；这里的政府补贴收入，即指农户家庭的转移性收入，包括移民搬迁补助、退耕还林补助和粮食直补等，而其他收入包括来自房租、土地流转租金、亲友馈赠或采药行为等的收入。

其次，粮食安全是影响退耕还林工程可持续性的宏观社会经济要素，而土地在提供食物安全方面的长期价值不容忽视。即使不存在全局性的粮食安全问题，过大的退耕面积却很有可能导致贫困地区贫困户的粮食赋权问题。③ 这里引入反映农户家庭粮食安全的变量——单位耕地农作物产量，计算方法为调查年家庭耕地上所有农产品产量除以家庭耕地面积。家庭现金收入作为衡量农户金融资产的重要指标，同时也反映农户与商品经济的紧密联系程度（市场参与率），主要是农户通过创收获得的，也是大多数农户金融资产的主要来源。这里对这一变量的测量，是农户家庭的现金收入占家庭总收入的比例。生计多样性策略是农户为了应对严苛环境，选择通过不同的社会经济生产活动来丰富自己的收入来源与收

① 黎洁，李亚莉，邰秀军等. 可持续生计分析框架下西部贫困退耕山区农户生计状况分析. 中国农村观察，2009（5）：29−38.
② 李聪，柳玮，冯伟林等. 移民搬迁对农户生计策略的影响——基于陕南安康地区的调查. 中国农村观察，2013（6）：31−44.
③ 任林静，黎洁. 陕西安康山区退耕户的复耕意愿及影响因素分析. 资源科学，2013，（12）：2426−2433.

入。在自然灾害频仍的西部山区，农户各类家庭收入占家庭总收入的比重存在较大差异，各类收入的不均衡性使农户处在一个潜在的风险之中。这里设置两个变量，一个是测量农户家庭收入的多样性指数，用来反映农户家庭收入的多样性水平，如果多样性指数低则表明农户的收入结构不稳定；另一个是计算农户是否存在对特定收入的依赖性指数，如果依赖性指数高则表明农户的收入结构存在风险。具体计算方法参考了万金红等①的计算方法，以下简要列出计算公式和方法。

首先，收入多样性指数。假设某农户有 S 种收入来源形式，即 A_1，A_2，$\cdots$，As，农户的每一元收入属于且仅属于上面的一种特定的收入来源。随机从农户的总收入中拿出一元属于 $A_i(i=1, 2, \cdots, S)$ 种收入的概率为 P_i，这里我们利用 Shannon – Wiener 指数作为农户收入的多样性测量。收入的多样性指数为：

$$D_{income} = -\sum_{i=1}^{s} P_i \log P_i \qquad (7-1)$$

收入的多样性指数越高，则表明农户有多种收入来源，并且各种类型收入在家庭总收入中占据的比重较均匀。换句话说，外来的环境打击致使农户的某种家庭收入严重减少并不会影响农户家庭的正常生活。这样的农户在面临不确定的环境条件下更具有稳定性。

其次，收入依赖性指数。假设农户的家庭有 s 种家庭收入来源，其家庭总收入为 N 元（其中，第 i 种收入为 N_i 元，i = 1, 2, $\cdots$, s，并且，$\sum N_i = N$）。我们随机从农户 N 元总收入中先后拿出 2 元并且不再放回。如果这 2 元钱属于同一种收入 i 的概率越大，则说明农户对第 i 种收入的依赖水平越高。同时也表明，农户面临的潜在风险越高。也就是说，农户在开拓收入来源时，也需要缩小各类收入间的差距。收入依赖性指数公式为：

$$\lambda_{income} - \sum_{i=1}^{s} \left[\frac{N_i(N^i - 1)}{N(N-1)} \right] \qquad (7-2)$$

式（7-2）中：λ_{income} ——收入依赖指数；

N_i/N：第 i 种收入来源第 1 次被抽中的概率；

$(N_i - 1)/(N-1)$：第 i 种收入来源第 2 次被抽中的概率。

最后，与收入不同的是，家庭资产能够跨生命周期积累且很少快速变化。与收入相比，资产不仅是衡量经济状况更稳定的指标，而且可以代代相传，即通过资产的代际传递可以将不平等进行代际传递。考虑到资产可以带给家庭更多的机会，这里将家庭资产这一变量用"住房结构""住房面积"和"家庭拥有的生产

---

① 万金红，王静爱，刘珍等. 从收入多样性的视角看农户的旱灾恢复力——以内蒙古兴和县为例. 自然灾害学报，2008（2）：122－126.

工具和生活耐用品数量"三个指标合成,其处理方法参见李小云等(2007)。①

结合国内外相关学者的研究成果和课题组实地调查所获得的情况,②③ 这里 PSM 和 Probit 模型的自变量包括农户家庭基本情况(户主年龄及受教育程度、家庭规模、家庭负担比)、家庭经营规模(人均耕地面积)以及家庭成员的健康状况等诸多因素。根据前文给出的农村扶贫项目的内容,这些自变量的选择考虑了其对捕获扶贫项目的影响程度。户主作为农户家庭的最高决策者,其年龄和受教育程度将影响其作出何种决策;家庭规模和负担比,可以准确地反映农户家庭的劳动力数量,而人力资本水平的高低直接决定对扶贫项目信息的敏感性和可获得性;人均耕地面积作为衡量农户物质资本的重要指标,其不仅决定着农户进行扩大再生产资本的投入,也在一定程度上影响着农户获取外部资源资助的能力。健康状况影响农户参加扶贫项目的积极性和可能性,身体的好坏可能起到不同的作用,具体应视扶贫项目的类型而定。各自变量的定义及解释,如表 7 - 3 所示。

表 7 - 3　　　　　　　　　　　　模型变量定义及说明

控制变量	定义
户主年龄	单位:岁
户主受教育程度	定序变量:文盲 =1,小学 =2,初中 =3,高中 =4,中专技校 =5,大专及以上 =6
家庭规模	农户家庭的人口数量
家庭负担比	(少儿数 + 老年人数)/劳动力数量
健康	家庭成员中有身体健康状况不好的 =1,没有 =0
人均耕地面积	单位:亩

资料来源:本书作者。

2. 倾向得分匹配法

如前文所言,在扶贫项目对农户收入影响效果的研究中,选择偏差问题主要来源于农户能否捕获扶贫项目的选择并不随机,同时行政村是否实施扶贫项目的决定是由管理者决定的,因此,简单地将扶贫项目参与者和非参与者的人均收入进行对比而得到的回归系数并不具有统计上的一致性,可信度也极低。在处理选

---

① 李小云,董强,饶小龙等. 农户脆弱性分析方法及其本土化应用. 中国农村经济, 2007 (4): 32 - 39.
② 郭君平,吴国宝. 社区综合发展减贫方式的农户收入效应评价——以亚洲开发银行贵州纳雍社区扶贫示范项目为例. 中国农村观察, 2013 (6): 22 - 30.
③ 李佳路. 扶贫项目的减贫效果评估:对30个国家扶贫开发重点县调查. 改革, 2010 (8): 125 - 132.

择偏差的问题上，计量经济学中一般考虑采用社会实验法、工具变量法或倾向得分匹配法（PSM）。但由于现实中社会实验很难操作甚至无法实施，工具变量法的条件很难满足且有争议，因此在难以实施社会实验或无法找到恰当的工具变量时，计量经济学中一个通常的做法是，使用倾向得分匹配法来对样本进行匹配后再做计量估计。由于其具有减少使用调查数据所估计效果的偏倚程度的优点，该方法被广泛应用到各种项目平均效果的估计中。[1][2][3]

罗森鲍姆和鲁宾（Rosenbaum，Rubin，1983）创新性地提出了倾向得分匹配法，该方法最大的优势在于可以同时匹配多种混杂因素而且不增加难度，其核心观点是将参与和不参与的选择置于随机状态，然后，对处理组与对照组的效果进行对比。PSM 方法要求满足两个前提条件：第一，条件独立假定，即控制 $P(X)$ 后，农户收入独立于参与扶贫项目的状态（T）。第二，密度函数同支撑假定，即满足 $0 < P(X) = Pr(T=1 \mid X) < 1$。[4]

在分析过程中，农户样本将被分成两组：I 组和 J 组。I 组农户表示扶贫项目参与者，J 组农户表示未参与户。指示变量定义为 T，当农户参与扶贫项目，T = 1，否则 T = 0。那么，我们将参与组可观察到的特征定义为 X，参与项目的条件是 T = 1，则倾向得分就是 $P(X) = Pr(T=1 \mid X)$，当满足 PSM 方法的前提条件后，我们就可以比较参与组的平均产出 $E[Y^T \mid T=1, P(X)]$ 和非参与组的平均产出 $E[Y^C \mid T=0, P(X)]$，得到项目的平均效果 G。

$$G_{PSM} = E_{P(X) \mid T=1} \left\{ E[Y^T \mid T=1, P(X)] - E[Y^C \mid T=0, P(X)] \right\} \quad (7-3)$$

进一步，项目的平均效果 G 可以写为：

$$ATT = \frac{1}{N_T} \left[\sum_{i \in T} (Y_{i2}^T - Y_{i1}^T) - \sum_{j \in C} \omega(i, j)(Y_{j2}^C - Y_{j1}^C) \right] \quad (7-4)$$

其中，T 表示参与组，C 表示对照组，N 为参与者的样本数量，W（i，j）为匹配权重。

五、结果分析

（一）变量描述分析

在采用 Probit 模型进行估算之前，这里首先对进入模型的全部自变量进行两样

---

① 伊藤顺一，包宗顺，苏群. 农民专业合作社的经济效果分析——以南京市西瓜合作社为例. 中国农村观察，2011（5）：2-13.

② 陶然，周慧敏. 父母外出务工与农村留守儿童学习成绩——基于安徽、江西两省调查实证分析的新发现与政策含义. 管理世界（月刊），2012（8）：68-77.

③ 华春林，陆迁，姜雅莉等. 农业教育培训项目对减少农业面源污染的影响效果研究——基于倾向评分匹配方法. 农业技术经济，2013（4）：83-92.

④ Rosenbaum, P. R. and Rubin, D. B.. The central role of the propensity score in observational studies for causal effects. Biometrika, 1983, 70（1）：41-55.

本 t 检验，初步分析开发式项目组（a）、补贴式项目组（b）（下同）与对照组的差异性。农户家庭特征变量和各收入组成变量的描述性统计，见表7-4、表7-5。

表7-4　　　　　　　　项目参与组与对照组样本农户特征的描述统计

变量	均值			|均值差 a|	|均值差 b|	T_a 值	T_b 值
	(a)	(b)	对照组				
户主年龄	49.25 (1.02)	49.61 (0.83)	49.31 (0.64)	0.06 (1.23)	0.29 (1.04)	0.05	-0.28
户主受教育程度	2.32 (0.07)	2.11 (0.06)	2.41 (0.04)	0.10 (0.08)	0.30 (0.07)	1.18	4.34***
家庭规模	4.14 (0.15)	3.59 (0.10)	3.68 (0.08)	0.46 (0.16)	0.08 (0.13)	-2.84***	0.65
家庭负担比	0.56 (0.05)	0.48 (0.03)	0.42 (0.03)	0.14 (0.06)	0.07 (0.05)	-2.40**	-1.41
健康	0.21 (0.04)	0.33 (0.03)	0.18 (0.02)	0.03 (0.04)	0.15 (0.04)	-0.66	-4.06***
人均耕地面积	3.32 (0.50)	1.55 (0.26)	1.31 (0.09)	2.01 (0.34)	0.25 (0.25)	-5.96***	-1.01

注：a 表示开发式项目组（123 户），b 代表补贴式项目组（236 户），括号内数值为标准差；***、**和*分别表示在1%、5%和10%的统计水平上显著。

资料来源：本书作者，本章以下表同。

表7-4显示，尽管开发式项目组与非项目组样本的户主特征变量（年龄和受教育程度）在10%的显著水平上无差异，但家庭特征变量和土地均在1%的水平上有显著的差异（家庭负担比除外）。至于补贴式项目组与非项目组样本，除户主受教育程度和健康变量在1%的水平上有显著差异外，其余4个变量均在10%的水平上无显著差异。另外，补贴式项目组农户的户主年龄、家庭负担比、健康和人均耕地面积的均值比非项目组农户大，但从户主受教育程度和家庭规模这两个变量来看，非项目组农户的均值较大。

表7-5　　　　　　　　项目参与组与对照组样本农户各项收入及资产的描述统计

变量	均值			均值差 a	均值差 b	T_a 值	T_b 值
	(a)	(b)	对照组				
农户人均纯收入	10703.91 (842.70)	5581.86 (570.48)	5521.95 (413.92)	5181.96 (848.39)	59.91 (687.27)	-6.11***	-0.09
人均农林种植纯收入	5238.88 (634.63)	1710.40 (178.92)	2196.85 (257.84)	3042.03 (573.02)	486.45 (341.05)	-5.31***	1.43

续表

变量	均值			|均值差 a|	|均值差 b|	T_a 值	T_b 值
	（a）	（b）	对照组				
人均家畜养殖收入	493.60 (129.22)	460.47 (85.44)	414.48 (53.66)	79.11 (118.10)	45.99 (96.12)	−0.67	−0.48
人均外出务工收入	1774.89 (216.56)	1099.05 (171.38)	1138.41 (130.61)	636.48 (251.83)	39.36 (211.83)	−2.53**	0.19
人均非农经营活动纯收入	445.44 (271.11)	980.84 (396.42)	1048.70 (289.66)	603.26 (503.89)	67.86 (479.29)	1.19	0.14
人均政府补贴收入	1867.74 (253.58)	1063.79 (124.25)	295.01 (20.59)	1572.72 (158.46)	768.77 (107.59)	−9.93***	−7.15***
人均其他收入	818.18 (221.21)	426.89 (80.25)	330.81 (43.62)	487.37 (152.11)	96.08 (85.19)	−3.20***	−1.13
单位耕地农作物产量	369.45 (26.84)	1000.02 (37.73)	810.28 (39.47)	440.83 (61.52)	189.74 (55.70)	7.17***	−3.41***
家庭现金收入比例	0.81 (0.02)	0.54 (0.02)	0.64 (0.02)	0.17 (0.03)	0.10 (0.03)	−4.98***	3.19***
收入多样性指数	0.75 (0.03)	0.82 (0.03)	0.72 (0.03)	0.03 (0.05)	0.10 (0.04)	−0.56	−2.59**
收入依赖性指数	0.59 (0.02)	0.54 (0.01)	0.65 (0.05)	0.06 (0.08)	0.12 (0.06)	0.84	2.05**
家庭资产	0.31 (0.012)	0.29 (0.008)	0.30 (0.007)	0.02 (0.013)	0.005 (0.010)	−1.39	0.45

　　注：a 表示开发式项目组（123 户），b 代表补贴式项目组（236 户），括号内数值为标准差；***、**和*分别表示在 1%、5% 和 10% 的统计水平上显著。

　　表 7 - 5 列出了开发式项目组农户、补贴式项目组农户分别与非项目组农户人均纯收入及其各分项收入和其他指标的对比结果。其中，开发式项目组和非项目组农户的人均纯收入、人均农林种植纯收入、人均政府补贴收入、人均其他收入以及单位耕地农作物产量和家庭现金收入比例均在 1% 的水平上存在显著的差异，而人均外出务工收入在 5% 的水平上差异显著，具体表现为开发式项目组农户除人均非农经营活动纯收入、单位耕地农作物产量和收入依赖性指数低于非项目组农户外，其余各分项收入和其他变量均高于非项目组农户。与农户家庭特征变量分析结果不同的是，收入变量中人均政府补贴收入、单位耕地农作物产量和收入多样性指数分别在 1%、1% 和 5% 的水平上存在显著的差异，补贴式项目组农户的这三个指标数值都明显高于非项目组农户。以上分析表明，除表 7 - 3 列出的农户家庭特征变量之外，其他不可观测的变量可能导致项目组和非项目组农户各项收入之间的差异，直接对该数据进行 OLS 回归的结果可能导致对项目直接效应的评估存在选择偏差和由分布不同导致的其他偏差。

此外，通过对比两项目组和非项目组农户的各类收入及其他指标可以发现，项目组农户和非项目组农户的收入存在差异，项目组农户的收入水平要高于非项目组农户。可以推断，参与扶贫项目促进了农户收入水平的提高，但这种变化在多大程度上得益于调查区域实施的扶贫项目，需要更为精确的计量。将项目组农户和非项目组农户的各类收入进行简单比较只能反映出一种现象，而并不能说明两者之间的因果关系。到底是参与扶贫项目导致了农户收入水平的提高，还是收入水平高的农户捕获了扶贫项目？以下，引入倾向得分匹配法来评估参与扶贫项目对农户各类收入的真实效应。

（二）模型估算结果

采用 Probit 模型，通过逐步引入农户家庭特征变量进行倾向得分估算，检查项目组农户和非项目组农户倾向得分平衡性以及模型的 Pseudo R^2 值，选择满足平衡性要求且 Pseudo R^2 值最大的变量组合用于最终倾向得分估算。表 7－6 列出了变量选择的最终结果和 Probit 模型估算结果。考虑到可能存在的不可观测或者难以度量的影响因素，用于倾向得分估算的特征变量还增加了年龄平方。

开发式项目和补贴式项目 Probit 模型估算的 Pseudo R^2 值分别为 0.181 和 0.048，变量的选择均满足平衡性要求，Probit 模型估算说明了各变量对于农户参与扶贫项目的影响。模型（a）中，有关户主特征的变量（户主年龄、年龄平方和受教育程度）都不显著，健康变量也不显著。家庭规模、人均耕地面积和家庭负担比的系数估计值为正，且在 1%、1% 和 10% 的水平上显著，说明家庭规模越大、耕地面积越多以及家中老人和孩子数量越多，农户参与开发式项目的概率越高。而在模型（b）中，户主年龄（年龄平方）均不显著。家庭规模、家庭负担比和人均耕地面积也不显著。健康变量的系数估计值为正，且在 1% 的水平上显著，说明农户家庭成员身体健康状况越差，农户参与补贴式项目的概率越高（这里由于健康变量定义为家中有成员身体健康状况不好为 1，因此系数估计值作相反解释）。而户主受教育程度结果为负且显著，说明文化程度较低的户主在获取补贴式项目等公共资源方面得到了更多优待和照顾。以上说明，政府更倾向于将补贴式扶贫项目分配给村内的弱势群体，这类农户普遍具有身体健康状况差、文化程度不高的特征，这也符合政府救济和低保等社会救助政策设计的初衷。

表 7－6			倾向得分的 Probit 模型估算	
	（a）	Z 值	（b）	Z 值
户主年龄	0.022	0.25	0.001	0.02
户主年龄平方	－ 0.0003	－ 0.38	－ 0.0002	－ 0.36
户主受教育程度	－ 0.032	－ 0.18	－ 0.499 ***	－ 3.99

续表

	（a）	Z 值	（b）	Z 值
家庭规模	0.401 ***	4.31	−0.020	−0.31
家庭负担比	0.391 *	1.75	0.164	0.90
健康	−0.157	−0.49	0.704 ***	3.26
人均耕地面积	0.614 ***	7.36	0.028	0.79
常数项	−4.124 *	−1.87	1.024	0.72
Log likelihood	−208.726		−348.634	
Pseudo R^2	0.181		0.048	

注：a 表示开发式项目组（123 户），b 代表补贴式项目组（236 户）；***、** 和 * 分别表示在 1%、5% 和 10% 的统计水平上显著。

（三）计量回归分析

根据匹配标准的不同，以下采取四类匹配算法对项目组农户和非项目组农户的倾向得分进行匹配：NN 匹配（Nearest-neighbor matching）、Radius 匹配（Radius matching）、Kernel 匹配（Kernel matching）和分层匹配（Stratification matching）。下面，以 Kernel 匹配算法为例展开分析。

利用调查数据估计了开发式项目的农户收入净效应，并将其与补贴式项目做比较（见表 7-7），有如下发现。

①开发式项目在 1% 的水平上对农户人均纯收入产生了显著的正向影响（净影响系数 3934.06 元）。

具体来说，其对人均外出务工收入、人均政府补贴收入、家庭现金收入比例和家庭资产的正向影响均保持在 1% 的显著性水平上，而在 10% 的水平上对农户人均其他收入有显著的正向作用，同时，对单位耕地农作物产量的负向影响非常显著。

②开发式项目对不同收入项的影响不尽相同。

首先，模型的回归结果都不显著，因此无法判断项目对人均农林种植纯收入和家畜养殖收入的影响效果。可能的原因在于，尽管移民搬迁项目会减少农户土地面积进而降低农林种植业收入，但由于搬迁后耕作方式逐渐由粗放转向集约，土地的利用率也得到很大提升，这些因素具有的正负相反的效应致使农林种植业收入效应不显著。家畜养殖收入不显著的原因与此类似。其次，对人均外出务工收入的回归结果在 1% 的水平上显著，而人均非农经营活动纯收入不显著，说明开发式项目对劳动力转移有正向效应。诚然，农户从事产业化经营或参与移民搬迁工程、小额信贷项目需要一定的资金和积累，而在面对债务问题时，农户家庭通常又会通过增加劳动力输出这一途径去解决。最后，由于调查年份恰逢移民搬迁补助一次性发放，因此政府补贴收入占开发式项目组农户总收入的比例较大，而且，此项收入明显高于补贴式项目组农户。

③开发式项目对农户收入有间接影响。

其中，开发式项目（如以工代赈）可以改善贫困地区基础设施建设和农业生产条件，进而促使农作物播种面积和粮食总产量保持一定的增长速度，但由于移民搬迁工程的冲击以及本次调查涉及的以工代赈项目农户较少等原因，开发式项目对单位耕地农作物产量的负向影响作用显著。此外，家庭现金收入比例这一变量表现出显著的正向影响，可能是开发式项目特别是劳动力培训提高了贫困地区劳动力外出的概率，同时，增加了劳动力在本地从事非农就业的机会进而影响非农收入所致。而贫困脆弱性方面，开发式项目对收入多样性指数和收入依赖性指数的影响均不显著，其原因可能是开发式项目对促使农户生计手段多样化作用甚微，因此在调整农户收入结构的问题上，开发式项目的影响程度较小。至于家庭资产，开发式项目能有效地提高贫困户的生产能力，使其积累一定的生产资料，尤其是生产性固定资产方面的增长趋势明显，应是家庭资产表现出显著正向影响效应的直接原因。

④补贴式项目对农户各项人均收入的净效应与开发式项目有较大差异。

其中，模型在估计补贴式项目对农户人均政府补贴收入的净效应上具有相同结果，具体表现为补贴式项目贡献了726.49元，且在1%的水平上显著。而对单位耕地农作物产量、收入多样性指数、家庭现金收入比例以及收入依赖性指数的回归结果表明，补贴式项目对单位耕地农作物产量在1%的显著性水平上有正向影响，其对收入多样性指数在5%的显著性水平上有正向影响，其对家庭现金收入比例以及收入依赖性指数在5%的显著性水平上有负向影响。与开发式项目不同，补贴式项目组农户遭受因移民搬迁工程造成耕地面积锐减冲击的可能性较小，显然退耕还林并未降低粮食产量，这样有利于规避农户复耕的风险，因此，这里的单位耕地农作物产量表现出正向影响。对于家庭现金收入比例的负向影响效应，可能的解释是，贫困山区的基础设施建设薄弱，劳动力市场与商品发展缓慢，劳动力自身素质较低，缺乏面对市场的信心和能力，才使补贴式项目对改善市场参与程度的负向作用明显。

⑤与开发式项目不同，补贴式项目对农户人均纯收入未有显著影响。

其中，各分项收入中也仅有人均政府补贴收入这一指标显著，因此，这里无法解读补贴式项目对农村富余劳动力的释放作用，换言之，其对农村劳动力的转移效益不能被评估。一种可能的解释是，该补贴式项目对各分项收入分别有正负相反的效应，从而相互抵消或削弱，导致人均纯收入净效应不显著。尽管如此，补贴式项目对收入多样性和收入依赖性指数的影响仍显著，其原因可能在于农村低保等救助政策构建了贫困农户社会安全网的主体框架，减少收入贫困和降低贫困发生率的同时，缓冲贫困农户遭受风险和脆弱性的冲击，避免生计框架崩溃，持续获取可行能力和机会。最后，家庭资产并未表现出显著影响的原因，可能是补贴式项目未能改变农户住房结构和面积，对生产性固定资产等生产资料的积累也没有贡献。

最后，单纯从扶贫项目对农户收入的直接影响方面看，根据 Kernel 匹配算法，开发式项目对农户人均纯收入、人均外出务工收入、人均政府补贴收入和人均其他收入的净效应分别是 3934.06 元、908.96 元、1533.72 和 442.23 元，而补贴式项目对农户人均纯收入无显著的提高作用，对人均政府补贴收入的净效应为 726.49 元。可以发现，开发式项目的收入净效应要比补贴式项目大，也符合我们的预期。

此外，不同的匹配算法，可能导致回归结果之间的差异。据表 7-7 可知，总体来说，采用 4 种不同的匹配算法并未对扶贫项目的评估产生根本的影响（其中，相邻样本匹配法的回归结果显示开发式项目对农户人均纯收入影响不显著）。但各种算法结果之间略有差异。比如，开发式项目对于农户人均外出务工收入的影响，Kernel 匹配的统计量在 1% 的水平上显著，而相邻样本匹配、Radius 匹配和 Stratification 匹配的统计量在 5% 的水平上才显著。至于补贴式项目对于农户家庭现金收入比例的影响方面，Radius 匹配和 Kernel 匹配的统计量在 1% 的水平上显著，而 Stratification 匹配的统计量在 5% 的水平上显著，相邻样本匹配则不显著。

表 7-7　　　　　　　　　　不同匹配算法的 PSM 模型回归结果

因变量	相邻样本匹配		Radius 匹配		Kernel 匹配		Stratification 匹配	
	(a)	(b)	(a)	(b)	(a)	(b)	(a)	(b)
农户人均纯收入	1590.90 (0.96)	1532.00 (1.48)	3203.66** (1.98)	1196.96 (1.18)	3934.06*** (3.38)	593.18 (0.82)	3896.26*** (3.31)	646.16 (0.90)
人均农林种植纯收入	-948.13 (-0.70)	39.39 (0.07)	306.27 (0.28)	-98.75 (-0.24)	1018.46 (1.03)	-405.73 (-1.37)	850.20 (0.84)	-414.86 (-1.29)
人均家畜养殖收入	-11.30 (-0.06)	195.59 (1.32)	-315.61* (-1.78)	80.28 (0.96)	32.22 (0.22)	63.73 (0.59)	77.21 (0.53)	20.98 (0.22)
人均外出务工收入	753.21** (2.29)	325.64 (1.09)	844.28** (2.04)	189.87 (0.58)	908.96*** (3.71)	133.27 (0.65)	833.88** (2.47)	152.66 (0.74)
人均非农经营活动纯收入	91.01 (0.18)	283.91 (0.38)	137.06 (0.28)	339.84 (0.45)	-32.02 (-0.09)	162.01 (0.30)	53.61 (0.14)	165.04 (0.32)
人均政府补贴收入	1520.03*** (5.89)	756.70*** (6.56)	1455.69*** (3.72)	637.20*** (5.33)	1533.72*** (5.84)	726.49*** (6.80)	1545.18*** (5.93)	712.31*** (6.68)
人均其他收入	276.69 (0.96)	149.14 (1.26)	704.77 (1.61)	56.91 (0.46)	442.23* (1.78)	142.68 (1.55)	492.01* (1.95)	114.12 (1.38)
单位耕地农作物产量	-185.62** (-2.56)	259.55** (2.58)	-248.01** (-2.52)	299.35*** (3.67)	-267.35*** (-5.72)	198.11*** (3.31)	-245.12*** (-4.94)	213.24*** (3.42)

续表

	相邻样本匹配		Radius 匹配		Kernel 匹配		Stratification 匹配	
因变量	（a）	（b）	（a）	（b）	（a）	（b）	（a）	（b）
家庭现金收入比例	0.124 ** (2.29)	−0.034 (−0.64)	0.239 *** (4.23)	−0.068 (−1.60)	0.166 *** (3.95)	−0.070 ** (−2.16)	0.171 *** (4.07)	−0.073 ** (−2.18)
收入多样性指数	0.062 (0.64)	0.118 * (1.88)	−0.030 (−0.41)	0.073 (1.27)	0.019 (0.29)	0.098 ** (2.55)	0.051 (0.66)	0.098 ** (2.40)
收入依赖性指数	−0.062 (−0.47)	−0.127 (−1.13)	0.018 (0.44)	−0.134 (−1.26)	−0.063 (−0.68)	−0.142 ** (−1.99)	−0.100 (−0.97)	−0.150 * (−1.88)
家庭资产	0.057 *** (2.51)	0.017 (1.04)	−0.004 (−0.14)	0.001 (0.08)	0.039 *** (2.88)	0.013 (1.20)	0.051 *** (3.19)	0.012 (1.05)

注：a 表示开发式项目组（123 户），b 代表补贴式项目组（236 户）；括号内为 t 统计量。 *** 、 ** 和 * 分别表示在 1% 、5% 和 10% 的统计水平上显著。

六、总结与建议

利用本课题组在陕西省安康市的抽样调查数据，本节采用倾向得分匹配法有效地处理了样本自选择和管理选择问题，并对农户参与开发式项目和补贴式项目的收入效应进行了分析。从样本均值来看，开发式项目组、补贴式项目组和非项目组农户的人均纯收入分别为 10703.91 元、5581.86 元和 5521.95 元，但无论采用哪种匹配算法，PSM 方法估计的扶贫项目对农户收入的影响效果都不高或不显著。因此，在对两类项目组和非项目组农户进行单纯比较时，包含的选择性偏差会导致扶贫项目对农户收入效应的过高估计。此外，以开发式项目为载体的减贫方式能显著地提高农户人均纯收入，而补贴式项目在本节并未表现出显著影响，两者除对农户人均农林种植纯收入、家畜养殖收入和非农经营活动纯收入以及政府补贴收入的影响程度和显著性不存在差异之外（仅最后一项有显著影响），其他指标均有明显差别，特别是单位耕地农作物产量和家庭现金收入比例这两个指标，两者呈现完全相反方向的显著影响。另外，开发式项目对农户外出务工收入和其他收入均有显著影响，这是其区别于补贴式项目的收入净效应最直接的体现，而且从总体上看，其对农户的增收效应要比补贴式项目更大。

本节的结论对政策制定者有如下启示：第一，促使农户生计向非农生计转型。在开发式项目实施地，农户家庭的劳动力得以重新配置，农户生计转向外出务工和家畜养殖活动。从整体态势来看，预计相当长的一段时期内，随着农村劳动力的持续转移，农户外出务工或从事其他非农活动的经济收入仍将大幅度提升。[1] 因此，应该在西部农村地区继续加大劳动力培训的力度，帮助贫困农户提

---

[1] 郭君平，吴国宝. 社区综合发展减贫方式的农户收入效应评价——以亚洲开发银行贵州纳雍社区扶贫示范项目为例. 中国农村观察，2013（6）：22~30.

升自身能力的建设。第二，优化产业结构和改善农业生产条件。作为提高农户收入水平的现实选择，前文的分析已经表明，农户人均农林种植纯收入和家畜养殖收入的比重都较小。为解决这一现实问题，促进农户这两类收入的增加，不仅需要加强基础设施建设，为农业生产和农户经营提供物质基础，不断改善农业生产条件，还要优化当前农业产业结构，提高农畜产品的附加值。第三，尽管开发式扶贫项目的实施对农户收入有着积极的促进作用，但随着部分地区较高的返贫率和新的贫困人口（人均纯收入低于 2300 元的人口）的增加，西部山区的扶贫难度会进一步加大。因此，在新扶贫规划的背景下，贫困地区要因地制宜，争取同时开展多种宽领域、多层次、整体式的扶贫开发项目，全面拉动西部山区的经济增长和农户增收的双重目标。

第八章

生态功能区的移民搬迁与
搬迁农户的适应力研究

第一节为陕南移民搬迁的基本情况，移民搬迁的类型与基本特征，陕南移民搬迁目前取得的成绩；第二节利用西安交通大学人口与发展研究所课题组 2011 年 11 月安康农村入户调查数据，利用可持续生计分析框架分析安康移民搬迁户的生计现状；第三节为安康移民搬迁户的生计策略与适应力分析。

第一节　陕南避灾扶贫移民搬迁工程概况

一、中国易地移民搬迁工程与精准扶贫

中国政府近年来高度重视扶贫攻坚工作。2014 年 1 月 25 日，中共中央办公厅、国务院办公厅《关于创新机制扎实推进农村扶贫开发工作的意见》提出，"针对制约贫困地区发展的'瓶颈'，以集中连片特殊困难地区为主战场，因地制宜，分类指导，突出重点，注重实效，继续做好整村推进、易地扶贫搬迁、以工代赈、就业促进、生态建设等工作，组织实施扶贫开发 10 项重点工作，全面带动和推进各项扶贫开发工作"。① 同时，2015 年，国务院扶贫办提出将重点推进精准扶贫十项工程：干部驻村帮扶、职业教育培训、扶贫小额信贷、易地扶贫搬迁、电商扶贫、旅游扶贫、光伏扶贫、致富带头人创业培训、龙头企业带动

---

① http://news.xinhuanet.com/politics/2014-01/25/c_119127842.htm.

等。同时，国务院扶贫开发领导小组、中央农村工作领导小组办公室、民政部、人力资源和社会保障部发布了《建立精准扶贫工作机制实施方案》，提出了中国实施精准扶贫的基本原则：精准识别、精准帮扶、精准管理和精准考核。① 在这一背景下，各地政府积极发布有关精准扶贫的指导意见。如中共甘肃省委、甘肃省政府 2015 年 6 月发布了《关于扎实推进精准扶贫工作的意见》，提出了六个精准，对象精准、目标精准、内容精准、方式精准、考评精准和保障精准。

精准扶贫作为 2014 年提出的中国扶贫系统的新工作机制和工作目标，官方定位为，通过对贫困户和贫困村的精准识别、精准帮扶、精准管理和精准考核，引导各类扶贫资源优化配置，实施扶贫到村到户，逐步构建精准扶贫工作长效机制，为科学扶贫奠定坚实基础。

2015 年 11 月底，中央扶贫开发工作会议提出要坚持精准扶贫、精准脱贫，重在提高脱贫攻坚成效，从实现全面建成小康社会奋斗目标出发，明确到 2020 年中国现行标准下农村贫困人口实现脱贫，贫困县全部摘帽，解决区域性整体贫困。按照贫困地区和贫困人口的具体情况，中国将实施"五个一批"工程。其中，包括易地搬迁脱贫一批，即贫困人口很难实现就地脱贫的要实施易地搬迁，按规划、分年度、有计划组织实施，确保搬得出、稳得住、能致富。

2015 年 11 月 29 日，中共中央、国务院发布的《关于打赢脱贫攻坚战的决定》也提出了对居住在生存条件恶劣、生态环境脆弱、自然灾害频发等地区的农村贫困人口，加快实施易地扶贫搬迁工程。并要求坚持群众自愿、积极稳妥的原则，因地制宜选择搬迁安置方式，合理确定住房建设标准，完善搬迁后续扶持政策，确保搬迁对象有业可就、稳定脱贫，做到搬得出、稳得住、能致富。要紧密结合推进新型城镇化，编制实施易地扶贫搬迁规划，支持有条件的地方依托小城镇、工业园区安置搬迁群众，帮助其尽快实现转移就业，享有与当地群众同等的基本公共服务。加大中央预算内投资和地方各级政府投入力度，创新投融资机制，拓宽资金来源渠道，提高补助标准。积极整合交通建设、农田水利、土地整治、地质灾害防治、林业生态等支农资金和社会资金，支持安置区配套公共设施建设和迁出区生态修复。利用城乡建设用地增减挂钩政策，支持易地扶贫搬迁。为符合条件的搬迁户提供建房、生产、创业贴息贷款支持。支持搬迁安置点发展物业经济，增加搬迁户财产性收入。探索利用农民进城落户后自愿有偿退出的农村空置房屋和土地安置易地搬迁农户等。② 以上内容将指导中国的易地扶贫移民搬迁工作。

作为中国开发式扶贫的重要内容之一，易地扶贫搬迁旨在通过对生存环境恶劣地区的农村贫困人口实施易地搬迁安置，根本改善其生存和发展环境，实现脱

---

① http://www.bzfp.gov.cn/templet/view_0.asp? info_id = 2418.

② http://news.xinhuanet.com/politics/2015 - 12/07/c_1117383987.htm.

贫致富。移民搬迁工程在中国贫困地区往往同时具备生态建设工程、民生工程、扶贫工程、发展工程和城镇化推进工程的性质。

中国自 2001 年启动易地扶贫搬迁工作以来，实施范围由最初的内蒙古、贵州、云南、宁夏 4 省区，扩大到目前的 17 个省区，困扰贫困人口多年的"一方水土养不起一方人"的状况，正不断得到改善。数据显示，"十二五"以来，共安排中央预算内补助投资 231 亿元，搬迁贫困群众 394 万人，撬动了中央部门资金和地方投资、群众自筹资金近 800 亿元。2015 年，国家共安排 55 亿元，支持搬迁贫困群众 91.65 万人。截至 2015 年 11 月，国家累计安排易地扶贫搬迁中央补助投资 363 亿元，搬迁贫困群众 680 万余人。①

目前，全国建档立卡贫困人口中有易地扶贫搬迁需求的约 1000 万人，主要分布在深山区、石山区、高寒山区、荒漠化地区，其中，西北荒漠化地区、高寒山区约 300 万人，而西南高寒山区、大石山区约 400 万人，中部深山区约 300 万人，这些都将逐步纳入"十三五"规划扶贫搬迁之中。2015 年 12 月，国家发展和改革委员会、扶贫办会同财政部、国土资源部、人民银行五部门联合印发《"十三五"时期易地扶贫搬迁工作方案》。其明确了"十三五"时期易地扶贫搬迁工作的总体要求、搬迁对象与安置方式、建设内容与补助标准、资金筹措、职责分工、政策保障等，提出"十三五"时期要坚持与新型城镇化相结合，对居住在"一方水土养不起一方人"地方的建档立卡贫困人口实施易地搬迁，加大政府投入力度，创新投融资模式和组织方式，因地制宜探索搬迁安置方式，加大安置区建设力度，更加注重精准扶持，完善相关后续扶持政策，强化移民技术培训和后续产业培育，促进迁出区生态恢复等，强化搬迁成效监督考核，努力做到"搬得出、稳得住、有事做、能致富"，确保搬迁对象尽快脱贫，从根本上解决生计问题。其中，2016 年度计划搬迁 200 万人。②

甘肃、山西、贵州、广西等地也积极实施易地移民搬迁工程。如为了从根本上解决居住在生态环境脆弱、生态区位重要、自然条件恶劣地区的农村人口发展问题，实现 2020 年与全国同步实现全面小康社会的目标，2012 年 5 月贵州省委、省政府决定启动实施扶贫生态移民工程，计划从 2012～2020 年，用 9 年时间将居住在深山区、石山区、生态功能区、连片特困地区和民族地区的 47.7 万户 204.3 万农村人口搬迁出来，从根本上改善生存与发展条件。实施扶贫生态移民工程是贵州省委、省政府立足于消除贫困、保护生态做出的重大战略决策，该项工程自 2012 年 5 月正式启动以来，连续 4 年被列为全省十大民生工程。按照"搬得出、留得住、能就业、有保障"的要求，全国各地积极引导移民到城镇、

---

① 杨光. 实施易地搬迁：加快脱贫致富步伐. 经济日报，2015 - 11 - 27.
② http://finance.sina.com.cn/roll/20151208/161923963488.shtml.

产业园区、企业等实现就业，还引导进城移民纳入城镇社会保障体系。① 实施扶贫生态移民工程，把贫困群众搬迁到城镇、产业园区周边等条件相对较好的地方集中安置，不仅降低了扶贫成本，使群众能够享有更多、更好的公共服务，还增强了贫困群众的自我发展能力，从根本上解决贫困人口的生存和发展问题。

实施扶贫生态移民工程，还实现了农村贫困人口向城镇转移，推动了城镇基础设施建设，壮大了城镇规模，增强了城镇经济活力，加快了城镇化发展步伐。据 2015 年对已搬迁的移民抽样调查显示，在 2.1 万多个调查对象中，通过园区岗位、公益性岗位、外出打工和自主创业等就业的占到了劳动力人口的 69.4%。此外，贵州省实施扶贫生态移民工程，还减轻了原居住地的生态压力，促进了生态保护和生态修复。为了实现扶贫开发、小城镇建设和生态保护修复三大功能的有机统一，2015 年贵州启动实施扶贫生态移民工程三年攻坚行动计划，打造 100 个精品工程，引领全省扶贫生态移民工程转型升级，实现跨越。②

广西壮族自治区 2016 年 7 月正式公布了易地扶贫搬迁 "十三五" 规划，计划 2016～2020 年全区移民搬迁 110 万人，其中，建档立卡贫困人口 100 万人，同步搬迁的其他农户 10 万人。易地扶贫搬迁工程需要进行住房、生产生活设施、公共服务设施等项目建设，共需投入资金 660.18 亿元。③

2016 年 7 月，甘肃省人民政府发布了《关于加快推进 "十三五" 时期易地扶贫搬迁工作的意见》，"十三五" 期间甘肃省易地扶贫搬迁规模为 17.39 万户 73.14 万人，其中，建档立卡户 11.96 万户 50 万人，与建档立卡户同居住地同步搬迁的非建档立卡户 5.43 万户 23.14 万人，5 年建设任务力争 3 年全部下达投资计划，到 2020 年 50 万建档立卡搬迁群众稳定实现不愁吃、不愁穿，义务教育、基本医疗和住房安全有保障，与全国人民一道同步进入全面小康社会。④

此外，根据《山西省 "十三五" 时期易地扶贫搬迁实施方案》，"十三五" 期间山西省 11 市 86 个县（市、区）计划完成 56 万人易地扶贫搬迁任务，其中，搬迁 45 万建档立卡贫困人口、11 万确需同步搬迁的农村人口，到 2020 年，搬迁对象生产生活条件得到明显改善。"十三五" 时期，山西省易地扶贫搬迁总投资 299.2 亿元。其中，45 万建档立卡贫困人口投资 266.95 亿元，资金来源包括中央预算内投资 31.5 亿元、地方政府债券 43.9 亿元、专项建设基金 22.5 亿元、国家政策性贷款 149.6 亿元、农户自筹 19.45 亿元。支出需求包括建房补助 112.5 亿元，基础设施补助 33.75 亿元，公共服务设施补助 28.35 亿元；土地整治、迁出区生态恢复和产业发展资金 72.9 亿元，农户自筹资金 19.45 亿元。⑤

---

① http：//www.cpad.gov.cn/publicfiles/business/htmlfiles/FPB/fpym/201406/196805.html.
② http：//www.cpad.gov.cn/publicfiles/business/htmlfiles/FPB/fpym/201505/203292.html.
③ http：//www.gx.xinhuanet.com/newscenter/20160729/3320528_c.html.
④ http：//www.gansu.gov.cn/art/2016/7/29/art_4785_281553.html.
⑤ http：//www.jconline.cn/Contents/Channel_7150/2016/0623/1294385/content_1294385.htm.

二、陕南移民搬迁工程的实施现状、主要政策措施与进展

(一) 陕南移民搬迁工程的背景

陕南地区的汉中、安康、商洛三市,是中国自然灾害多发区,又处于秦巴集中连片特困地区腹地,灾害与贫困问题更为突出,防灾减贫任务尤为艰巨。贫困与自然灾害相伴而生、相互影响、互为因果。2011 年底,陕南三市经济总量仅为全省的 11.4%,农村居民人均收入仅为全国平均水平的 71%;所辖 28 个县(区) 中 27 个处于秦巴山区连片特殊困难区,其中,24 个为国家级重点扶贫县。通过 2014 年的贫困识别,陕南三市还有贫困人口 303.5 万人,占全省贫困人口总数的 67%。其中,因灾致贫和因生存条件差致贫的人口为 288 万人,占陕南三市贫困人口的 95%。[①] 同时,陕南大量人口长期依山而居、靠山吃山,传统生产生活方式对自然资源的过度依赖,导致资源承载与生态修复能力下降,生态问题日益严重。而陕南又是中国“南水北调”中线工程最重要的水源涵养区,也是国家主体功能区划确定的生态保护功能区。

为从根本上解决陕南灾害与贫困、生态保护问题,推动陕南三市 28 个县区与全省同步进入小康社会,2011 年 5 月,陕西省委、省政府决定启动陕南移民搬迁工程,计划用 10 年时间,把居住在中高山地质灾害易发区的 240 万山区群众搬迁转移到安全、宜居、宜业的浅丘或川道地带,旨在彻底解决陕南地区长期以来的地质灾害问题,以使普通民众生活在安全便利的居住环境中,同时,也从源头上解决生态保护面临的难题,促使陕南通过优化人口布局、转变生产生活方式,实现全面协调可持续发展。

结合陕南地区经济社会发展和减灾扶贫实际情况,陕西省制定了《陕南地区移民搬迁安置总体规划 (2011~2020 年)》。围绕“搬得出、稳得住、能致富”的总要求,从 2011 年起用 10 年时间,搬迁移民 60 万户、240 万人。具体实施分为两个阶段:2011~2016 年,重点实施避灾搬迁移民、贫困山区移民和生态移民安置 38 万户、140 万人;2017~2020 年,实施移民搬迁安置 22 万户、100 万人。[②] 规划期内,积极实施城乡一体化发展战略,逐步建立和完善层次结构合理、布局有序的城乡结构体系,建立与经济发展水平相适应的社会保障体系,着力把搬迁安置区建成现代化的新城镇和社会主义新农村,确保移民群众有安全、经济、实用的住房,享受便利、均等的公共服务,收入和生活水平显著提高。

截至 2015 年底,陕南移民搬迁工程五年来共投入资金 595 亿元,其中,各

① http://sx.sina.com.cn/news/g/2015-07-06/detail-ifxesfty0371485.shtml.
② http://news.xinhuanet.com/local/2015-12/24/c_1117572259.htm.

级财政投入258.6亿元,完成搬迁32.4万户、111.89万人,建设30户以上集中安置点2252个,集中安置29.3万户、102.5万人,集中安置率达90.4%。① 尤其是陕南移民搬迁把贫困户、特困户搬迁作为重点,优先实施搬迁。"十二五"期间,累计搬迁贫困户14.48万户、50.64万人,特困户3.2万户8.25万人。通过"一点一策、一户一法"逐户规划致富产业,搬迁群众人均收入由2011年4151元上升到2014年7478元,陕南三市减少贫困人口50余万人。②

"十三五"期间,陕西省将按照搬得出、稳得住、能致富的目标,全面推进和实施易地扶贫搬迁工程。根据陕西省"十三五"易地扶贫搬迁工作实施方案,陕西省"十三五"期间易地扶贫搬迁总规模约为66万户、235万人,其中,建档立卡贫困人口35.5万户、125万人,同步搬迁的其他农户30.5万户、110万人,主要分布在国家连片特困地区秦巴山区、吕梁山区、六盘山区和陕西省白于山区、黄河沿岸土石山区及其他国家扶贫开发工作重点县。③ 未来5年陕西将投资1320亿元,实现235万人易地脱贫,全省将有66万户、235万人生产生活条件有望得到明显改善。④

(二)陕南移民搬迁工程的基本政策特征

1. 明确住房标准和住房补助

《陕南地区移民搬迁安置工作实施办法》(暂行)规定人均不超过25平方米的住房标准,提供三种住房类型:60平方米、80平方米、100平方米,由搬迁群众自主选择。确有困难可以适当扩大住房面积,其中,集中安置最大不超过125平方米,分散安置最大不超过140平方米。提供住房补助为,政府对集中安置户每户补助4.5万元;分散安置户每户补助3万元;特困户和危困户每户增加补助1万元;四层以上楼房化安置户,每户增加补助5000元;对"五保户"和孤寡老人免费提供住房或纳入公益性敬老院供养。⑤

2. 用地保障

2011年5月~2015年6月,四年多来已安排陕南三市移民搬迁安置用地专项指标1.2万亩,通过国土部土地支持政策解决4.5万亩。⑥

① http://news.xinhuanet.com/local/2015-12/24/c_1117572259.htm.
② http://xian.qq.com/a/20151225/011127.htm.
③ http://www.zgsxzs.com/a/news/zhaoshangdongtai/shengquzhengce/2016/0615/5530163.html.
④ http://www.sn.xinhuanet.com/snnewsl/20160423/3090375_c.html.
⑤ http://www.shaanxi.gov.cn/0/104/8495.htm.
⑥ http://sx.sina.com.cn/news/g/2015-07-06/detail-ifxesfty0371485.shtml.

3. 资金保障

2011 年 5 月 ~2015 年 6 月四年多来，陕西省已筹措并投入陕南移民搬迁各类资金 507.14 亿元，其中，建房资金 424.64 亿元，中省市财政预算及整合相关部门项目资金 210.52 亿元，群众自筹 214.12 亿元；基础设施、公共服务设施和搬迁群众创业就业扶持资金 82.5 亿元。中央财政已经拨付 25 亿元，陕南移民搬迁工程有限公司累计提供周转资金 54.6 亿元。[①]

4. 权宜保障

陕南避灾移民搬迁工程提出了搬迁户三个不变和三个鼓励，即集体所有制的经济形态不变，原集体经济成员应有权益不变，原耕地、林地承包经营关系不变；在群众自主自愿的前提下，鼓励搬迁户流转土地经营权和林地经营权，鼓励进入城镇安置的搬迁户退出原集体经济组织，鼓励迁出群众将承包土地、林地交由集体经济组织托管或代为经营。

此外，实行户籍迁移自主和居住证制度。保障移民搬迁户子女就学、养老保障、农村新型合作医疗等政策的落实。

（三）陕南移民搬迁工程的政策实施与实践探索

1. 精准确定搬迁对象

一是限定"五种类型"。突出抓好地质灾害移民搬迁、洪涝灾害移民搬迁、扶贫移民搬迁、生态移民搬迁和工程移民搬迁。"五种类型"之外的，不纳入移民搬迁安置政策。二是坚持"三个优先"。把受地质灾害和洪涝灾害威胁户、居住在危险地段的贫困户以及特困户作为优先搬迁安置对象，确保有限的资源优先集中用于最需要的群众，确保在 2016 年前"三优先"户全面安置到位。截至 2015 年 6 月底，已搬迁安置"三优先"户 12.4 万户、38.8 万人，占应搬迁总户数的 47.6%。[②] 三是精细摸底，严格审定。对纳入搬迁范围的农户逐一进行调查摸底，掌握搬迁意愿和安置意向，把规划期内的搬迁任务一一对应到户到人。严格按照搬迁户申请、村民评议、镇村初审、相关部门审定、县区政府批准的认定程序，坚持村、镇、县区三级公示制度，自下而上逐级审核，公开接受监督，确保搬迁政策实施公平公正。

---

2. 有序推动搬迁安置

陕南避灾扶贫移民搬迁工程充分听取和尊重群众意愿，搬迁时间、安置地点、安置方式及房屋面积等均由群众自主选择，逐户签订搬迁协议，按轻重缓急有序推进。如安康旬阳县提出"能人进城、穷人下山、梯次搬迁、资源流转"的移民搬迁安置模式。一是突出集中安置为主。把集中安置率以市为单位逐步提高到90%以上，城镇安置率逐步提高到60%以上。在县城、集镇和工业园区附近采取社区化集中安置；对各类安置社区严格限定宅基地面积标准。二是合理选址布点。统筹考虑立地条件、资源承载和发展潜力，坚决避开自然灾害隐患点和生态保护区，坚持靠城、靠镇、靠园区，把浅山川道、公路沿线、城镇周边等发展条件好的地方，作为规划集中安置点的优先选择，并合理确定安置规模。对本地不具备安置条件的，鼓励实行跨行政区域搬迁安置。三是强化建房项目管理。搬迁安置房项目建设实行政府负责制，单元式安置项目坚持统规统建，实行"一个安置社区、一个项目主体、一个项目法人"的管理模式和工程质量责任追究"终身制"，从严控制成本，保证建设质量。

3. 强化基础设施与公共服务配套

陕南避灾移民搬迁工程将基础设施和公共服务配套作为搬迁群众"搬得出、稳得住"的重要保障，与集中安置点同步规划、一体建设。按照"小型保基本、中型保功能、大型全覆盖"的要求，依据集中安置点规模确定配套建设标准、内容和时限，主要由陕南移民搬迁工作领导小组成员单位按其职责和行业政策规定配合建设对应的项目。30～100户的小型安置点，配套生产生活基本所需的水、电、路、视、讯、网等设施，安置点建成即配套建设到位；100～500户的中型安置点，增加更多公共服务设施，完善社区相关服务功能，安置点建成后两年内配套建设到位；500户以上的大型安置点，基础设施全部建设到位，并配套医疗、教育、文化、卫生、超市、公墓、消防、生活垃圾、污水处理设施以及社区服务中心等公共服务设施，实现服务功能"全覆盖"，安置点建成后三年内配套建设到位。对生活垃圾、污水处理等与搬迁群众生产生活密切相关的设施优先配套，与安置房同步规划、同步建设、同步验收。

4. 发展产业，促进就业增收

培育增收产业、引导就业创业是移民搬迁的根本保障。陕西省实施集约土地发展产业、集中培训促进就业、集成政策鼓励创业三管齐下，构筑"稳得住、能致富"的产业支撑。

据报道，2011年5月～2015年6月以来，已有14.76万名搬迁群众就地就近进入农业园区、工业园区、旅游景区就业，有16.26万名搬迁群众进城入镇发展二、三产业，有9296名搬迁群众通过城镇公益岗位落实就业。①

为了确保移民搬迁户"搬得出，稳得住，能致富"，陕南各地出台了一系列移民搬迁安置方面的政策。

搬迁户的增收政策。围绕"发展产业、扩大就业、鼓励创业"，首先，陕南三市、县区在选址规划时，将移民搬迁安置小区向产业园区和工业园区靠近，在制订移民搬迁安置计划时，同时拟定产业扶持、就业安置计划，围绕移民搬迁安置户发展产业、稳定就业，在农村主导产业扶持发展、劳动力技能培训和中小企业贷款方面对移民搬迁安置户进行重点倾斜，确保移民搬迁安置户有业可兴、有业可就，持续增收。其次，扶持措施配套到户。坚持实行"一点一策、一户一法"，逐个安置点规划配套产业，逐户落实创业就业方案，引导和扶持搬迁群众充分利用当地资源发展特色产业，探索形成了"山下建社区、山上建园区、农民变工人"等多种增收致富的发展模式。

一是对集中移民点，一般要求确定一至两个主导产业，充分运用农业、林业、扶贫等产业扶持政策措施，给予倾斜照顾。一些地方，如汉中市略阳，给每个移民户5万元无抵押惠农贷款，年利率不超8%，扶贫办给5%的贴息扶持，连续扶持三年。

二是结合小城镇建设，创造卫生保洁、绿化养护等公益性就业岗位优先安排移民就业；结合农业产业化进程，优先安排移民在农业产业企业就业；结合工业化进程，优先吸纳有条件的移民到工业园区就业。

三是依托"雨露计划"、人人技能工程、农村实用技术培训等载体，整合培训项目和资源，加大搬迁群众技能培训力度，做到搬迁贫困家庭子女义务教育资助、搬迁贫困大学生资助、搬迁家庭新增劳动力免费技能培训、搬迁家庭实用致富技术培训、搬迁群众就业创业培训、搬迁家庭外出务工返乡人员再就业培训"六个全覆盖"，实现每户主要劳动力至少掌握1~2门致富技能、至少有一项致富产业，至少有一人稳定就业。

此外，实行税费减免政策。如汉中市政府规定，移民搬迁安置工作中涉及省以上管理权限确定的收费项目，按照省规定执行，市级及以下管理权限确定的行政性收费项目全部免收，事业性收费项目执行最低收费标准，同时，对移民搬迁安置户给予贴息贷款、保留承包土地经营权等优惠扶持。

5. 创新方式跟进服务管理

随着陕南移民搬迁的深入推进，由此形成的新型社区服务管理成为一项新的

---

① http://sx.sina.com.cn/news/g/2015-07-06/detail-ifxesfty0371485.shtml.

课题。陕南三市认真研究人口集中居住后的新需求，结合镇、村综合改革的推进，针对集中安置点的不同情况，分别设立新型社区、融合型社区和挂靠型安置点，积极探索加强服务管理的新举措。在具备规模、符合条件的社区成立党组织和自治组织，建设社区公共服务中心，落实办公场所、服务人员和工作经费，初步实现了有人管事、有钱办事、有场所议事；对规模较小的社区，支持建立红白理事会、文化自乐班等，引导群众广泛开展自我服务；对跨区域搬迁安置群众，探索形成了"搬出地管理林和地、迁入地管理房和人"的机制；同时，积极推行政府购买公共服务，引入市场主体服务社区群众，促进政府基本公共服务、居民自我服务、市场有偿服务协调发展，有效满足群众生产生活需求。

值得一提的是，陕西安康市形成了"6663"避灾扶贫搬迁工作思路，将避灾扶贫搬迁工作作为统筹城乡发展的重要抓手，形成了移民集中安置与县域经济发展、农民进城入镇、保障性住房建设、产业园区建设、重点镇建设和新农村建设6个结合；推行进城居住、集镇安置、社区安置、产业园区安置、支持外迁和分散安置六种搬迁安置方式；建立分级负责、科学规划、示范带动、资源整合、督查考评、公开运行六个机制；建立市、县（区）、镇（办）三级避灾扶贫搬迁集中安置示范小区，目标是使搬迁户"搬得出、稳得住、能致富"。①

（四）初步成效与深远影响

陕南移民搬迁在减灾扶贫、改善民生、促进发展、保护生态等方面取得良好成效，在解决"三农"问题、统筹城乡发展、促进农村社会变革、巩固党的执政基础等多方面产生了一系列广泛和深远的影响。

实现了减灾安居。搬迁前的土墙房、石墙房、木头房变成砖混结构的楼房，抗灾能力大幅提升。与2010年相比，陕南地区地质灾害和洪涝灾害伤亡率分别下降80%和70%，② 移民搬迁新址近四年没有一户因灾受损，打破了陕南山区长期以来"受灾—重建—再受灾"的恶性循环，使搬迁群众彻底告别了地质洪涝灾害威胁，人身安全得到保障。

做到了精准扶贫。陕南移民搬迁把贫困户、特困户搬迁作为重点，优先实施搬迁。通过"一点一策、一户一法"逐户规划致富产业，落实增收措施，配套社会保障，促进贫困群众脱贫致富。同时，农民下山进城入镇到社区，创业就业途径更加宽泛，分工分业步伐加快，正在由传统农民向新型农民、职业农民、产业工人、市场主体转变。

改善了生态环境。陕南移民搬迁工程把生态环境保护摆在重要位置，通过移民搬迁、人退林进，实现了陡坡地退耕还林、还草，缓解了人口与资源的矛盾，

---

① 周福明．陕南避灾扶贫搬迁的安康实践，当地经济，2014（6）：121－123．
② http://sx.sina.com.cn/news/g/2015－07－06/detail－ifxesfty0371485.shtml．

有效减少了对自然环境的人为侵扰，对生活垃圾和污水进行集中处理，改变了农村面源污染不易控制的局面，为天然林保护、山区生态功能恢复奠定了基础。陕南移民搬迁工程实施以来，实现宅基地腾退面积3.4万亩（其中，复垦2.1万亩，还林1.3万亩）。陕南年均治理水土流失2400平方公里、植树造林126.7万亩，植被覆盖率提高了4.5个百分点，森林覆盖率达到了57.8%，保护了陕南的生物多样性和生态主体功能。汉江出境水质保持在二类以上，保障了国家"南水北调"中线工程的水源安全。①

推进了城乡发展一体化。移民搬迁把偏远地区群众搬迁到水、电、路、电视、通信、网络等基础设施完善，教育、文化、医疗等服务便捷的新型社区，生活方式极大转变，生活质量明显提高，搬迁群众享受了和城市居民一样的待遇。陕南移民搬迁同工业化、城镇化、信息化、农业现代化结合起来，分类引导农民就地、就近有序进城入镇，城镇化水平进一步提升。

促进了经济发展。陕南移民搬迁带动了建材、物流、劳务中介、餐饮服务、家居装修等产业的发展；陕南移民搬迁使相当一部分群众走出农村、进城入镇，加速了农村土地流转和规模经营。集中安置促进人口集聚，带动资源要素优化配置，推动了现代农业、新型工业、生态旅游产业加快发展。在经济下行压力较大的背景下，陕南经济增速连续四年高于全省平均水平，城乡居民收入水平与全省差距进一步缩小。

产生了深远影响。陕南移民搬迁涉及搬迁对象占陕南总人口超过1/4，陕南移民搬迁推动广大农民向城镇居民、职业农民、产业工人以及创业主体转变，促进传统农业向园区化、集约化、规模化的现代农业转变，加快传统农村向基础设施完备、基本服务配套、具有独特魅力的新型农村社区转变，探索形成了协调推进城镇化与新农村建设的新路径，已经成为陕南地区解决"三农"问题、统筹城乡一体发展的"总抓手"。陕南移民搬迁带来人口布局、产业结构等诸多调整变化，引发人民群众的生活方式与发展方式和社会治理、公共服务等一系列重大而深刻的变革，具有广泛而深远的意义。②

第二节 安康移民搬迁农户的生计现状分析

一、安康避灾扶贫移民搬迁工程进展概况

陕西省安康市的移民搬迁，属于陕南地区移民搬迁安置工程的一部分。安康

---

①② http://sx.sina.com.cn/news/g/2015-07-06/detail-ifxesfty0371485.shtml.

市计划在 2011~2020 年，搬迁 22.6 万户、88 万人。

根据安康市扶贫局的统计，截至 2014 年底，已累计搬迁安置 9.7 万户、36.92 万人，建设集中安置小区 853 个，集中安置率达 86.51%，城镇安置率为 65%。其中，搬迁安置避灾户 3.3 万户、12.5 万人，特困户 1.15 万户、3.26 万人，分别占 34% 和 11.8%。2011~2013 年，7.5 万户、28.56 万人已经搬迁入住，2014 年全市已经规划建设集中安置社区 247 个，建设安置房2.23 万套，截至 2013 年 12 月底，所有安置房屋主体竣工，2015 年 10 月底前全部达到入住条件。①

避灾扶贫移民搬迁以集中安置为主，有利于土地、林地流转，有利于巩固退耕还林、减轻农村资源利用压力，提升了农业现代化的基础条件，促进了生产要素和产业的聚集，也促进了安康市农业示范园区和山林经济园区的建设，也有助于加快农民进城入镇，缩小城乡差距。通过实施避灾移民搬迁工程，安康初步呈现出工业化和城镇化良性互动、城镇化和农业现代化相互协调的局面。

以下利用 2011 年课题组在安康的 1404 份农户调研数据。在 1404 个调查样本农户中，搬迁户有 408 户，其中集中安置户 256 户，非集中安置户 152户；非搬迁户有 996 户。首先，对比分析搬迁户和非搬迁户的基本人口、社会经济特征；其次，根据调查资料，分析搬迁户对搬迁工程的满意状况、存在的问题等。

这里所采用的数据，来源于西安交通大学人口与发展研究所 2011 年 11 月底在陕南安康地区所进行的农户生计与环境调查。此次调查所选择的 5 个县（区）中，汉滨区、石泉县、宁陕县和紫阳县均属于国家扶贫开发工作重点县，平利县为陕西省省定扶贫开发工作重点县。此次调查以结构化的入户问卷调查和社区问卷调查为主，辅之以半结构化的访谈作为补充。结合研究目的需要和当地的实际情况，本次调查在各调查县（区）内分别选择 3 个调查镇（须同时满足移民搬迁、退耕还林等生态补偿项目实施地），从中随机选取 12 个一般行政村，再补充3 个生态服务较为突出的一般行政村和 10 个有移民搬迁安置点的行政村，共 25个调查村进入样本框。每个调查村随机抽取 2 个村小组，其中，一般住户样本是在村小组整群抽样的基础上随机抽取的。本次调查最终收集有效问卷 1404 份，有效率为 99.6%。

户问卷调查针对家中年龄在 18~65 周岁的户主或户主配偶，调查内容涉及被访者的家庭成员基本信息、移民搬迁情况、劳动就业、收入消费状况和家庭能源使用情况等。该调查数据中，总人口数为 5133 人，户均人口为 3.66

---

① http://news.hsw.cn/system/2015/0425/242177.shtml.

人，户均常住人口为 3.22 人，户均劳动力为 2.62 人。在全部样本农户中，34.14% 的农户家庭人均纯收入低于贫困线 2300 元/人·年，29.1% 的农户为移民搬迁户（408 户），而安康市规划移民搬迁人口占总人口的 29.2%，因此，调查样本的选择具有一定的代表性。本次调查包括了 408 个移民搬迁户，并分布在 5 个调查县。本次调查农户的收入与消费数据对应于调查前 12 个月。

二、安康调查地搬迁户的生计分析

本次调查搬迁户中，扶贫移民占 25.2%，生态移民占 12.7%，工程移民占 27.5%，减灾移民（指地质灾害、洪涝灾害避险移民）占 27%，其他类型占 7.6%。此外，被调查搬迁户 81.4% 从本村山区搬迁过来，8.3% 从本村平原搬迁过来，6.6% 从本镇邻近村山区搬迁过来，本镇邻近村平原、邻镇山区、邻镇平原、其他合计占 3.7%。

表 8-1 显示了所调查搬迁户的搬迁时间和搬迁接受政府补贴情况。陕南大规模移民搬迁是从 2011 年开始，但该地区一直实施了移民搬迁，个别调查村由于工程移民已经搬迁了若干年。根据频率分布情况，样本中搬迁 1 年的搬迁户有 88 户，约 22%；搬迁 2 年的 63 户，占 15%；其他搬迁时间 3~34 年不等。搬迁样本户平均搬迁时间为 9.36 年。由于一些搬迁户在调查时尚未拿到政府移民搬迁补助（约 1/3），而且，早期当地政府给予的移民搬迁补助较少，因此，样本户平均接受的政府搬迁补助约 1.05 万元。

表 8-1　　　　搬迁户的搬迁时间和搬迁接受政府补贴的描述性统计

	有效样本	极小值	极大值	均值	标准差
搬迁时间　单位：年	399	1	34	9.36	10.826
搬迁接受的政府补贴（元）	408	0	155000	10562.99	14408.579

资料来源：作者调研数据，并计算而得，以下本章各图表同。

1. 家庭基本特征

表 8-2 描述了总体样本家庭特征，并对比了搬迁户与非搬迁户在家庭平均人口、家庭平均常住人口、家庭劳动力以及家庭男性劳动力等家庭特征方面的差异。该表显示，搬迁户的家庭规模显著大于非搬迁户，搬迁户的家庭劳动力和家庭男性劳动力也显著高于非搬迁户的平均水平。由此说明，搬迁户和非搬迁户在家庭特征方面是存在显著差异的。

表 8 - 2　　　　　　　　　　　　　调查样本家庭基本人口特征

家庭特征　＼　家庭类型	总体	搬迁户	非搬迁户	t 检验
总户数（％）	1404（100）	408（29.1）	996（70.9）	—
家庭平均人口	3.66	4.17	3.44	***
家庭平均常住人口	3.22	3.72	3.01	***
家庭劳动力	2.62	2.89	2.50	***
家庭男性劳动力	1.44	1.57	1.39	***

注：*** 表示 $p < 0.001$；** 表示 $p < 0.01$；* 表示 $p < 0.05$；+ 表示 $p < 0.1$；ns 表示不显著。

2. 家庭生计资本特征

表 8 - 3 显示了总体样本生计资本信息以及搬迁户与非搬迁户在生计资本方面的差异。搬迁户与非搬迁户的自然资本、物质资本以及社会资本大多数情况下是存在显著差异的，而人力资本方面差异不显著。具体如下：

表 8 - 3　　　　　　　样本总体、搬迁户与非搬迁户的生计资本特征

	总体	搬迁户	非搬迁户	LR 或 t 检验结果
1. 自然资本				
平均林地（亩/户）	33.95	23.69	38.14	***
平均耕地（亩/户）	5.09	5.09	5.10	ns
2. 物质资本				
家庭平均住房面积（m²）	127.21	140.99	121.56	***
房屋估价				***
10 万元以下（％）	60.2	37.5	69.7	—
11 万～20 万（％）	28.7	42.6	22.9	—
21 万～30 万（％）	8.2	15.2	5.3	—
30 万以上（％）	2.9	4.7	2.1	—
房屋结构				***
土木结构（％）	45.6	16.2	57.8	—
砖木结构（％）	16.1	20.8	14.1	—
砖混结构（％）	38.1	62.5	28.0	—
其他（％）	0.2	0.4	0.1	—
房子与村主要公路的距离				***
1 里之内（％）	81.7	89.2	78.6	—
2～5 里（％）	15.2	10.0	17.3	—
5 里以外（％）	3.1	0.7	4.1	—

	总体	搬迁户	非搬迁户	LR 或 t 检验结果
大型生产工具				
挖掘机（个/百户）	0.14	0.00	0.20	ns
铲车（个/百户）	0.36	0.49	0.30	ns
机动三轮车（个/百户）	2.21	3.19	1.81	ns
拖拉机（个/百户）	0.64	0.25	0.80	ns
水泵（个/百户）	7.34	7.84	7.13	ns
耐用消费品				
摩托车（个/百户）	38.82	46.57	35.64	***
汽车（个/百户）	5.48	4.90	5.72	ns
电视机（个/户）	0.9516	1.0343	0.9177	***
电冰箱（柜）（个/户）	0.4437	0.5858	0.3855	***
洗衣机（个/户）	0.7778	0.8407	0.7520	***
计算机（个/户）	0.1033	0.1299	0.0924	+
拥有生产生活工具总数量（个/户）	2.8314	3.2230	2.6704	***
3. 人力资本				
全家初中以上文化程度的比例（%）	41.86	44.1787	40.9052	+
全家曾有村干部等经历的比例（%）	11.42	10.26	11.89	ns
全家参加培训的人数比例（%）	10.24	11.46	9.74	ns
全家有手艺或技术的人数比例（%）	10.10	10.75	9.84	ns
4. 金融资本				
家中有存款的比例（%）	25.4	19.7	27.8	***
5. 社会资本				
参加过种植或购销协会（%）	2.6	4.2	2.0	*
参加过"农家乐"等旅游协会（%）	0.7	1.5	0.4	*
参加过农机协会（%）	0.3	1.0	0.0	**
其他协会（%）	1.6	1.2	1.7	ns
参加过以上几种专业协会（%）	4.6	6.6	3.8	*

注：似然比（LR）检验分布，t 检验均值；*** 表示 $p < 0.001$；** 表示 $p < 0.01$；* 表示 $p < 0.05$；+ 表示 $p < 0.1$；ns 表示不显著。

①从自然资本信息可以看出，调查农户平均林地面积（33.95 亩/户），远大于耕地面积（5.09 亩/户），搬迁户平均每户拥有林地面积显著小于非搬迁户，而耕地面积在二者之间差异并不显著。

②对比搬迁户与非搬迁户的物质资本信息，可以看出搬迁户家庭平均住房面积（140.99 平方米）显著大于非搬迁户（121.56 平方米）；搬迁户房屋价值在 11 万~20 万元房屋所占的比例最大（42.6%），非搬迁户的房屋价值在 10 万元

以下所占的比例最大（69.7%），房屋价值在 21 万～30 万元、30 万元以上的搬迁户所占比例均比非搬迁户要高，说明搬迁户房屋价值比非搬迁户显著要高；搬迁户房屋 62.5% 为砖混结构，在各类型房屋结构中占比最大，而非搬迁户57.8% 为土木结构，砖混结构仅占 28.0%，说明搬迁户的房屋结构由传统的土木结构和砖木结构向现代的砖混结构转变；搬迁户房屋距村主要公路的距离在 500米之内的比例高于非搬迁户；在大型生产工具方面，两者之间并无显著性差异，且拥有率较低，均未达到 10%；搬迁户耐用消费品拥有量排在前四位的依次是电视机、洗衣机、电冰箱（柜）和摩托车，非搬迁户有着同样的排序，但占有比例都明显小于搬迁户，搬迁户和非搬迁户拥有计算机和汽车的比例都很小。

③从人力资本信息中，可以了解到有不到一半的农户是初中以上文化程度，10% 左右的人曾有过村干部等经历或参加过培训或有手艺和技术。搬迁户中初中以上文化程度的比例（44.18%）显著高于非搬迁户（40.91%）；家庭人口中曾有村干部经历、参加培训、有手艺或技术的比例在搬迁户与非搬迁户之间无显著差异。

④从金融资本信息可以看出，大约有 1/4 的农户家中有存款，但搬迁户中有存款的比例显著低于非搬迁户。

⑤从社会资本信息中可以看出，参加过种植或购销协会、旅游协会、农机协会的农户很少，不到 5%。然而，搬迁户中参加过以上协会的比例都显著高于非搬迁户。说明搬迁户较非搬迁户拥有更多的社会资本。

3. 家庭收入与消费特征

表 8-4 为该次调查中搬迁户与非搬迁户的家庭纯收入情况，可以看出，全部样本农户的家庭现金收入占家庭纯收入的比例为 67.12%，其中，家庭平均现金纯收入为 15471.56 元，家庭平均纯收入（现金和实物）为 20583.23 元，人均纯收入为 5930.78 元。搬迁户家庭纯收入、家庭现金纯收入、家庭现金收入比例和人均纯收入均显著高于非搬迁户。说明搬迁户的家庭收入情况比非搬迁户显著要好。

表 8-4　　　　　　　　　　搬迁户与非搬迁户的家庭纯收入

	样本数	全部样本	搬迁户	非搬迁户	t 检验
家庭现金纯收入	1357	15471.56	21347.60	13041.57	***
家庭纯收入	1356	20583.23	26404.34	18173.45	***
家庭现金收入比例	1343	0.6712	0.7636	0.6326	***
人均纯收入	1356	5930.78	6705.48	5610.08	*

注：*** 表示 $p < 0.001$；** 表示 $p < 0.01$；* 表示 $p < 0.05$；+ 表示 $p < 0.1$；ns 表示不显著。

表8-5为搬迁户与非搬迁户的家庭收入结构。在全部样本农户中，农林产品纯收入最高，其次为打工汇款收入、非农经营纯收入、政府补贴和低保收入、养殖收入和其他收入。根据表8-5，搬迁户的各项收入均高于非搬迁户，尤其是搬迁户的打工汇款收入，政府补贴和低保收入、其他收入显著高于非搬迁户。此外，表8-6显示了搬迁户与非搬迁户的贫困发生率比较，可以看到，非搬迁户的贫困发生率为36.3%，显著高于搬迁户的贫困发生率29.0%。

表8-5　　　　　　　　　　搬迁户与非搬迁户的家庭收入结构

	样本数	全部样本	搬迁户	非搬迁户	t检验
农林产品纯收入	1391	7469.29	7713.84	7271.62	ns
养殖收入	1403	1592.97	1722.70	1538.23	ns
非农经营纯收入	1399	3222.96	3740.20	2994.90	ns
打工汇款收入	1395	4644.06	5941.69	4070.53	***
政府补贴和低保收入	1382	2353.43	5105.44	1204.64	***
其他收入	1401	1342.48	2358.31	926.54	***

注：*** 表示 $p<0.001$；** 表示 $p<0.01$；* 表示 $p<0.05$；+ 表示 $p<0.1$；ns 表示不显著。

表8-6　　　　　　　　　　搬迁户与非搬迁户的贫困发生率比较

	非搬迁户	搬迁户
非贫困户的比例	63.7%	71.0%
贫困户的比例	36.3%	29.0%

表8-7显示了搬迁户与非搬迁户的家庭消费支出情况。家庭生活消费方面，搬迁户年人均消费总额为13846.77元，显著高于非搬迁户的5618.00元。具体来讲，搬迁户在年平均食物消费、耐用品消费、子女上学支出、医疗费用、人情礼金费用以及婚丧嫁娶费用方面均显著高于非搬迁户，在煤炭、煤气、电费方面二者没有显著差异；搬迁户和非搬迁户家庭生活消费排在前三位的依次都是耐用品消费、食物消费以及人情礼金消费；其次，搬迁户的医疗费用高于子女上学支出，而非搬迁户刚好相反。

表8-7　　　　　　　　　　搬迁户与非搬迁户的消费支出

	总体	搬迁户	非搬迁户	t检验
1. 家庭生活消费				
年平均食物消费（元/户）	5659.48	7027.58	5106.98	***
耐用品消费（元/户）	11275.29	29314.20	3896.56	***

续表

	总体	搬迁户	非搬迁户	t 检验
子女上学支出（元/户）	2245.93	2844.88	2000.54	*
医疗费用（元/户）	2277.94	3067.84	1954.19	***
煤炭、煤气、电费用（元/户）	1026.62	1090.12	1000.69	ns
用于人情、礼金费用（元/户）	2363.28	3167.77	2032.55	***
办理婚丧嫁娶费用（元/户）	605.97	1035.66	428.89	**
年平均消费总额（元/人）	8007.95	13846.77	5618.00	***
2. 生产资料花费				
大棚费用（元/户）	35.9836	36.0697	35.9468	ns
化肥和农药费用（元/户）	412.9918	391.2219	422.3184	ns
种子费用（元/户）	129.3993	149.4464	120.7923	ns
雇工费用（元/户）	114.1582	147.3806	99.8283	ns
农业机械（元/户）	153.01	206.23	131.10	ns
年平均生产资料花费（元/户）	659.1845	712.1446	637.49	ns

注：*** 表示 p < 0.001；** 表示 p < 0.01；* 表示 p < 0.05；+ 表示 p < 0.1；ns 表示不显著。

由生产资料花费信息可知，每户年平均生产资料花费为 659.18 元，其中，化肥和农药最大（412.99 元/户），之后，是农业机械、种子、雇工，大棚费用最小。搬迁户与非搬迁户在生产资料花费方面均无显著差异。

三、安康市农户对移民搬迁政策的评价

图 8 - 1 是所调查的搬迁户对于搬迁后情况的总体评价。如图 8 - 1 所示，大多数搬迁户对搬迁后的家庭生活总体情况是满意的，占 77%，对搬迁后生活不满意的农户仅占 3.1%。

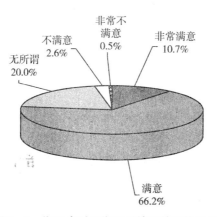

非常不
满意
0.5%
不满意
2.6%
非常满意
10.7%
无所谓
20.0%
满意
66.2%

图 8 - 1　搬迁户对于搬迁后情况的总体评价

　　农户搬迁后会面临农林业、养殖损失、借钱盖房还款压力大、无法找到打工等就业机会、缺少农林业用地、与周围村民无法融合、缺少公共服务设施等困难和亟待解决的问题。图8-2显示了调查的搬迁农户在搬迁之后面临的困难或迫切需要解决的问题（第1选择和第2选择），可以看到，搬迁后农户面临的困难或者迫切需要解决的问题，认为最有可能出现的困难是借钱盖房还款压力大的最多，占60%；认为农林业、养殖受损占15%，其他困难占比均在10%以下。搬迁户会面临的第二迫切需要解决的问题中，认为无法找到工作等就业机会占比最高，为36%，之后，为缺少农林业用地和借钱盖房还款压力大，极个别农户认为会出现周围村民融合问题。

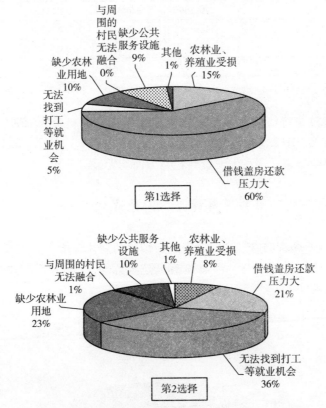

图8-2　搬迁后面临的困难或迫切需要解决的问题（第1选择和第2选择）

四、对完善陕西避灾扶贫移民搬迁工程的若干建议

　　根据调研情况，作者在陕南移民搬迁工程的实施、农村减贫政策、农村土地政策、新型城镇化等方面提出以下对策建议：

1. 在一定程度上仍然存在着"搬富不搬穷"的情况，多方面筹资，增加搬迁补贴

陕南移民搬迁类型主要包括，地质灾害避险移民搬迁、洪涝灾害避险移民搬迁、扶贫移民搬迁、生态移民搬迁和工程移民搬迁五种类型。根据课题组 2013 年 5 月安康小流域治理与移民搬迁的调查数据，安康已搬迁农户盖房平均花费为 15.97 万元/户，见表 8-8。其中，农户家庭储蓄占比最高（48.4%），其次是信用社贷款和亲朋好友贷款，政府移民搬迁补贴所占比例最低。可见，农户搬迁与自家经济水平密切相关，政府的补贴扶持力度不高，限制了一部分农户的搬迁。

表 8-8　　　　　　　　　　　　搬迁户盖房花费情况

搬迁盖房平均总花费（万元/户）	15.97	
资金来源	金额（万元/户）	比例（%）
政府移民搬迁补贴	2.13	13.3
家庭储蓄	7.73	48.4
亲朋好友借款	2.42	15.2
信用社贷款、高利贷	3.74	23.1

资料来源：本课题组 2013 年安康小流域治理与移民搬迁调查资料。

表 8-9 反映了课题组所调查的安康非搬迁户对于搬迁的意愿等情况。在非搬迁户中，仅有 8.9% 的农户有搬迁意愿。农户预计搬迁总花费平均为 25.05 万元/户，其中，自家有能力负担 16.41 万元/户，其余 6.9 万元/户希望得到政府补贴。可见，政府补贴力度仍是影响农户搬迁意愿和能力的一大因素。

表 8-9　　　　　　　　　非搬迁户对于搬迁的意愿及花费预计

	样本数	非搬迁户
1. 是否有搬迁打算		
是（%）	42	8.9
否（%）	430	91.1
2. 预计搬迁花费		
搬迁总花费（万元/户）	42	25.05
自家负担（万元/户）	42	16.41
政府补贴（万元/户）	42	6.9

资料来源：本课题组 2013 年安康小流域治理与移民搬迁调查资料。

虽然地方政府对危房户、贫困户有特殊政策，如免费入住、交钥匙工程等，但这些贫困户往往担心搬迁下来、离土离乡之后，缺乏谋生技能，即使免费入住仍然心存疑虑，不愿意搬迁，部分农户仍然希望在本村有一处新住宅，离自己的承包农地、林地很近，但这种基本上还在原住址的分散安置与地方政府的易地扶贫移民搬迁工程的目的有较大差距。

这样，在陕南移民搬迁工程实施中，应多方面筹资，加大对农户的补贴力度。尤其是借鉴成都、重庆等地统筹城乡的农村土地制度改革的经验，积极探索农村集体经营性建设用地、农村宅基地的流转和市场化，积极推动城乡建设用地增减挂钩政策，扩大对陕南移民搬迁工程的筹资途径。

2. 推进以"还权赋能"为核心的农村产权制度改革，推进农村土地的确权颁证、促进产权交易等，促进农村产权向资本转化，增加农民的财产性收入，实现搬迁农户带着财产进城

"还权"就是把法律赋予农民的土地、房屋等要素的合法权益还与农民，恢复农民应有的自主权和完整财产权，体现公民权利的平等。"赋能"是使农民作为市场主体拥有利用和处置财产权利的自主能力，从而使农村的生产要素流动。这里全面确权颁证，包括房屋所有权、农村集体土地所有权、农用地承包经营权、农村集体建设用地使用权、林权、宅基地使用权等。

3. 对距离原承包地较远的搬迁农户，结合当前深化农村土地制度改革等措施，促进原迁出地的土地流转，确保搬迁农户的土地权益，建立离土离乡的制度安排

结合当前农村土地承包经营制度的改革，积极推动移民搬迁农户原有土地和林地的流转和向农民专业合作社、大户集中，完善农村基本经营制度，提高搬迁农户农林业生产的组织化程度和农林业生产效率。

4. 对易地移民搬迁户的原迁出地，要实施生态修复，需要加大实施新一轮退耕还林政策，争取新一轮退耕还林工程的指标

陕南移民搬迁迁出地的生态修复也十分重要。当地农民对参加新一轮退耕还林工程的积极性很高，但受到退耕指标、土地类型等的限制，建议向中央及陕西省多积极争取新一轮退耕还林的指标，加大陕南移民搬迁工程迁出地的生态修复力度，建立规范的生态补偿机制。

5. 加大政府投入力度，完善易地移民搬迁工程的精准、有效帮扶措施

加强对搬迁户的精准帮扶措施，加强后续的能力建设是实现搬迁户"稳得住"的关键，如加强对搬迁户劳动力有针对性的实用技术培训等，从而积极帮扶移民搬迁户发展非农活动，如外出务工，以及"离土不离乡"的开办"农家乐"等非农经营活动；积极探索对搬迁户的资产扶贫途径。安康一些移民搬迁集中安置社区，如紫阳县蒿坪镇双星社区，政府扶贫资金资助移民搬迁贫困户入股附近工业园区的企业，移民搬迁户可以在附近园区就业，并从企业分红等，即采取了资产扶贫的方式，这种扶贫方式是一种有效的扶贫方式，可以加强移民搬迁户与涉农企业、龙头企业的联系和利益联结机制，值得进一步探索和推广。

与陕南相比，陕北移民搬迁工程的政府帮扶措施力度更大。如延安吴起县对于搬迁户搬迁新居的补助标准是每户8万元，并采用多种搬迁模式，如有土搬迁、县城搬迁，政府提供了大量帮扶措施。

距离陕北靖边县城6公里的靖边县海则畔移民小区有将近800多户移民采取了"有土搬迁"的模式，即在政府统一配套道路、学校以及每户给予补贴的基础上，另外给每户人均2亩耕地。由于县域经济有实力，靖边县将更多的移民移到县城。与靖边的县城移民相对应，陕北大部分地区将县城作为首选的移民安置地。因为大部分县城能够提供相对多的就业机会和岗位，搬迁到县城让搬迁户也能够更好地享受到城镇相对完善的公共基础设施和各项社会服务。以吴起县为例，从2011~2013年，吴起县城搬迁户有2163户、9118人，占搬迁总户数的89%。其他移民县域，如横山、子洲、子长、安塞等县城搬迁户规模也较大。

除了"县城搬迁"和"有土搬迁"，集镇搬迁和就近搬迁也是陕北各个县域移民搬迁的重要方式之一。吴起县在长城镇和铁边城镇有针对性地实施了一部分移民搬迁。在吴起县铁边城镇，地方政府为了让集镇搬迁户有业可守，建设了164个蔬菜大棚，羊场11个，规模较大的养猪场3个，为搬迁户提供家门口的就业机会。就近的集镇搬迁也让群众确实改善了生活和居住条件，而这种不离乡、不离田的搬迁模式也颇受当地搬迁户的青睐。

此外，白于山区移民大县的定边县，在距离县城20多公里的定边县衣食梁移民社区则采取由政府为每户移民建设2个大棚，实现蔬菜种植与进城务工的双重发展。

陕北志丹县金丁镇胡新庄社区是延安白于山区移民就近搬迁的一个典范。借助地处洛河沿岸川台地相对较宽的有利条件，志丹县金丁镇以胡新庄村为中心，整合周边4个行政村，统一征地建设，并通过土地流转的方式，流转土地3800亩，建成标准温室大棚776座，拱棚826棚，引导移民户发展蔬菜产业。

除了志丹县金丁镇独具特色的产业扶贫，陕北其他县域在产业扶贫上，也各有千秋。富县利用县里特有的丰富果业资源，逐步探索了政府协调，以果园进行抵押贷款。对于农村五保孤残等特困户扶持方面，安塞县探索出由村组对特困户承包地、林地进行托管经营。在靖边县和子长县，由县扶贫办牵头成立的扶贫互助资金协会，让进城创业的移民搬迁户可以低息贷款发展产业。吴起县吴起镇在城郊为搬迁户未就业的大中专毕业生投资建设了 32 个标准棚、17 个自然棚，并在附近山坡上种植苹果，定向引导搬迁户和贫困户发展产业致富。

为了使搬迁户进城能有一技之长，靖边县专门成立靖边县白于山区移民搬迁培训中心，邀请县农技中心、农业局、科技局等专业部门的技术人员，对每一户搬迁户有针对性地进行培训。此外，培训中心还主动与县城多家用工单位对接沟通，先后推荐 400 多人实现就业。

吴起县财力富足，该县采取财政拿钱补贴搬迁户到驾校、化工学校以及其他职业技术学校学习技能。其中，举办涉农实用技术培训班 70 余次，9900 多人参与培训；到全国各地参与培训的职业技能学员 3700 余人，这些学校包括蓝翔技校、延安职业技术学院、西安厨师学院以及其他美容美发、汽车修理、焊接等各类专业培训机构，让学员毕业即能就业，学费全部由吴起县财政补贴等。[①]

6. 在陕南移民搬迁安置点建立新型社区，逐步推动陕南移民搬迁安置社区的"村改居工程"

提高集中安置点的社区管理水平，以及提高迁入地社区的基本公共服务水平，如完善搬迁户的户籍管理、养老保险等，从而深入推动迁入地的新型城镇化等。

7. 要加强对陕南移民搬迁工程中弱势群体的关怀和帮助

易地移民搬迁是一个系统工程，对贫困地区农户的生计影响和冲击很大。因此，应尤其要加强对移民搬迁工程中弱势群体的关怀和帮助，如老年人、极端贫困户等，应对这些弱势群体提供更多有针对性的精准帮扶措施。

8. 对陕南移民搬迁工程进行评估

对陕南移民搬迁工程要进行多目标政策的评估，建立系统而科学的考量方法。

---

① http://www.shaanxifpb.gov.cn/admin/pub_newsshow.asp? id=29013103&chid=100294.

第三节　移民搬迁农户的适应力、适应 策略与适应力感知研究

一、社会—生态系统、适应力的概念与内涵

以下，简要综述社会—生态系统的概念、恢复力的概念及演进、社会—生态系统的恢复力与适应力的概念与内涵等。

1. 社会—生态系统（social-ecological systems，SESs）

在应对日益严峻的全球问题（地质灾害、环境污染、极端天气、流行病、经济危机的蔓延、恐怖袭击、政局动荡等）过程中，人们逐渐认识到，人类赖以生存的环境并不仅是机械的物理系统，也不仅是单一的自然生态系统，而是与人类相互联系、相互作用、相互影响的自然、经济、文化的综合复杂系统。要有效地应对人类社会发展中存在的各种矛盾，就必须在多尺度的复合研究中理解人和自然耦合的复杂系统。卡明（Cumming，2005）等学者提出了"社会—生态系统（social-ecological systems，SESs）"的概念，[①] 他们认为，人类社会和自然界之间是相互依存的动态耦合关系，二者紧密相连而构成一个复杂适应的社会—生态系统，其受自身与外界的干扰和驱动作用，具有不可预期性、自组织性、复杂性、历史依赖、多稳态或体制（regime）等特征。只有在多尺度的复合研究中去理解社会—生态系统的内部结构、特征及其动力机制，构建适应变化的能力，才有可能理解变化中的世界。

2. 恢复力的概念及演进

恢复力本身是一个机械力学概念，从 20 世纪 70 年代后，恢复力引申为承受压力的系统恢复和回到初始状态的能力。霍林（Holling，1973）先将恢复力引入生态学领域的研究中，将其作为生态系统吸收变化量而保持能力不变的测度，对生态系统受外界干扰后的自身动态平衡能力进行了研究。[②]

随着 20 世纪后期大量社会问题的爆发，许多学者也开始将恢复力的理论引

---

① Cumming G. S, Barnes G, Perz S, et al. An exploratory framework for the empirical measurement of resilience. Ecosystems, 2005, 8：975–987.

② Holling C. S. Resilience and stability of ecological systems. Annual Review of Ecology and Systematics, 1973, 7（4）：1–23.

入社会问题的研究中，在社会科学及环境变化领域中，在政府部门的日常运作、区域发展、经济管理乃至恐怖袭击的预警措施等都有涉及，出现了生态学、经济学、人类学、管理学、社会学等多学科研究恢复力来应对全球问题的局面。

随着社会—生态系统理论的引入，恢复力的定义也日臻完善。在社会—生态系统理论框架下，恢复力被认为是系统抵抗扰动能力的大小，或是系统在进入另一个状态领域之前，能够承受扰动的数量和大小。如冈德森和霍林（Gunderson，Holling，2001）将恢复力定义为系统经受干扰并可维持其功能和控制的能力，即恢复力是由系统可以承受并可维持其功能的干扰大小测定的。[①] 卡彭特和沃克（Carpenter，Walker，2001）等认为，恢复力是干扰的大小，即在社会—生态系统进入一个由其他过程集合控制的稳态之前系统可以承受干扰的大小。[②] 沃克等（Walker *et al.*，2006）在研究外部干扰下社会—生态系统未来演化轨迹的属性时，将恢复力定义为系统能够承受且可以保持系统的结构、功能、特性以及对结构、功能的反馈在本质上不发生改变的干扰大小。[③]

总之，恢复力是系统经历扰乱仍然保持其持续功能和控制力的能力，如移民搬迁后原居住地生态系统的变化、新居住地自然生态系统的自我调适能力。恢复力依赖多重稳定状态存在，这是因为它与系统从一个状态转到另一个状态的可能性有关。恢复力通常可看作与系统的脆弱性相对的概念。

3. 社会—生态系统的恢复力与适应力

在社会—生态系统研究中，恢复力、适应力和转化力是表征社会—生态系统演化轨迹的三个属性，常被用来评价社会—生态系统变化的动态性和可持续性。脆弱性是系统内外扰动的敏感性以及缺乏应对能力从而使系统的结构和功能发生转变的一种属性，敏感性和适应能力是系统的关键构成要素。社会—生态系统适应性是指，系统主体影响恢复力或调整自身保持当前运行状态的能力和潜力。在分析方法上坚持系统方法，关注系统交互作用及演化过程，旨在厘清系统内部联系与适应性和扰动的关系。与之密切相关的脆弱性—适应性框架，认为适应性是系统应对压力或变化的能力以及针对压力或变化的影响作出的调整与响应。总之，恢复力、脆弱性、敏感性、适应性等是描述系统对干扰的关键术语。[④]

总之，恢复力反映了复杂适应系统进行自组织、学习并构建适应力的能力。

---

① Gunderson L. H. , Holling C S. Understanding the complexity of economic, ecological and social systems. Ecosystems, 2001, 6: 390 - 405.

② Carpenter S. , Walker B. H. , Anderies J M. From metaphor to measurement: resilience of what to what? Ecosystems, 2001, 4: 765 - 781.

③ Walker B. , Salt D. Resilience Thinking: Sustaining Ecosystems and People in a Changing World. London: Island Press, 2006.

④ Walker B. , Holling C. S. , Carpenter S R et al. Resilience, adaptability and transformability in social-ecological systems. Ecology and Society, 2004, 9 (2): 5 - 12.

恢复力、适应性管理等术语，也相继被用于解释危机（气候变化、灾害等）应对、旅游影响及资源可持续利用模式等问题。[①]

适应力没有广泛认可的概念。一些典型定义，如马尔多纳多和莫雷诺－桑切斯（Maldonado, Moreno－Sánchez, 2014）认为，适应力是指，家庭预测和应对自然或人为诱发的扰动，使其最小化并从扰动造成的结果中恢复的能力。[②] 适应力是个人、社区或社会—生态系统应对威胁或机遇的潜在特征。高适应力可以赋予个体、社区或社会—生态系统恢复力，使其在当前状态难以维持或不理想时，保持理想状态或获得有利的转变（Folke, 2002）。[③] 从社会文化视角来看，古普塔等（Gupta et al., 2010）对适应力作了界定，即通过有计划的措施或允许和鼓励事前和事后的积极应对，使行动者有能力应对短期冲击或长期冲击的组织特征。[④]

适应力研究较多地起源于气候变化的相关问题。根据 IPCC（有关气候变化的政府间事务委员会），适应力（Adaptive Capacity）被界定为系统适应气候变化的能力以减少或降低可能的损失。对气候变化的适应，包括应对实际或预期的气候风险，自然和社会系统的调整以减缓损失或利用可能的机会。这些调整可以是计划的，或者自发的。气候变化对农业影响的可能应对，包括农户层面的应对措施，如能力建设、财政转移工具以及迁移至更适宜的地区。适应力的概念，主要用于分析社区、国家和区域面对气候变化和自然灾害带来的外部扰动的适应性。适应力研究的目的是，建立应对全球环境变化的机制，以及用有限的资源使保护行动的效果最大化。

一般地，适应力被界定为社会应对扰动、利用新机遇的能力。变化和扰动可能是气候变化影响，自然灾害或人为引起的对社会—生态系统的扰动，如基础设施建设甚至保护政策的干预，如保护区的建立严格限制附近社区获取和使用资源也属于此类。

尽管"适应力"这个术语与其他经常交替使用的术语，如脆弱性、恢复力和稳定性密切相关，但它们是不一样的，加洛潘（Gallopin, 2006）[⑤] 认为，它

① 陈佳，杨新军，王子侨等. 乡村旅游社会—生态系统脆弱性及影响机理——基于秦岭景区农户调查数据的分析，旅游学刊，2015，30（3），64－75.

② Maldonado, J. H., and R. del Pilar Moreno－Sánchez. 2014. Estimating the adaptive capacity of local communities at marine protected areas in Latin America: a practical approach. *Ecology and Society* 19（1）: 16. http: //dx. doi. org/10. 5751/ES－05962－190116.

③ Folke, C., S. Carpenter, T. Elmqvist, L. Gunderson, C. S. Holling, B. Walker. Resilience and sustainable development: building adaptive capacity in a world of transformations. *AMBIO*, 2002, 31: 437－440.

④ Gupta, J., C. Termeer, J. Klostermann, S. Meijerink, M. van den Brink, P. Jong, S. Nooteboom, E. Bergsma. The adaptive capacity wheel: a method to assess the inherent characteristics of institutions to enable the adaptive capacity of society. *Environmental Science and Policy*, 2010, 13: 459－471. http: //dx. doi. org/10. 1016/j. envsci. 2010. 05. 006.

⑤ Gallopin, G. C. Linkages between vulnerability, resilience and adaptive capacity. *Global Environmental Change*, 2006, 16: 293－303.

们的解释和概念在不同学科和领域是不同的。在社会—生态系统的框架内，研究者关注的是适应力的概念及其与脆弱性的关系，也把适应力作为脆弱性的关键部分，包括反应能力、适应能力和应对能力。一些学者，如斯米特和汪戴尔（Smit，Wandel，2006）① 认为，适应力和社会恢复力是重叠或平行的概念，但加洛潘（Gallopin，2006）② 将恢复力看作适应力的一个子集，至少是社会—生态系统的社会成分。他将适应力描述为在面临结构性或一般性变化时，保持甚至提高系统的长期状态。另一方面，恢复力被视为当系统面临特定和非结构化的扰动时，保持其表现，并在不使其崩溃的情况下进行调整的一种条件（状态）。有关社会恢复力和适应力概念和联系的讨论细节，见沃克等（Walker *et al.*，2004）。③

可持续生计的概念，与适应力和脆弱性密切相关。在社会环境中，适应能力是指一个家庭或社区从外部扰动中恢复，并在不失去未来机会的情况下保持稳定、利用新的机会、应对变化等的能力，这些变化包括气候变化、政府干预措施或社会—生态系统的其他变化等，如福尔克、沃克和索尔特等（Folke *et al.*，2002；④ Walker，Salt，2006⑤）。另一方面，脆弱性是指，家庭或社区在面临压力和冲击时，遭受损害或损失的可能性。

二、适应力的测度与指标体系

斯米特和菲利弗索瓦（Smit，Pilifosova，2001）、⑥ 马尔多纳多和莫雷诺－桑切斯（Maldonado，Moreno－Sánchez，2014）⑦ 均将适应力的决定因素分为六类，即经济资源、技术、信息和技能、基础设施、制度和平等。然而，在相关的文献中，这些决定因素和指标的操作化由于尺度、方法和背景的不同而存在差异，且以往适应力的评估包括了国家、地区和个体尺度。这六类决定因素简要解释

① Smit B. , Wandel J. . Adaptation, adaptive capacity and vulnerability. Global Environmental Change, 2006, 16 (3): 282 - 292.

② Gallopin G. C. . Linkages between Vulnerability, Resilience and Adaptive Capacity, Global Environmental Change, 2006, 16: 293 - 303.

③ Walker B. , Holling C. S. , Carpenter S. R. , et al. A. Resilience, Adaptability and Transformability in Social-ecological Systems. Ecology and Society, 2004, 9 (2): 5.

④ Folke C. , Carpenter S. , Elmqvist T. , et al. Resilience and Sustainable Development: Building Adaptive Capacity in a World of Transformations. AMBIO, 2002, 31: 437 - 440.

⑤ Walker B. , Salt D. . Resilience Thinking: Sustaining Ecosystems and People in a Changing World Island, Washington DC, USA, 2006.

⑥ Smit, B. , Pilifosova O. 2001. Adaptation to climate change in the context of sustainable development and equity. Pages 877 - 912 in J. J. McCarthy, O. F. Canziani, N. A. Leary, D. J. Dokken, and K. S. White, editors. *Climate change* 2001: *impacts*, *adaptation*, *and vulnerability*. Cambridge University Press, Cambridge, UK.

⑦ Maldonado, J. H. , and R. del Pilar Moreno - Sánchez. Estimating the adaptive capacity of local communities at marine protected areas in Latin America: a practical approach. *Ecology and Society*, 2014. 19 (1): 16. http://dx. doi. org/10.5751/ES - 05962 - 190116.

如下：

①经济资源是适应力的决定因素，因为贫困是造成脆弱性的主要因素之一。经济资源包括许多指标，如贫困、个人平均收入和生计多样化、财富和资产以及金融资本。

②技术通过增加行为主体应对的多样化策略来提高适应力。

③信息和技能，大多同时考虑正规教育和知识水平、技能。

④基础设施可以通过提高家庭和社区的人力资本、沟通与交流能力、获得降低脆弱性的知识，来使其能够面对和克服外部扰动。基础设施的常用指标，有道路、环境卫生和水系统、能源供给和健康设施、教育设施。

⑤制度有多个定义，制度是管束特定行动和关系的一套行为规则，可以是正式的，也可以是非正式的。制度经济学家康芒斯认为，制度就是集体行动控制个人行动的一系列行为准则或规则。例如，管理人际关系的规范和规则是适应力的一个主要因素。此外，社会资本包括当地面对不同外部扰动时的相关策略。社会资本有多种测度方法，包括网络、信息规则和规范、参加的组织和领导力。在社会资本中，一些研究者也提出包括政治资本和制度合法性指标。

⑥平等与制度密切相关。公平的权力和资源分配，可以给社区带来面对扰动的适应力。在国家或区域尺度的研究中，平等是适应力的决定因素之一。

马尔多纳多和莫雷诺－桑切斯（Maldonado，Moreno－Sánchez，2014）综合分析了个体层面适应力的决定因素，提出了测度当地渔业社区面对建立自然保护区适应力的指标体系。[①] 这个复合指标体系包括三个维度，即社会－经济维度、社会—生态维度，以及社会—政治和制度维度。每个维度都包括三个指标，这三个指标都来自对当地家庭的结构化问卷调查。以下进行详细介绍和分析。

首先，社会—经济维度。社会—经济维度整合了家庭和社区的社会和经济特点，这些特点形成了他们与自然环境的关系，赋予其面对扰动的能力。具体包括以下指标：（1）贫困程度；（2）公共基础设施；（3）职业特点。除了贫困，社会—经济维度包括，家庭和社区实际和潜在的职业多样化和分散风险能力的指标，即职业特征和基本公共产品。基本公共产品即基础设施，它可以提高资源依赖型社区适应外部扰动的能力。

其次，社会—政治和制度维度。社会—政治和制度维度指管理个体之间、个体与外部机构之间关系的正式和非正式规则和规范，从而影响他们获得和使用其所依赖的自然资源。特别是，社会资本是社区层面实施和保持环境保护活动和可

---

① Maldonado, J. H., R. del Pilar Moreno－Sánchez. Estimating the adaptive capacity of local communities at marine protected areas in Latin America: a practical approach. *Ecology and Society*, 2014. 19（1）: 16. http://dx. doi. org/10. 5751/ES－05962－190116.

持续资源管理的主要因素。社会资本越强大、规则的合法性越强，就越容易实现资源使用者之间及其与外部机构之间达成和执行协议，从而获得适应力。制度的合法性，有利于社区提高适应力。社会—政治和制度维度有三个子指标：（1）结构性社会资本；（2）认知性社会资本，用来测度外部制度的合法性；（3）社区对保护区的认识。

再次，社会—生态维度，用于反映社区和周边自然环境之间的关系以及预测他们所依赖的自然资源扰动的能力。社会—生态维度（SE）反映了影响适应力的社会和生态系统之间"交互"作用的实际和假设的相关因素。适应力指标的社会—生态维度包括三个指标：（1）资源依赖；（2）关于生态过程和功能的认识；（3）预测扰动的能力。

进一步地，他们调查了澳大利亚塔斯马尼亚中部农业区的土地所有者，对该指标体系进行了验证和修改。[1] 他们将感知的个体恢复力作为因变量，采用结构方程模型，验证了适应力各维度对恢复力的解释情况。结果发现，影响农场主感知的适应力最重要的维度，是农场主的管理方式特别是改变的意愿。其他重要维度有个人资本、金融资本、劳动力以及社区和局部网络支持农场主管理活动的能力，对政府的信任和信心则对农场主感知的适应力没有显著影响。

此外，洛克伍德等（Lockwood et al.，2015）采用心理测度方法，区分了感知的适应力（perceived adaptive capacity）和感知的恢复力（perceived resilience），采用自评的方法测算农户适应力各个维度指标的内容、结构及其相对重要性。[2] 洛克伍德等（Lockwood et al.，2015）的感知适应力指标体系既包括了个体维度，如收入、社会资本、人力、金融和物质资本、农场主的管理方式，也包括了集体维度，如治理和社会资本。农场主的管理方式，包括对创新的态度、接受适应性管理方法的意愿等。

需要注意的是，马尔多纳多和莫雷诺 - 桑切斯（Maldonado，Moreno - Sánchez，2014）和洛克伍德等（Lockwood et al.，2015）开发的适应力指标体系均包括治理，即制度安排会影响个体和团体的适应能力。等级分明、协调困难或信息不畅的治理，会阻碍适应。治理是对适应力有贡献的一个维度。布鲁克斯等（Brooks et al.，2005）检验了适应力的三个决定性因素，教育、健康和治理，发现治理是最重要的。[3] 普遍认为，有利于适应力的制度条件，包括良好的治理。

---

① Rocio del Pilar Moreno - Sánchez, Jorge. Higinio, Maldonado. Adaptive capacity of fishing communities at marine protected areas: a case study from the Columbian Pacific. AMBIO, 2013, 42: 985 – 996.

② Lockwood, M., C. M. Raymond, E. Oczkowski, M. Morrison. Measuring the dimensions of adaptive capacity: a psychometric approach. *Ecology and Society*. 2015, 20（1）: 37. http://dx. doi. org/10. 5751/ES – 07203 – 200137.

③ Brooks, N., W. N. Adger and P. M. Kelly. 2005. The determinants of vulnerability and adaptive capacity at the national level andthe implications for adaptation. *Global Environmental Change* 15: 151 – 163. http://dx. doi. org/10. 1016/j. gloenvcha. 2004. 12. 006.

国际上对规范的良好治理做了规定，常见的维度包括规范的合法性、责任、包容、公平、领导和协调。

还有一些研究者从主观感知的角度，分析了农户适应力感知（adaptive capacity perception）及其影响因素。如气候变化所引致的水短缺，对尼加拉瓜咖啡农场主有较大的影响。基罗加等（Quiroga *et al.*，2015）研究了尼加拉瓜对咖啡生产者面对气候变化和水资源短缺时，对风险和适应力的感知。[①] 通过对212个典型咖啡生产农户的调查，他们分析了生产者对水资源的依赖是否影响其对风险的感知以及是否影响对外部支持的期望、风险感知等因素对适应力感知的影响。研究发现，经验和技术能力与适应力相关，但小农场主对外部机构的期望不高。

三、安康移民搬迁农户的生计适应策略与适应力感知分析框架

农户参加扶贫移民搬迁工程是自愿性的，中央、省级、市县等各级政府给予搬迁农户一定的补助。根据各地政府的财力情况，易地扶贫移民搬迁工程对搬迁户的补助标准有一定差异，但搬迁农户自己仍然要承担一部分搬迁费用，主要集中于新住宅的建房或购房费用、装修费用。由于易地移民搬迁后，农户新居住地往往靠近城市化地区，搬迁农户的原承包地往往与新居住地有一定的地理距离，这些可能对搬迁农户原先的农林业生产、养殖带来影响，因此，搬迁农户的生计活动通常会发生一定的变化。

移民搬迁对贫困农户是一个重大的决策，也是对农户层面的社会—生态系统的一个重大冲击。本节聚焦安康移民搬迁农户，依据社会—生态系统的适应性与恢复力理论，构建搬迁农户的适应力分析框架，分析农户层面上的适应能力，辨识搬迁农户的适应模式和机制。并依据课题组在安康市五个区县的农户调查数据，进行实证分析和验证理论框架，辨识搬迁农户的生计适应策略和适应力感知等。

这里对搬迁农户的适应性可解释为农户为应对移民搬迁所带来的各种影响，通过调整土地、劳动力等资源的使用以保持当前或更好的生存状态，其核心是"调整"（即适应）策略和"调整"的潜力与能力（即适应能力），安康移民搬迁农户适应策略与适应力感知分析框架如图8-3所示。这里有如下要点：

首先，搬迁农户的（生计）适应策略。在搬迁这一外生冲击下，搬迁农户适应对策表现为扰动情境下的生计行为变化，可以采取的适应策略如从事传统农林

---

① Quiroga S．，Suarez C．，Solis J. D.. Exploring coffee farmers' awareness about climate change and water needs: Smallholders' perception of adaptive capacity, Environmental Science & Policy, 2015, 45: 53 – 66.

业生计、生计多样化、非农等活动。从理论上看，系统内部的多样性，有利于系统自身的稳定性。就农户家庭的经济收入系统而言，多样化的收入来源可以使农户在面临某种收入大幅度减少时，其他的收入来源仍可以维持其家庭经济系统的正常运行，或者使家庭的经济系统恢复到某一可接受的状态。尤其是移民搬迁农户，从地质灾害、洪涝灾害或生态功能重要的山区搬迁出来，土地林地等自然资本发生变化，传统农林业的生产条件发生了相应的变化。

西部山区农民在与恶劣的自然生态环境相适应的过程中，形成了相应的适应策略来提升灾害发生时农户家庭自身的恢复能力。其中，最为主要的恢复性策略，是构建家庭多样化的收入结构（Dercon；Niehof）。[1][2] 埃利斯（Ellis，1998）指出，家庭收入的多样性是指农村家庭通过拓展各种经济活动（与农业相关的和与农业无关的）为农户带来更多种类的家庭收入（包括现金收入，也包括粮食、物资等），从而改善农户的生存状态或者提升在严苛环境下的生存能力。[3] 对于处在恶劣自然生态条件下的农户而言，增加其家庭农业收入的多样性是一种有效的风险转移策略，农户可以尽快从移民搬迁中恢复过来。巴雷特等（Barrett et al.，2001）[4] 指出，农户增加其收入的多样性是农户对未来的一种保险。埃尔姆奎斯特等（Elmqvist et al.，2003）[5] 指出，提升系统组成部分的多样性有利于改善和增强系统的恢复能力，但农户多样性的收入并不意味着农户可以短时间内迅速从打击中恢复。国内一些研究者也定量分析了收入多样性与农户的旱灾恢复力等。[6][7]

其次，搬迁农户适应策略的影响因素和机制。包括外生因素和内在因素。外生因素，如政府的开发式扶贫政策、搬迁时间、搬迁安置类型、搬迁类型等；内部因素，如家庭生计资本、家庭结构等。搬迁户的生计适应策略是多方面因素相适应的产物，可以考虑从农户的劳动力、社会资本、社会联结度、种植结构、价值观、土地利用变化等多方面进行综合分析。

① Dercon S. Income risk，Coping Strategies and Safety Nets. World Bank Research Observer. 2002，17：141 – 166.

② Niehof A. The significance of Diversification for Rural Livelihood Systems. Food Policy. 2004，29：321 – 338.

③ Ellis F. Household Strategies and Rural Livelihood Diversification. The Journal of Development Studies. 1998，35：1 – 38.

④ Barrett C. B.，Reardon T.，Webb P. Nonfarm Income Diversification and Household Livelihood Strategies in Rural Africa：Concepts，Dynamics，and Policy Implications. Food Policy，2001，26：315 – 331.

⑤ Elmqvist T.，Folke C.，Nystrom M.，et al. Response Diversity，Ecosystem Change and Resilience. Frontiers in Ecology and Environment，2003，1：488 – 494.

⑥ 万金红，王静爱，刘珍等，从收入多样性的视角看农户的旱灾恢复力——以内蒙古兴和县为例. 自然灾害学报，2008，17（1）：122 – 126.

⑦ 杨小慧，王俊，刘康等，半干旱区农户对干旱恢复力的定量分析——以甘肃省榆中县为例. 干旱区资源与环境，2010，24（4）：101 – 106.

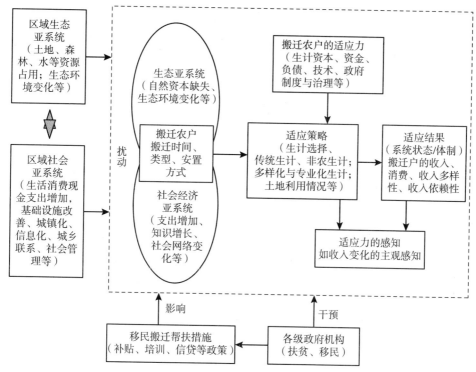

图 8 - 3　安康移民搬迁户的适应策略与适应力感知分析框架

资料来源：作者研究。

最后，搬迁户的适应后果。一般地，适应结果区分为主观和客观的适应后果。客观后果，如搬迁户的收入、消费、收入多样性和收入依赖性等。主观的适应情况可采用搬迁户对恢复力的主观感知，如自评的收入增加、不变和减少。这里，采用了农户对适应力的主观感知测度。

四、数据分析与研究发现

（一）基本描述性统计

1. 被调查的移民搬迁农户的基本人口社会特征

这里的数据，来自西安交通大学人口与发展研究所课题组 2011 年 11 月所组织的安康农户生计调查数据。描述性统计显示，被调查的搬迁户的家庭平均人口数是 4.17 人，家庭平均常住人口数为 3.72 人，搬迁户平均有 18 ~ 65 岁劳动力 2.89 人，其中，男性劳动力 1.57 人；搬迁户户主的平均年龄是 50 岁，户主受教育程度为文盲、小学、初中、高中或中专技校或大专及以上的比例分别为 15.1%、39.3%、38.6% 和 7%。此外，被调查的搬迁户平均有耕地 5.09 亩，林地 23.69 亩，搬迁户全家初中以上文化程度的人数比例为 44.18%，全家曾有村干部等经历的人数比例是 10.26%。

2. 安康被调查移民搬迁户的生计适应策略

按照某项收入占家庭总收入的 50% 以上，如农业、林业、养殖、非农（打工和非农经营）、政府补贴，这里将全部样本分为，传统生计专业化型（即如果农业、林业或者养殖收入占家庭全部收入一半以上的农户，则定义为传统生计专业化）；非农（打工和非农经营）收入占全部家庭收入一半以上，则定义为非农专业化；政府补贴占家庭收入一半以上，则定义为补贴依赖型；如果农户没有任何一项收入占家庭收入的一半以上，则定位为多样化生计。传统生计专业化、非农专业化、补贴依赖型和多样化生计农户，占全部样本的比例分别为 36.5%、29.5%、11.1% 和 22.9%。即安康 2011 年所调查的移民搬迁户在搬迁之后，最多的还是传统生计专业化，之后是非农生计专业化和多样化生计，政府补贴依赖型生计较少（见图 8-4）。

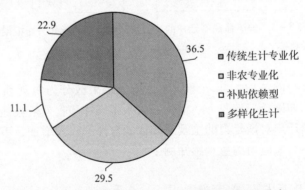

图 8-4　安康移民搬迁户中生计类型的百分比分布

（二）移民搬迁户感知的适应力与搬迁类型等的描述性统计

根据本节框架图 8-3，搬迁户的当前状况（如收入增加、不变、减少）则是搬迁户适应力的一个结果。这里以移民搬迁户自评的收入变化，作为感知的适应力。在被调查的 408 个安康移民搬迁户中，搬迁之后表示收入增加、不变、减少的样本比例分别为 36.5%、51% 和 12.5%，即约 1/3 的搬迁户表示搬迁之后收入增加，一半表示收入无变化，仅有少部分搬迁户表示收入减少了。

1. 适应力感知与搬迁的安置方式、搬迁类型等的描述性统计

陕南对移民搬迁户的安置方式，有集中安置和分散安置两种。根据《陕南地区移民搬迁安置工作实施办法》（暂行），集中安置指的是，进入城镇集中安置点、移民新村和小村并大村在 30 户以上的均属集中安置；其他方式的搬迁安置，属分散安置。集中安置点一般可以有更好的基本公共服务。为反映搬迁类型、搬迁安置方式与搬迁农户的适应力感知之间的关系，此处进行了列联表分析，见表 8 - 10、表 8 - 11。

表 8 - 10   搬迁类型与收入变化的列联表

搬迁类型	收入减少	不变	增加	合计
扶贫移民	25（50%）	30（14.7%）	45（31%）	100（25%）
生态移民	5（10%）	33（16.2%）	13（9%）	51（12.8%）
工程移民	6（12%）	84（41%）	20（14%）	110（27.5%）
减灾移民	12（24%）	43（21%）	53（36%）	108（27%）
其他	2（4%）	14（7%）	15（10%）	31（7.8%）
合计	50（100%）	204（100%）	146（100%）	400（100%）

注：括号内为列占比，表 8 - 11 同。

表 8 - 11   安置方式与收入变化的列联表

安置类型	收入减少	不变	增加	合计
非集中安置	10（20%）	97（47.5%）	41（28%）	148（37%）
集中安置	40（80%）	107（52.5%）	105（72%）	252（63%）
合计	50（100%）	204（100%）	146（100%）	400（100%）

似然比 LR 检验显示，不同搬迁类型、安置类型的搬迁户的收入变化感知有着显著差异，显著性水平都在 0.01 以下。进一步分析显示，扶贫移民和集中安置户表示收入减少的比例更高，而减灾移民表示收入增加的比例更高，工程移民表示收入不变的比例更高。分散安置户表示收入不变的比例更高，而集中安置户表示收入增加和收入减少的比例都比分散安置户更高。

2. 适应力感知与搬迁补助、搬迁时间等的描述性统计

2011 年，陕南大规模移民搬迁工程实施以后，地方政府对移民搬迁户的补助标准 3 万 ~ 5.5 万元。受财力所限，在 2011 年之前地方政府对搬迁户的补助标准要更低些。

调查地是贫困地区，中国各级政府对贫困农户有一些开发式扶贫项目，如对搬迁农户发展产业的补助、劳动力培训、小额到户扶贫低息或无息贷款、以工代赈项目等；以及农业补贴、低保、政府救济、退耕还林补助等补贴式扶贫项目。全部408个搬迁户样本中，仅有16户获得了政府小额到户扶贫贴息贷款，从2000~8万元不等；仅31户最近三年家庭成员参加了政府各类免费培训；有42个搬迁户发展产业，政府给予了补助；11户参加了以工代赈项目。

表8-12显示了搬迁时间、政府搬迁补助、家庭获得的扶贫项目等，与搬迁农户的适应力感知之间的关系。数据显示，农户适应力感知类型与搬迁时间有显著的差异，表示收入减少的搬迁户的搬迁时间要更短些；表示收入增加的搬迁户获得的政府搬迁补助最多；表示收入不变的搬迁户获得的政府开发式扶贫项目数最多；由于补贴式扶贫项目，如农业补贴、退耕还林补助是普惠式的，在三种搬迁农户之间无统计上的显著差异。

当地移民搬迁户搬迁过程中往往要借钱，这些搬迁户的借贷情况如下：全部搬迁户样本中，42.6%最近三年从银行贷过款，贷款额从1000元~80万元不等；45%的被调查搬迁户最近三年从亲朋好友处借过钱，借钱数从2000元~40万元不等。

在家庭借贷行为方面，表示收入减少的搬迁户最近三年从亲友处借钱最多，借钱均值达3万多元；而在中国农村，往往有较好信誉、社会网络广泛、有生产和经营能力的农户才能从银行借到钱或获得政府的扶贫贴息贷款，所以，表8-12显示，收入增加的搬迁户最近三年从银行借款最多，收入不变的搬迁户获得政府扶贫贴息贷款最多。

表8-12　　搬迁时间、政府搬迁补助、扶贫项目与搬迁农户适应力感知

指标/搬迁户适应力感知	收入减少	收入不变	收入增加	ANOVA
搬迁时间（年）	3.59	13.42	5.71	***
获得的政府搬迁补助（元）	11998	8167	12950	***
近三年获得的开发式扶贫项目数（个）	0.7037	0.9318	0.5313	**
近三年获得的补贴式扶贫项目数（个）	1.44	1.58	1.58	ns
最近三年从亲友处借钱（元）	32160.0	11262.3	20452.1	***
最近三年从银行借钱数（元）	19900.0	16750.0	26027.4	ns
最近三年政府的小额到户扶贫贴息贷款（元）	600.0	1137.25	1027.4	ns

注：①开发式扶贫项目指，政府对发展产业的补助、劳动力培训、以工代赈、小额到户扶贫贴息贷款；补贴式扶贫项目指，低保、政府救济、退耕还林补助。

②***，**，*，+分别表示$p < 0.001$，$p < 0.01$，$p < 0.05$，$p < 0.1$；ns表示不显著。以下同。

3. 适应力感知与家庭收入水平

这里又将所调查的安康搬迁户按照家庭纯收入进行了四等分，即高收入户、中等偏上户、中下收入户和低收入户，并将搬迁户收入等级与适应力感知进行了列联表，见表 8 - 13。数据显示，高收入户和中等偏上户表示收入增加的比例较高，而低收入户表示收入增加的比例最少、表示收入减少的比例最高。似然比 LR 检验显示，搬迁户收入等级类型与适应力感知之间存在显著差异（p < 0.01）。即越是高收入户，越表示收入增加、搬迁后'稳得住、能致富'的情况则越好；而贫困户搬迁之后的生计适应、生计安全状况令人担忧。

表 8 - 13　　　　　　　搬迁户收入等级与收入变化的列联表分析

	收入减少	不变	增加	小计
高收入户	20（14.4%）	59（42.4%）	60（43.2%）	139（100.0%）
中等偏上户	14（13.6%）	49（47.6%）	40（38.8%）	103（100.0%）
中下收入户	4（5.6%）	45（62.5%）	23（31.9%）	72（100.0%）
低收入户	11（14.7%）	46（61.3%）	18（24.0%）	75（100.0%）
小计	49（12.6%）	199（51.2%）	141（36.2%）	389（100.0%）

注：括号内为行占比。

4. 适应力感知与搬迁户的生计多样化

表 8 - 14 分列了不同的搬迁户收入变化类型与其家庭的收入多样性指数、收入依赖性指数情况，表 8 - 15 则分列了不同移民搬迁类型与家庭收入多样化指数、收入依赖性指数情况。

表 8 - 14　　　搬迁农户收入变化类型与收入多样性指数、收入依赖性指数

搬迁户收入变化类型	样本数	收入依赖性指数	收入多样性指数
收入减少	49	0.5735（0.34830）	0.7999（0.4256）
收入不变	198	0.5968（0.2145）	0.7164（0.3792）
收入增加	140	0.9754（3.6314）	0.6636（0.8373）
全部搬迁户	387	0.7308（2.1957）	0.7079（0.5918）

注：括号内为标准差。

根据表 8 - 14，从收入依赖性指数来看，表示收入减少的搬迁户的收入依赖性指数更低，而表示收入增加的搬迁户的收入依赖性指数则更高；从收入多样化

指数来看，表示收入减少的搬迁户的生计多样化指数更高，而表示收入增加的搬迁户的生计多样化指数更低。但根据单因素方差分析结果，以上结果无显著差异。总体上，当地搬迁户表示收入增加或者不变的搬迁户生计更为专一，而表示收入减少的搬迁户生计多样化程度高，没有形成稳定的生计类型。

表 8 - 15　　　　　不同移民搬迁类型与收入多样化指数、收入依赖性指数

搬迁类型	收入依赖性指数	收入多样性指数
扶贫移民	0.6064（0.5106）	0.7691（0.4209）
生态移民	0.6233（0.1909）	0.6836（0.3326）
工程移民	0.9997（4.0077）	0.5965（0.8962）
避灾移民	0.7025（0.9920）	0.7067（0.4553）

注：括号内为标准差。

根据表 8 - 15，扶贫移民户的收入多样性指数最高、收入依赖性指数最低；其后，避灾移民的收入多样性指数和收入依赖性指数均较高；工程移民的收入多样性指数最低，依赖性指数最高。单因素方差分析的结果显示，收入多样性指数在四类移民搬迁户之间存在一定的差异（$p < 0.1$），而四类搬迁户的收入依赖性指数无显著差异。

（三）移民搬迁户的生计适应策略与适应力感知

如前所述，安康移民搬迁户的生计适应策略类型，包括传统生计专业化、非农生计专业化、政府补贴依赖型和多样化生计。现将搬迁农户的生计适应策略类型与其适应力感知进行列联表分析，见表 8 - 16。似然比检验结果显示，搬迁农户的生计适应策略类型与其感知的适应力类型，存在着统计上的显著差异（$p < 0.05$）。根据表 8 - 16，传统生计专业化农户表示收入未发生变化的比例最高，非农专业化农户表示收入减少的比例最小，也有较高比例表示收入增加了，补贴依赖型农户表示收入减少的比例最高，而生计多样化型农户虽然表示收入不变的比例较高，但也有较大比例表示收入减少。总体呈现出来的特征是，搬迁之后，非农专业化和传统生计专业化的农户收入减少得更少、收入增加的更多、恢复力更好，而补贴依赖型、生计多样化型农户的恢复状况要差一些。

由此可以得到初步结论，即搬迁农户自评的适应力与其生计适应策略有着密切的关系。提高搬迁农户自评的适应力，也需要从改变搬迁农户的生计适应策略入手。因此，提高地方政府对移民搬迁农户的精准帮扶措施，促进搬迁户的增收，有助于改进搬迁户的适应力感知。

表 8 – 16 搬迁农户的生计类型与适应力感知

项目		传统生计专业化	非农专业化	补贴依赖型	生计多样化	合计
收入减少	频数	13	11	14	12	50
	行占比（%）	26.0	22.0	28.0	24.0	100.0
	列占比（%）	11.4	8.0	19.2	16.0	12.5
收入不变	频数	70	66	29	39	204
	行占比（%）	34.3	32.4	14.2	19.1	100.0
	列占比（%）	61.4	48.2	39.7	52.0	51.1
收入增加	频数	31	60	30	24	145
	行占比（%）	21.4	41.4	20.7	16.6	100.0
	列占比（%）	27.2	43.8	41.1	32.0	36.3
合计	频数	114	137	73	75	399
	行占比（%）	28.6	34.3	18.3	18.8	100.0
	列占比（%）	100.0	100.0	100.0	100.0	100.0

五、搬迁农户适应力感知影响因素的 Multinominal Logistic 分析

以下，进一步采用了 Multinominal Logit（MNL）回归模型来分析移民搬迁农户适应力感知的影响因素，建立标准化后的 Multinominal Logit 的模型为：

$$\Pr(Y = j) = \frac{e^{\beta'_j x_i}}{1 + \sum_{k=2}^{3} e^{\beta'_k x_i}} \text{for } j = 1, 2, \cdots, 3.$$

其中，1、2、3 分别代表收入减少、不变、增加，即收入感知变化概率的三种结果；x 为解释变量向量，β_j 是与结果 j 相联系的参数向量。运用 MNL 模型的一个重要前提，是选择任何两种方式的概率之比与第三种选择无关（independence of irrelevant alternatives，IIA），即备择无关假设。奥斯曼和麦克法登（Hausman, Mcfadden, 1984）[①] 指出，如果各备选项目是真正独立的，从模型中省略或者增加一项选择都不会改变参数的一致性，仅仅对参数估计的有效性产生影响。如果备择无关假定（IIA）不满足，则将产生参数估计不一致性。

根据以往文献以及前面描述性统计结果，此处从搬迁安置的特征及政府帮扶措施（如搬迁安置方式、搬迁类型、搬迁时间、政府给予搬迁的补贴、政府对搬迁户的开发式扶贫项目数）、搬迁家庭的社会人口特征、最近三年从银行借钱或从亲朋好友借钱情况、生计活动类型（纯农户或兼业户）来分析搬迁户适应力感知的影响因素，变量的描述性统计，见表 8 – 17。

---

① Hausman S, Mcfadden D. Specification Tests for the Multinomial Logit Model. Econometrica, 1984, 52: 1219 – 1240.

表 8 – 17   模型变量的描述性统计

变量	描述	均值	标准差
是否集中安置	如果是取值 1，否则为 0	0.6275	0.4840
政府补贴（元）	指政府对移民搬迁户的搬迁补助	10562.99	14408.6
已经搬迁时间（年）		9.3634	10.826
生态移民	1 = 是，参考组 = 扶贫移民和其他类型	0.1275	0.3339
工程移民	1 = 是，参考组 = 扶贫移民和其他类型	0.2745	0.4468
减灾移民	1 = 是，参考组 = 扶贫移民和其他类型	0.2696	0.4443
开发扶贫项目	指的是搬迁户获得的政府开发式扶贫项目数	0.6957	0.8249
劳动力数量	家庭中 16~65 岁人口数	2.8946	1.2949
户主年龄（年）	反映家庭生命周期	50.027	13.038
户耕地（亩）	自然资本	3.1422	3.4905
户林地（亩）	自然资本	23.689	50.5387
亲朋处借钱数（元）	金融资本	17712.01	38827.0
从银行借钱数（元）	金融与社会资本	20446.08	56644.1
是否兼业	是否从事非农活动，1 = 是，0 = 否	0.6618	0.4737
村干部经历数（个）	家庭成员有过村干部经历的人数	0.1618	0.4127
上月电话费（元）	调查前一个月的家庭电话费	152.10	195.316

表 8 – 18 为搬迁农户适应力感知的 MNL 模型结果，计量经济结果有如下简要结论：①在多个方程中，相比于收入减少搬迁户，移民安置方式（集中安置或分散安置）、搬迁时间、移民搬迁类型（生态移民、工程移民、减灾移民、扶贫移民）、搬迁户所获得的开发式扶贫项目数对搬迁户的主观恢复力感知，均无统计上的显著作用。即搬迁户认为，政府的开发式扶贫项目对其生计恢复情况没有显著的影响，说明当地的移民搬迁方案有需要完善之处；②相比于收入减少的搬迁农户，政府移民搬迁补贴对移民搬迁户收入增加、收入不变的感知均有显著正向作用，而且政府补贴对前者的作用大于后者；③相比于收入减少的搬迁户，劳动力数量对收入增加感知有显著的负向作用；④在多个方程中，相比于收入减少户，亲朋处借钱数对收入不变、收入增加感知均有显著的负向作用；⑤相比于收入减少的搬迁户，户耕地数量对收入不变的感知有显著负向作用、户林地数量对收入不变有显著正向作用；但相比于收入减少户，户耕地数量和户林地数量对收入增加感知均无显著的作用；⑥搬迁户的其他人口与社会经济特征，如是否兼业、村干部经历数、上月电话费银行借款数在多个方程中均无显著影响等。

表 8 - 18　　　　　　　搬迁农户适应力感知的 MNL 模型结果

变量/类型	收入不变		收入增加	
	β	RRR	β	RRR
1. 是否集中安置	- 0. 1834 (0. 8079)	0. 8325	- 1. 0792 (0. 7875)	0. 33985
2. 政府补贴	0. 00011 + (0. 00006)	1. 0001	0. 00012 * (0. 00006)	1. 0001
3. 搬迁时间	0. 06465 (0. 06098)	1. 0668	- . 03072 (0. 08487)	0. 96974
4. 生态移民	0. 86142 (1. 0858)	2. 3665	- 1. 996 (1. 5475)	0. 1359
5. 工程移民	0. 29676 (1. 1235)	1. 3455	- 1. 9624 (1. 2071)	0. 1405
6. 减灾移民	0. 7073 (0. 6742)	2. 0284	0. 2651 (0. 59706)	1. 3036
7. 开发扶贫项目	0. 34675 (0. 36999)	1. 4145	- 0. 0676 (0. 3633)	0. 9346
8. 劳动力数量	- 0. 08949 (0. 24482)	0. 91439	0. 24591 + (- 0. 44235)	0. 6425
9. 户主年龄	0. 01752 (0. 02450)	1. 0177	0. 0094 (0. 02327)	1. 0095
10. 户耕地	- 0. 1667 + (0. 0895)	0. 84647	- 0. 0650 (0. 0801)	0. 93703
11. 户林地	0. 03097 + (0. 0178)	1. 0315	0. 0273 (0. 01737)	1. 0276
12. 亲朋处借款	- . 000019 * (0. 000)	0. 9999	- 0. 00002 * (0. 000)	0. 9999
13. 银行借款	0. 0000 (0. 0000)	1. 0000	0. 0000 (0. 0000)	1. 0000
14. 是否兼业	- 1. 0738 (0. 6689)	0. 3417	- 0. 59177 (0. 64955)	0. 55335
15. 村干部经历数	0. 6955 (0. 87319)	2. 0046	1. 0612 (0. 8289)	2. 8898
16. 上月电话费	0. 00381 (0. 00366)	1. 0038	0. 00569 (0. 0036)	1. 0057
常数项	- 1. 3031 (1. 8719)		1. 2821 (1. 8176)	
LR chi^2 (32)	54. 75 ***	Pseudo R^2	0. 197	
Log likelihood	- 111. 5527	观测数	387	

注：参考类 = 收入减少；RRR（相对风险比例，Relative Risk Ratio）；***，**，*，+分别表示 p < 0. 001，p < 0. 01，p < 0. 05，p < 0. 1；括号内为标准误。

六、总结与建议

西部一些地区贫困，自然生态条件恶劣，或有地质灾害风险，不适合人类生存和居住。因此，作为农村扶贫的一个重要措施，西部许多地方政府都实施了自愿性的易地扶贫移民搬迁，如陕西、贵州、宁夏、四川等地。移民搬迁户是中国贫困农村地区一个特殊弱势群体。

本章研究了生态功能区的移民搬迁农户的适应策略和适应力，并通过安康已搬迁农户的调查数据，分析了安康移民搬迁农户的生计适应策略、适应力感知及其影响因素。从本章对安康移民搬迁户的调查结果和课题组与当地移民搬迁户等的访谈来看，移民搬迁工程受到农民普遍欢迎，绝大多数表示搬迁之后收入增加或者不变，仅有12.5%的被调查搬迁农户表示搬迁之后收入减少了。移民搬迁工程促进了当地群众的脱贫致富、提高了生活水平和福祉，促进了新型城镇化，也有利于这一地区长远的生态保护。但调查显示，越是高收入户，收入增加、搬迁后"稳得住、能致富"的情况则越好；而贫困户搬迁之后的生计适应、生计安全状况令人担忧。尤其是本章的计量经济分析结果显示，政府主导的移民安置方式、搬迁类型、搬迁户所获得的扶贫项目数对搬迁户生计适应情况并没有显著的影响，搬迁户也没有随着搬迁时间的增加而提高其适应力；当地搬迁户劳动力存在一些闲置、家庭耕地林地需要进一步提高生产经营效率、搬迁户缺乏后续产业支持等问题。总之，针对移民搬迁农户这一特殊弱势群体，地方政府仍需要进一步完善移民搬迁安置方案和对移民搬迁农户的精准帮扶措施，提高其适应力。

第九章

旅游扶贫与农村社区参与研究

第一节 研究综述

一、西部重点生态功能区发展旅游业的背景与研究意义

生态旅游、乡村旅游对于西部重点生态功能区的地方政府、地方经济发展有着特别的重要性。受主体功能区发展定位的限制，许多重点生态功能区积极发展生态产业和特色产业，如生态旅游、生态农业等。此外，近年来中国乡村旅游发展迅速，农村地区发展旅游业具有较大的市场需求。截至 2013 年底，全国共有 10.6 万个乡村旅游特色村，180 多万个乡村旅游经营户，年接待游客 9.6 亿人次，年经营收入约 2800 亿元，直接从事乡村旅游的农民达 3000 多万人，占农村劳动力的 6.9%。[①] 国家旅游局认为，随着城乡一体化进程的推进，乡村旅游一体化进程推进，乡村旅游本身进入一二三产业融合升级阶段。

2014 年 8 月，国务院发布的《关于促进旅游业改革发展的若干意见》指出，"加快旅游业改革发展，对于扩就业、增收入，推动中西部发展和贫困地区脱贫致富，促进经济平稳发展和生态环境改善，意义重大"，"推动旅游业发展与新型工业化、信息化、城镇化和农业现代化相结合，实现经济效益、社会效益和生态效益相统一"。

---

① 国家旅游局信息中心. 全国旅游扶贫工作综述，http：//www. cnta. gov. cn/html/2014 - 10/2014 - 10 - 17 - %7B@ hur%7D - 10 - 63337. html.

2014 年 11 月，国家发展和改革委员会、国家旅游局、农业部、国家林业局、国务院扶贫办等七部委联合发布了《关于实施乡村旅游富民工程，推进旅游扶贫工作的通知》，提出要加强基础设施建设，大力发展乡村旅游，提高规范管理水平；发挥精品景区辐射作用，带动重点村脱贫致富。该《通知》提出到 2020 年，扶持约 6000 个贫困村开展乡村旅游，带动农村劳动力就业，每年通过乡村旅游，直接拉动 10 万贫困人口脱贫致富，间接拉动 50 万贫困人口脱贫致富，并发布了《乡村旅游扶贫重点村分省名单》。

2015 年，《关于加大改革创新力度、加快农业现代化建设的若干意见》提出，中国将实施乡村旅游富民工程，统筹和利用惠农资金加强卫生、环保、道路等基础设施建设，推动乡村旅游与新型城镇化有机结合，推进乡村旅游的精准扶贫，带动贫困地区脱贫致富。发展乡村旅游，具有产业关联的外部性和就业的外部性。发展乡村生态旅游在农民、农业、农村"三农"问题中，具有积极作用。

发展乡村旅游与社会主义新农村建设、新型城镇化、转变经济发展方式紧密相关，是建设美丽乡村独特而最佳的途径，它对于树立"生产发展、生活宽裕、乡风文明、村容整洁、管理民主"的社会主义新农村样板、培育新产业、提升新农村形象具有积极作用。在中国新"三农"目标（农业现代化、农民职业化、就地城镇化）、城乡一体化的背景下，西部重点生态功能区或限制开发区需要走出科学发展的新模式、新途径，探索扶贫攻坚和生态建设的双赢机制，而农村社区积极参与旅游业发展、旅游扶贫是其中的重要内容。

总之，当前西部重点生态区发展旅游业，具有促进生态保护、农村减贫与增收、农村综合发展、新农村建设、统筹城乡，或者具有经济、生态、社会等多重目标。

二、"十三五"时期中国旅游扶贫的主要措施与目标

2014 年 1 月 25 日，中共中央办公厅、国务院办公厅印发了《关于创新机制扎实推进农村扶贫开发工作的意见》确定了精准扶贫十项工程：干部驻村帮扶、职业教育培训、扶贫小额贷款、易地扶贫搬迁、电商扶贫、旅游扶贫、光伏扶贫、致富带头人创业培训、龙头企业带动等。即旅游扶贫是中国十大精准扶贫工程之一。

随着经济发展和居民收入增长，消费结构转型升级加快，中国乡村旅游发展态势迅猛。《全国乡村旅游扶贫观测报告》显示，2015 年，贫困村乡村旅游从业人员占贫困村从业总人数的 35.1%，乡村旅游带来的农民人均收入占农民人均年收入的 39.4%，贫困村通过乡村旅游脱贫人数达 264 万人，占全国脱贫总人数的 18.3%。"十三五"时期，中国将通过发展乡村旅游带动全国 25 个省（区、市）

2.26 万个建档立卡贫困村、230 万贫困户、747 万贫困人口实现脱贫。[1]

乡村旅游连接一产和三产，能够直接提高农产品附加值，促进农村一二三产业融合发展，使单一农业向多元农业转变，使粗放经济向效益经济转变，能直接富民，快速富民。很多贫困村通过发展乡村旅游摆脱了贫困，很多农村通过发展旅游实现了富裕。经汇总各省区市旅游部门的统计数据，"十二五"期间（不含 2015 年），中国通过发展乡村旅游带动了 10% 以上贫困人口脱贫，旅游脱贫人数达 1000 万人以上。[2]

2015 年 7 月 10 日，在国家旅游局召开的新闻发布会上宣布，"十三五"时期，全国通过发展旅游将带动 17% 的贫困人口实现脱贫。预计 2015～2020 年，全国通过发展旅游将带动约 1200 万贫困人口脱贫。国家旅游局提出，通过开展旅游规划公益扶贫行动和乡村旅游村干部培训等，大力推进旅游扶贫开发。在该会议上，国务院扶贫办也介绍了下一步支持旅游扶贫工作的重点举措。一是完善精准帮扶措施，制定精准扶持模式，进一步加大试点村整村推进工作力度；二是鼓励相关省区整合统筹扶贫资金和各项支农资金，加大对试点村的支持；三是引导社会各方积极参与旅游扶贫，协调相关金融机构加大对旅游扶贫的金融支持，通过发展乡村旅游带动贫困群众脱贫致富。通过以上举措，实现到 2020 年，在全国形成 15 万个乡村旅游特色村，300 万家乡村旅游经营户，乡村旅游年接待游客超过 20 亿人次，收入将超过 1 万亿元，受益农民 5000 万人，每年带动 200 万贫困农民通过乡村旅游脱贫致富。[3]

为发展相关旅业和促进旅游扶贫，地方政府也发布了相关文件。如西安市印发《支持乡村旅游发展实施意见》，提出培育一批富有特色、具有竞争力的特色旅游名镇（名村、示范点），力争通过 3 年时间（2016～2018 年），培育和扶持 30 个特色旅游名镇（名村、示范点），10 个乡村旅游休闲、度假、体验综合体，10 条以上乡村旅游精品线路，新建和改造 60 个乡村旅游公厕。乡村旅游接待人数和收入每年保持在 20% 左右的增幅。同时，市财政从旅游发展专项资金中每年安排不少于 1000 万元（其中，800 万元用于基础设施建设和培育特色旅游项目投入，200 万元用于旅游规划补助），从旅游宣传促销费中每年安排不少于 100 万元。被扶持项目所在地区县财政按 1∶0.5 进行配套（仅限于旅游发展专项中用于基础设施建设的 800 万元），即每年 400 万元。市县两级合计每年安排 1500 万元（其中，市 1100 万元，区县 400 万元），三年共计安排 4500 万元，以

① 乡村游成扶贫攻坚生力军，http：//www.cnta.gov.cn/ztwz/lyfp/zyhd/201611/t20161108_788620.shtml.
② 国家旅游局信息中心．"十二五"已有 10% 以上贫困人口旅游脱贫，http：//www.cnta.gov.cn/zt-wz/lyfp/zyhd/201507/t20150731_743771.shtml.
③ 国家旅游局信息中心．国家旅游局 国务院扶贫办共同发布"十三五"期间我国 17% 的贫困人口将实现旅游脱贫，http：//www.cnta.gov.cn/ztwz/lyfp/zyhd/201507/t20150731_743773.shtml.

保障乡村旅游健康持续发展。①

三、社区参与旅游发展与旅游扶贫等相关研究综述

以下对于农村社区参与旅游发展、旅游扶贫的国内外文献进行综述。

(一) 社区参与旅游发展的研究

社区参与旅游发展是旅游目的地实现可持续发展的重要途径，近年来成为国内外旅游理论学界研究的热点。国内外有大量的社区参与旅游研究，并不断深化和演进。如孙凤芝和许峰（2013）② 和孙九霞和保继刚等（2006）③ 都对社区参与旅游发展研究进行了较全面的述评和展望。孙凤芝和许峰（2013）认为，国外学者主要从社区参与旅游发展的本质和内涵、社区参与和可持续发展的关系、不同类型社区参与的比较以及治理结构等领域展开研究，而国内学者则主要关注社区参与旅游发展的概念释义、理论价值与实践意义、社区参与旅游发展的微观经营与运行机理研究及其存在问题、社区参与旅游发展的跨学科多元视角研究等。

1. 社区参与旅游的影响因素

国外研究者如托森（Tosun，1998）对发展中国家实施社区参与旅游发展的若干限制性因素进行了较为全面的分析，他认为发展中国家在运行、结构和文化等方面存在较多的障碍，不利于社区居民真正参与到当地的旅游发展进程中。④

国内主要是从案例及理论两个层面进行了相关研究，黎洁（2001）探讨了社区参与旅游决策和旅游收入分配的经济学理论基础。⑤ 李文军（2009）通过对某国家级保护区管理局、社区和旅游经营企业3个利益相关者获益能力的分析，探讨了社区难以参与自然资源旅游经营和利益分配的原因。⑥ 胡文海（2008）分析了乡村旅游开发过程中，当地政府、社区居民、旅游企业、旅游者的利益诉求和冲突。一般地，造成农村社区参与能力低的原因主要有，社区缺乏对土地和资源的控制，农村社区缺乏人力资本、物资资本和资金等。⑦

---

① http://www.sxta.gov.cn/proscenium/content/2015-07-14/11399.html.

② 孙九霞，保继刚. 从缺失到凸显：社区参与旅游发展研究脉络，旅游学刊，2006，21（7）：62-68.

③ 孙凤芝，许峰. 社区参与旅游发展研究评述与展望. 中国人口资源与环境，2013，23（7）：142-148.

④ Tosun C., Jenkins C. L. The evolution of tourism planning in third world countries: A critique. Progress in Tourism and Hospitality Research，1998，4（2）：101-114.

⑤ 黎洁. 社区参与旅游发展理论的若干经济学质疑. 旅游学刊，2001，（4）：44-47.

⑥ 李文军，马雪蓉. 自然保护地旅游经营权转让中社区获益能力的变化. 北京大学学报（哲学社会科学版），2009，46（5）：146-154.

⑦ 胡文海. 基于利益相关者的乡村旅游开发研究——以安徽省池州市为例. 农业经济问题，2008（7）：82-86.

2. 旅游增权理论

近年来，在社区参与旅游领域的突出研究，是引入社区增权理论，社区增权是影响居民参与旅游发展程度的根本因素。社区增权的实质，是通过增强当地社区在旅游开发方面的控制权、利益分享权和强调社区在推动旅游发展方面的重要性，使社区居民从被动参与转向主动参与，获取旅游发展中的决策权，保证当地居民的利益最大化并且能够部分地控制旅游在地方的发展。斯蒂文森（Scheyvens，1999）正式将增权理论引入生态旅游研究中，构建了一个包含政治、经济、心理、社会四个维度在内的社区旅游增权框架。[①] 斯科菲尔德（Sofield，2003）进一步深化了旅游增权的概念、理论和方法。[②]

2008 年以来，国内学者保继刚、孙九霞和左冰等率先将旅游增权理论引入中国，提出社区旅游增权的基本路径，探索了将旅游增权理论应用于中国旅游实践的框架、途径和模式。左冰和保继刚（2008，2012）认为，社区参与旅游发展失败的原因可以归结为三个方面：权利失败、机会缺失与能力匮乏，提出了"吸引物权"这一新型的产权权利，并提出了推动农村社区参与旅游发展的土地权利变革之路。[③④] 左冰（2012）对云南省西双版纳州傣族园社区旅游发展过程进行了研究，[⑤] 认为农村的社区参与需要在政策上和制度上承认中国社会利益高度分化的现实，通过赋权还能，培育村民的公民意识和集体精神，健全农民的正式参与制度。黄娅通过探讨社区层面上个人、组织和社区三者之间的权力关系，对少数民族传统民艺开发中的社区增权进行了实践架构的探讨。[⑥] 王纯阳和黄福才（2013）运用斯蒂文森（Scheyvens，1999）所提出的旅游增权框架从经济增权、心理增权、社会增权和政治增权四个层面共同提升开平碉楼与村落旅游开发中社区参与的有效性。[⑦]

3. 社区参与旅游发展的形式与途径研究

以往研究者对于农村社区参与旅游的具体形式（主要集中在微观经营模式）

---

① Scheyvens R. Ecotourism and the empowerment of local communities. Tourism Management，1999，20
（2）：245 – 249.

② Sofield T. H. B. Empowerment for Sustainable Tourism Development. Netherlands：Pergamon Press，2003：
9 – 36.

③ 左冰，保继刚. 从社区参与走向社区增权：西方旅游增权理论研究述评：旅游学刊，2008，23
（4）：58 – 63.

④ 左冰，保继刚. 社区增权，制度增权：社区参与旅游发展之土地权利变革：旅游学刊，2012，27
（2）：23 – 31.

⑤ 左冰. 西双版纳傣族园社区参与旅游发展的行动逻辑——兼论中国农村社区参与状况：思想战线，
2012，38（1）：100 – 104.

⑥ 黄娅. 少数民族传统民艺开发中的"社区增权"研究：贵州民族研究：2010，31（4）：31 – 38.

⑦ 王纯阳，黄福才. 从"社区参与"走向"社区增权"——开平碉楼与村落为例：人文地理，2013
（1）：141 – 149.

做了大量研究。国内许多研究者总结和归纳微观层面上社区参与旅游的各种形式、利弊及利益分配、权能情况等，以下列举典型研究。

田世政和杨桂华（2012）以九寨沟为例，分析了社区参与的自然遗产型景区旅游发展模式。[①] 他们总结了四川九寨沟的社区景区一体化模式，即景区与社区在地域关系、资源权益分配、经营项目、就业机会等方面融合与共享的"景（区）社（区）一体化发展模式"。类似地，李瑞等（2012）总结了伏牛山重渡沟景区旅游扶贫模式为景区公司＋农户的互补型旅游企业共同体的组织形式，认为农户深度参与景区旅游企业经营体系，保证社区居民旅游受益最大化，是旅游扶贫成功的关键。[②] 蔡碧凡等（2013）从社区参与的角度，选择浙江省三个典型农村地区案例进行比较研究，提炼出基层组织引导、企业（景区）带动、社区主导三种典型社区参与模式，并对这三种模式的共性、特点和存在的问题进行了比较分析。[③]

综上所述，社区参与旅游发展的影响因素是多元化的；微观经营模式是多样化的。社区参与是发展乡村旅游业与旅游扶贫的核心。社区参与是希望引导社区居民主动参与融入旅游扶贫开发的规划、实施和评估的各个环节，使当地居民成为旅游扶贫开发的参与者和受益者，目的是有效缓解农村社区发展与资源保护之间的矛盾。

以往研究普遍认为，农村社区参与程度不够，尤其是一些当地农户并没有从乡村旅游或生态旅游中获益等。社区居民参与旅游活动，多以服务工作人员或个体户的形式；许多农村社区缺少资本积累，外来资本迅速进入当地社区，社区对外来企业和人员的依赖程度日益加深。

根据以上较弱的社区参与现状，研究者提出了以社区为基础的旅游。所谓基于社区的生态旅游（community-based ecotourism，CBET），除继承传统生态旅游概念之外，特别强调当地社区对生态旅游的开发与管理进行主导性的控制和参与，并把大部分利益保留在社区之内。

（二）国内外旅游扶贫研究概述

旅游扶贫是在旅游资源条件较好的贫困地区，以贫困人口为对象，通过扶持发展旅游业，带动地区经济发展，帮助贫困人口脱贫致富。旅游业作为反贫困（扶贫）的一种方式，一直受到国内外旅游学界和业界的密切关注。由于旅游扶

---

① 田世政，杨桂华. 社区参与的自然遗产型景区旅游发展模式——以九寨沟为案例的研究及建议. 经济管理，2012（2）：107-117.
② 李瑞，黄慧玲，刘竟. 山岳旅游景区旅游扶贫模式探析——基于对伏牛山重渡沟景区田野调查的思考. 地域研究与开发，2012，31（1）：717-721.
③ 蔡碧凡，陶卓民，郎富平. 乡村旅游社区参与模式比较研究——以浙江省三个村落为例. 商业研究，2013（10）：191-195.

贫的目标是贫困人口如何在旅游发展中获益和增加发展机会，而社区参与旅游是增加农民收入、减少贫困的重要途径，两者有着密切的关系。

国外学者斯彭斯利和迈耶（Spenceley，Meyer，2012）较系统地总结和分析了发展中国家旅游发展及其减贫的理论和实践进展，[①] 提出了这一领域未来的几个研究方向：（1）使用新技术分析旅游影响；（2）发展机构的治理和运行方法的作用；（3）不平等关系和弱治理如何影响减贫效应；（4）私人部门如何有助于减贫；（5）跨学科定性研究与定量研究方法的价值。同时，他们提出加强理论研究与实际干预之间的联系。

李佳等（2009）较全面地综述了中国旅游扶贫研究进展，认为中国旅游扶贫研究内容集中于政府、社区、贫困人口在旅游扶贫中的作用，旅游扶贫的战略、模式与思路，旅游扶贫的效应，旅游扶贫中存在的问题与对策等方面。[②] 他们认为，研究区域集中于云南、广西、湖北、贵州、甘肃等，且偏重区域层面的宏观分析，对景区和村镇等微观单元研究不足，研究方法以定性描述为主，认为绝大多数研究注意到旅游对贫困地区的影响，但对旅游对于贫困人口的影响关注不足，应关注贫困人口参与旅游的障碍与内容、受益机制与模式，旅游对贫困人口的影响、本地化产业链构建、利益相关者的利益协调等深层内容。

1. 旅游扶贫的优势和可行性

国内研究者普遍认可旅游在扶贫方面的优势，认为旅游业的关联带动性强，能创造大量的就业机会和带动相关产业的发展。其次，旅游业给当地带来了客源，提供了许多销售其他产品的机会，活跃了当地的经济。与传统产业相比，生态旅游强调对环境的保护，有效地遏制了传统农林牧业对资源环境的掠夺式开发，提供了可持续增长的机会。这就在"发展旅游业"与"扶贫"之间建立了有机联系。

2. 旅游扶贫对农户生计的影响研究

研究者认为，乡村旅游促进农民增收的途径有，通过增加就业机会增加农民收入；增加农产品和其他土产品营销来增加农民收入；通过促进农业产业结构调整来增加并稳定农民收入；通过改善农村生产生活条件增加农民收入。但是，并非所有的农户都可以从旅游中获益，旅游收入分配存在较大的不均等，而影响社区居民旅游收入的主要因素是居民的受教育程度和其从事农业生产的情况（黎

---

　　① Spenceley A., Meyer D. Tourism and poverty reduction: theory and practice in less economically developed countries. Journal of Sustainable Tourism, 2012, 20（3）: 297–317.

　　② 李佳，钟林生，成升魁. 中国旅游扶贫研究进展. 中国人口·资源与环境，2009，19（3）: 156–162.

洁，2005）。①

孔祥智（2008）认为，乡村旅游有利于农户生计资本的积累和提升，这一定程度上增加了农户抵御风险的能力和承受风险的弹性，降低了农户生计的脆弱性，但要进一步改善景区农户的生计还需要获得多方面的干预。②

国内许多研究者结合案例地区旅游扶贫开发的具体实践或实例，总结了中国旅游扶贫的模式、经验等，认为贫困人口难以得到旅游开发的利益，严重影响旅游扶贫效果。龙梅和张扬（2014）对四川桃坪羌寨社区参与旅游发展的扶贫效应进行了定量和定性研究。③ 李雪琴（2013）探讨了基于社区主导型发展的乡村旅游扶贫模式，认为目前社区主导开发的乡村旅游的主要模式，是农户自主经营、村委会协管、政府规制。④

此外，不同国家的学者在研究中都关注了经济发展程度对社区参与旅游发展的差异化影响，并大量开展了居民态度与行为的深度调研。农村社区居民对旅游业发展及旅游业影响的态度和认知，一直是国内外旅游理论研究的热点。汪侠（2010，2011）⑤⑥ 构建了旅游开发居民满意度模型，对旅游开发居民满意度的驱动因素进行了系统的实证研究，并以桂林市的五个贫困村落为例，对贫困地区旅游开发居民满意度差异及其成因进行了研究。李燕琴（2011）以中俄边境的村庄为例，对旅游扶贫中社区居民态度的分异与主要矛盾进行了研究。⑦ 李佳和钟林生等（2009），在分析青海省三江源地区贫困与旅游发展现状的基础上，探析了当地居民对旅游扶贫效应的感知和参与行为。⑧ 张伟等（2005）⑨ 以安徽省铜锣寨风景区旅游扶贫开发为例，从实际效应，即贫困人口在旅游扶贫开发中实际受益和发展情况，感知效应，即贫困人口对景区旅游业发展及由此产生的生活变化的感知和态度，效应的可持续性三个方面对旅游扶贫效应中贫困人口

① 黎洁. 西部农村社区发展生态旅游的就业与收入分配实证研究. 旅游学刊, 2005, (3): 18 - 22.
② 孔祥智. 乡村旅游业对农户生计的影响分析——以山西三个景区为例. 经济问题, 2008, (01): 115 - 119.
③ 龙梅, 张扬. 民族村寨社区参与旅游发展的扶贫效应研究. 农业经济, 2014 (5): 49 - 49.
④ 李雪琴. 基于社区主导型发展的乡村旅游扶贫模式探讨. 生态经济: 学术版, 2013 (2): 349 - 351.
⑤ 汪侠, 吴小根, 章锦河等. 贫困地区旅游开发居民满意、差异及其成因: 以桂林市的3个贫困村落为例, 旅游科学, 2011, 25 (3): 45 - 56.
⑥ 汪侠, 甄峰, 吴小根, 张洪, 刘泽华. 旅游开发的居民满意度驱动因素——以广西阳朔县为例. 地理研究, 2010, 29 (5): 841 - 852.
⑦ 李燕琴. 旅游扶贫中社区居民态度的分异与主要矛盾——以中俄边境村落室韦为例. 地理研究, 2011, 30 (11): 2030 - 2042.
⑧ 李佳, 钟林生, 成升魁. 民族贫困地区居民对旅游扶贫效应的感知和参与行为研究——以青海省三江源地区为例. 旅游学刊, 2009, 24 (8): 71 - 76.
⑨ 张伟, 张建春, 魏鸿雁. 基于贫困人口发展的旅游扶贫效应评估——以安徽省铜锣寨风景区为例. 旅游学刊, 2005, 20 (5): 43 - 49.

的受益和发展情况进行评估。黄震方等（2008）[①]、王莉和陆林（2005）[②] 对国内外旅游地居民对旅游影响的感知及态度的相关研究进展，也进行了较全面的综述。

综上所述，根据国内外关于社区参与旅游发展与旅游扶贫的相关研究经验，发展乡村旅游和生态旅游是中国重点生态功能区旅游扶贫的主要方式，而社区参与旅游的方式直接影响旅游扶贫的效果。

第二节　农村社区参与旅游的途径与旅游开发中的土地利用

一、"十二五"期间农民来自旅游业收入的五种途径

2015 年 7 月 10 日，国家旅游局召开新闻发布会介绍的全国乡村旅游和旅游扶贫工作成效，旅游带动农村贫困人口脱贫的 5 种方式和途径。这 5 种方式和途径分别是：[③]

①直接参与乡村旅游经营。如开办"农家乐"和经营乡村旅馆，成为第三产业的经营业主，增加经营收入。比如，北京市平谷区 6230 家乡村旅游接待户中，有 1500 多家年收入超过 20 万元，最少的一年也能收入 10 万元。

②在乡村旅游经营户中参与接待服务、取得农业收入之外的其他劳务收入。

③通过发展乡村旅游出售自家的农副土特产品。这种方式不仅扩大了农产品的销售渠道，也提高了农产品的销售价格。不少地区由于发展了乡村旅游，当地种养殖户的农产品出售给游客的价格比直接销售价格要高出 30% ~50%。

④通过参加乡村旅游合作社和土地流转获取租金。比如，浙江省湖州市德清县西部山区，得益于"洋家乐"乡村旅游业态的发展，农民农房出租均价达到每年每户 3.5 万元，最高 7 万元。

⑤通过资金、人力、土地参与乡村旅游经营获取入股分红。比如，河南重渡沟村通过发展乡村旅游，农民人均纯收入从 1999 年的 400 元增长到 2014 年的 2.75 万元，15 年增长了 60 多倍。

以上前三种是较为传统的农村社区获益形式，后两种是当前农村社区参与旅

① 黄震方，顾秋实，袁林旺. 旅游目的地居民感知及态度研究进展. 南京师大学报（自然科学版），2008，31（2）：111 – 118.

② 王莉，陆林. 国外旅游地居民对旅游影响的感知与态度研究综述及启示. 旅游学刊，2005，20（3）：87 – 93.

③ http://www.cnta.gov.cn/ztwz/lyfp/zyhd/201507/t20150731_743770.shtml.

游和获益的新形式。由于西部贫困地区农民收入低，往往采用了农村土地承包经营权、林地入股的形式，这样，后两者也往往与农村的土地流转与农村土地制度改革密切相关。

二、农村社区与外部开发商的关系、农民参与旅游利益分配的几个实例

如根据武晓英等（2014）的研究，云南省傣族民俗园 2011 年营业收入 3000 多万，在 2007 ~ 2011 年，该企业收入结构中，给农村社区发工资占 10.3% ~ 13.4%，2009 ~ 2011 年每年土地租赁费为 55.8 万元，每年土地租赁费大约占总收入的 2% 左右，见表 9 - 1。

根据表 9 - 2，2011 年云南傣族园对社区的各种支付占全部收入的 3.13%，具体的支付形式有，对村里庙宇、部分特色民居、60 岁以上老人的养老金、社区的过节费、社区教育支出补助、培训项目、社区造林、其他补助等。

表 9 - 1　　　　　　云南省傣族园旅游收益分配情况　　　　　　单位：万元

年份	旅游总收入	社区居民工资		税收		上交橄榄坝农场（股东分红）		土地租金	
		数额	比例（%）	数额	比例（%）	数额	比例（%）	数额	比例（%）
2007	2133.86	286.5	13.4	69.59	3.5	448.11	20.1	51.2	2.4
2008	2248.78	295	13.1	73.34	2.7	447.5	19.9	51.2	2.3
2009	2552.4	300.5	11.8	83.25	3.3	485.0	19	55.8	2.2
2010	2977.4	306.1	10.3	97.13	3.2	580.6	19.2	55.8	1.9
2011	3327.4	376.8	11.3	112	3.4	665.4	20	55.8	1.7

注：公司租用园区 5 个村寨的土地 0.62 平方公里，原年租金 500 元/年（每 5 年按基数的 10% 递增）。
资料来源：武晓英，李辉，李伟. 社区参与旅游发展的利益分配机制研究——以西双版纳民族旅游地为例，北京第二外国语学院学报，2014（11）：59 - 67.

表 9 - 2　　　　　　云南傣族园给予农村社区的各类补偿

	2007 年	2008 年	2009 年	2010 年	2011 年
村寨佛寺保护补偿（万元）	9.5	9.5	9.5	9.5	9.5
干栏式建筑保护补偿（万元）	2	16	18.5	31	34.5
60 岁老人养老补助（万元）	5.9	7.1	15.2	24.2	30.9
村民节日喜庆补偿（万元）	6.9	7.3	7.6	8	9.2
村民子女求学补助（万元）	1.2	1.5	2.4	2.1	1.8
村民素质教育培训（万元）	7	10.6	5.2	5.7	6.9

续表

	2007 年	2008 年	2009 年	2010 年	2011 年
村寨大花园建设费（万元）	2.6	1.1	1.5	0.6	0.4
其他补偿成本（万元）	12.2	13.4	9.8	11.2	10.8
以上合计	47.3	66.5	69.7	92.3	104
占总收入的比例	2.22%	3.0%	2.73%	3.1%	3.13%
公司运营成本（万元）	401.2	454.7	478.9	522.9	584.8

资料来源：武晓英，李辉，李伟. 社区参与旅游发展的利益分配机制研究——以西双版纳民族旅游地为例，北京第二外国语学院学报，2014（11）：59－67，并经作者加工和计算。

张一群等（2012）对云南迪庆普达措国家公园的社区生态补偿实施情况进行分析，调查了该国家公园对社区的生态补偿机制，如对社区的生态补偿的资金渠道、补偿方式与补偿力度，以及社区居民生态受偿认知，认为普达措国家公园社区生态补偿工作在公园与社区之间的利益协调方面发挥了较大作用，赢得了社区居民对于国家公园建设的普遍支持，但在政策理念、制度设计、执行机制等方面还存在问题，生态补偿对生态建设与保护行为的激励功能远未体现。

云南普达措国家公园与附近农村社区的关系与利益分享机制耐人寻味。在地方政府的指导下，当地制定了《普达措国家公园旅游反哺社区发展实施方案》。当地旅游开发商（迪庆州旅游投资公司）通过门票费、环保车费等收取旅游经营服务收入，划拨补偿资金至当地政府机构——普达措国家公园管理局，由普达措国家公园管理局负责对社区的旅游生态补偿，即补偿主体到客体的顺序是企业—政府机构—农村社区，见图9－1。

管理局对农村社区补偿的形式有直接补偿和间接补偿，且较为复杂。根据农村社区的地理位置、景区的距离、是否位于景区之内等，将社区分为三类：一类区4个村在所有受偿社区中距离国家公园最近，其中，有一个村位于国家公园内部；三类区最远。

直接补偿的主要内容有：（1）基本补偿金＝户均＋人均，根据一、二、三类区划分，户均300元/年、500元/年、5000元/年不等，人均300元/年、500元/年、2000元/年不等。（2）景区征地补偿金；有3个村民小组40多亩土地被公园征作景区建设之用，2008～2013年，每年给予3个村25.5万元的补偿资金，按户数均分。（3）旅游经营服务项目补偿金；公园建设之初，一类区所有牵马服务被取消。2006～2008年，共向4村兑现牵马补偿157.5万元；2008～2013年，公园运营过程中，为避免火灾隐患、规范经营，取消社区在公园内的烧烤、租衣等服务，每年给予该村10万元补偿金，该补偿金按户数均分。（4）村容户均整治资金。给位于二类区、三类区的每个村民小组约3万～7万元/年，作为村容环境整治资金，按户数均分。

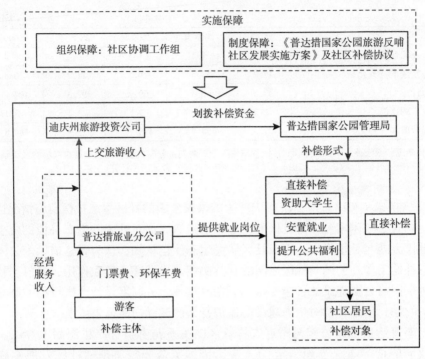

图 9 - 1　普达措国家公园社区生态补偿机制初步框架

资料来源：张一群，孙俊明，唐跃军，杨桂华. 普达措国家公园社区生态补偿调查研究，林业经济问题，2012，32（2）：301 - 308.

　　间接补偿包括，安置就业、资助大学生和提升公共福利。（1）根据不同区，安置社区就业正式工约 20 名，如驾驶员、导游、护林员、检票员等。所有家庭轮流参与公园环卫工作，每户每两年轮到 1 次，一次出工 1 人，做工 1 年。同时，还提供其他临时用工的机会。（2）资助高中、中专、大学生，2000 ~ 5000 元/人年不等。（3）基础设施建设。（4）特许经营。作为征地补偿，特许 3 个村拥有景区公厕、烧烤房等的经营权。

　　这样根据以上内容，在与农村社区的利益关系上，各地旅游企业给农村社区的旅游生态补偿，形式较为多样复杂，难以准确界定。旅游景区企业往往占用、征收或租用农村社区的耕地、林地、集体建设用地、宅基地等，这样，对农村社区的征地补偿、拆迁补偿、土地租赁等土地征收与流转，往往与旅游生态补偿相结合或混淆在一起。

　　企业给农村社区提供的补偿具体形式如下：（1）各种形式的补偿金。（2）就业安置。（3）公共福利，如提供养老金、大学生学费补助、保险等。（4）对农村社区的特许经营等。

　　总之，旅游外部开发商与农村社区、农户处理和维持良好关系的并不多。存在的问题是：一是旅游生态补偿缺乏理论和立法上的依据；二是旅游生态补偿缺乏独立性。旅游生态补偿与征地补偿往往交织在一起，难以剥离和说明旅游生态补偿的独立价值，难以界定社区对生态保护、生产正外部性的价值和补偿等。

三、西部农村发展旅游业中的土地流转与农地转用

1. 中国农村土地制度改革的目标

党的十八届三中全会《中共中央关于全面深化改革若干重大问题的决定》为农村土地改革提供了一个整体性框架。该框架内容包括，围绕明确和加强农民的土地财产权利，强化农村土地产权，加强农民土地财产权利，在加强用途管制和增强规划约束力的前提下，消除集体土地与国有土地在权能上存在的制度性差异，推进农村土地制度改革，培育统一的城乡建设用地市场，建立兼顾国家、集体、个人的土地增值收益分配机制等。

2015 年 1 月，中共中央办公厅和国务院办公厅联合印发了《关于农村土地征收、集体经营性建设用地入市、宅基地制度改革试点工作的意见》。一是完善土地征收制度。针对征地范围过大、程序不够规范、被征地农民保障机制不完善等问题，要缩小土地征收范围，探索制定土地征收目录，严格界定公共利益用地范围；规范土地征收程序，建立社会稳定风险评估制度，健全矛盾纠纷调处机制，全面公开土地征收信息；完善对被征地农民合理、规范、多元保障机制。二是建立农村集体经营性建设用地入市制度。针对农村集体经营性建设用地权能不完整，不能同等入市、同权同价和交易规则亟待健全等问题，要完善农村集体经营性建设用地产权制度，赋予农村集体经营性建设用地出让、租赁、入股权能；明确农村集体经营性建设用地入市范围和途径；建立健全市场交易规则和服务监管制度。三是改革完善农村宅基地制度。完善宅基地权益保障和取得方式，探索实行有偿使用；探索进城落户农民在本集体经济组织内部自愿有偿退出或转让宅基地等。四是建立兼顾国家、集体、个人的土地增值收益分配机制，合理提高个人收益。针对土地增值收益分配机制不健全，兼顾国家、集体、个人之间利益不够等问题，要建立健全土地增值收益在国家与集体之间、集体经济组织内部的分配办法和相关制度安排。

2015 年 11 月 2 日，中共中央办公厅、国务院办公厅印发的《深化农村改革综合性实施方案》深化农村集体产权制度改革部分中指出，要开展农村土地征收、集体经营性建设用地入市、宅基地制度改革试点。农村土地征收制度改革的基本思路是：缩小土地征收范围，规范土地征收程序，完善对被征地农民合理、规范、多元保障机制，建立兼顾国家、集体、个人的土地增值收益分配机制，合

理提高个人收益。集体经营性建设用地制度改革的基本思路是，允许土地利用总体规划和城乡规划确定为工矿仓储、商业服务业等经营性用途的存量农村集体建设用地，与国有建设用地享有同等权利，在符合规划、用途管制和依法取得的前提下，可以出让、租赁、入股，完善入市交易规则、服务监管制度和土地增值收益的合理分配机制。宅基地制度改革的基本思路是，在保障农户依法取得的宅基地用益物权基础上，改革完善农村宅基地制度，探索农民住房保障新机制，对农民住房财产权作出明确界定，探索宅基地有偿使用制度和自愿有偿退出机制，探索农民住房财产权抵押、担保、转让的有效途径。

2. 乡村旅游发展中的农村土地制度与土地利用存在的问题

与其他农地征收活动类似，旅游开发过程中同样存在着农地产权制度的不完善、农地征用制度不合理等问题。黄祖辉等（2010）认为，中国农村土地所有权具有产权不明晰、农村土地承包权不稳定、农村土地财产权不完整的特征。[①]

农村集体土地权能不充分。中国农村土地承包经营权只有使用、部分收益权和少量处分权，与法律所规定的土地承包经营权理论内涵相比，其实际权能很不充分，残缺明显。同时，政府在土地征收方面有绝对权力，农民和村集体失去了在土地流转买卖过程中的处置权和谈判权。同样地，在乡村旅游业发展过程中，旅游开发引起的农地征收过程中，农地所有权主体虚化，农民参与度低，农村土地征收的补偿标准过低，补偿不尽公平合理，失地农民保障救济机制匮乏等。

在农村集体土地上开展旅游活动，一是办理农地转用和征用手续，改变土地所有权性质；二是土地的流转。土地流转可以在不改变土地所有权性质的前提下，将土地功能向多元化方向拓展，提高土地使用效率，解放农村剩余劳动力，并提高农民收入。但目前法律法规对乡村旅游中的土地流转规定还不尽完善，存在一些违法违规用地现象。流转过程中，还经常出现忽视农民利益和忽视乡村景观保护的问题。

现实中，农村土地流转参与旅游经营的形式有入股、出租、转包等多种方式。发展乡村旅游功能上使原有的农村集体中农用地和未利用地增加了乡村游赏用地功能，集体建设用地则增加了旅游服务用地和公共设施用地的功能。但由于乡村旅游用地范围的模糊，农用地、未利用地和农村宅基地，还存在向旅游服务用地和公共设施用地的隐形流转市场。这些对乡村社区的社会经济和生态的可持续发展具有一定潜在风险，并且有的已经造成一定的负面影响。如吴冠岑等（2013）以浙江省发展乡村旅游业用地为例，分析了乡村旅游开发中集体土地流转的风险包括：违法用地、农地非粮化、外来资本进入和恶性竞争、政府政策不

---

① 黄祖辉等. 我国土地制度与社会经济协调发展研究. 经济科学出版社，2010，5.

合理、不可持续的土地利用等。违法用地包括地方政府以租代征，村民未经审批占地建房，村民非法买卖宅基地，乡村旅游经营者擅自改变土地农用用途，借乡村旅游之名建设房地产等。非粮化是指，出于经济利益驱动，流转后的土地多用于发展旅游观光等高附加值农业，很少用于粮食种植。外来资本进入和恶性竞争，主要指外来旅游经营和管理企业资本流入，压缩了原来农民的增收空间，或者企业借助资本的强势地位和信息等优势资源直接或间接使农户以较低的价格签订流转协议，剥夺农户应得的土地收益。政府政策的不合理，包括政府更偏向于支持比较富裕的农民和外来资本，使其有更多机会参与乡村旅游并获得更多的增值收益；当政府和集体经济组织介入集体土地的旅游化流转时，还可能会剥夺当地居民应有的土地权益。①

3. 中国政府鼓励乡村旅游发展的土地政策

2014 年 8 月 21 日，国务院发布《关于促进旅游业改革发展的若干意见》第十九条，提出了旅游业的优化土地利用政策，指出"坚持节约集约用地，按照土地利用总体规划、城乡规划安排旅游用地的规模和布局，严格控制旅游设施建设占用耕地。改革完善旅游用地管理制度，推动土地差别化管理与引导旅游供给结构调整相结合。编制和调整土地利用总体规划、城乡规划和海洋功能区规划时，要充分考虑相关旅游项目、设施的空间布局和建设用地要求。年度土地供应要适当增加旅游业发展用地。进一步细化利用荒地、荒坡、荒滩、垃圾场、废弃矿山、边远海岛和石漠化土地开发旅游项目的支持措施"，尤其是指出"在符合规划和用途管制的前提下，鼓励农村集体经济组织依法以集体经营性建设用地使用权入股、联营等形式与其他单位、个人共同开办旅游企业，修建旅游设施涉及改变土地用途的，依法办理用地审批手续"。②

2015 年，《关于加大改革创新力度、加快农业现代化建设的若干意见》提出，"研究制定促进乡村旅游休闲发展的用地、财政、金融等扶持政策，鼓励农村集体经济组织依法以集体经营性建设用地使用权入股、联营等形式与其他单位、个人共同开办旅游企业"，③ 规范了旅游产业用地的合法性，这对于改革和完善旅游用地的管理制度，推动土地差别化管理等问题起到了重要作用。

更为具体和进一步地，2015 年 11 月，国土资源部、住房和城乡建设部、国家旅游局发布的《关于支持旅游业发展用地政策的意见》中提出，"在符合土地利用总体规划、县域乡村建设规划、乡和村庄规划、风景名胜区规划等相关规划

① 吴冠岑，牛星，许恒周. 乡村旅游开发中土地流转风险的产生机理与管理工具. 农业经济问题，2013（4）：63 - 69.

② http：//www.gov.cn/zhengce/cowtewt/2014 - 08/21/cowtent_8999.htm.

③ http：//www.gov.cn/zhengce/2015 - 02/01/content_2813034.htm.

的前提下，农村集体经济组织可以依法使用建设用地自办或以土地使用权入股、联营等方式与其他单位和个人共同举办住宿、餐饮、停车场等旅游接待服务企业。依据各省、自治区、直辖市制定的管理办法，城镇和乡村居民可以利用自有住宅或者其他条件依法从事旅游经营。农村集体经济组织以外的单位和个人，可依法通过承包经营流转的方式，使用农民集体所有的农用地、未利用地，从事与旅游相关的种植业、林业、畜牧业和渔业生产。支持通过开展城乡建设用地增减挂钩试点，优化农村建设用地布局，建设旅游设施"。①

总之，随着农村土地制度改革的深入，西部贫困山区发展旅游业需要合理利用土地，充分利用国家鼓励乡村旅游发展的土地政策，确保农民的土地权益，规避土地利用的风险等。

第三节　西部贫困山区旅游扶贫的现状与发展模式研究

——基于陕南安康农村的调查研究

一、研究背景与调查过程

2014 年 11 月，国家发展与改革委员会、国家旅游局、农业部、国家林业局、国务院扶贫办等七部委联合发布的《关于实施乡村旅游富民工程，推进旅游扶贫工作的通知》中确定了《乡村旅游扶贫重点村分省名单》。其中，陕西省乡村旅游扶贫重点村第一批和第二批涉及 111 个县，合计 442 个重点村。

2015 年 5 月，国务院扶贫办、国家旅游局又联合下发《关于启动 2015 年贫困村旅游扶贫试点工作的通知》，国务院扶贫办和国家旅游局对各省（区市）报送的旅游扶贫试点村备选名单进行了严格遴选，在 28 个省（区市）和新疆生产建设兵团共选取 560 个建档立卡贫困村开展贫困村旅游扶贫的试点工作。经国务院扶贫办和国家旅游局遴选，安康市 9 个村，即：汉滨区流水镇七里村、汉阴县漩涡镇东河村、石泉县后柳镇黄村坝村、宁陕县筒车湾七里村、紫阳县双安镇白马村、岚皋县四季镇头桥村、平利正阳镇龙洞河村、镇坪县曙坪镇阳安村、白河构扒镇东坡村入选 2015 年国家旅游扶贫试点村。两部门要求 2015 年重点做好加强规划引导、加大资金投入、加大金融支持、组织开展培训等 6 项工作，将编制《旅游扶贫试点村开发建设指南》，中央彩票公益金优先支持革命老区县中的试点村乡村旅游扶贫项目建设；协调相关金融机构为参与乡村旅游项目建设的建档立卡贫困户给予扶贫小额信贷，财政扶贫资金予以贴息，为参与旅游扶贫产业开发

---

① http：//g. mlr. gov. cn/gkml_9184/201512/t20151214_1391664. htm.

的企业提供中长期、利率优惠的项目贷款；2015 年，将所有试点村"村官"培训一遍；鼓励有条件试点村积极发展智慧乡村游，推动"互联网 + 旅游扶贫"模式，优先在试点村开展电商扶贫工作等。

陕南地区森林资源丰富，森林覆盖率高，自然生态旅游资源丰富，旅游交通条件便利。在《秦巴山片区区域发展与扶贫攻坚规划（2011 ~ 2020 年)》中，陕南三个城市明确提出要发展生态旅游业，尤其是商洛市。地方政府对于旅游业十分重视，采取了积极的促进旅游业发展的政策措施和财政支持，如地方政府投资于旅游基础设施，一些财政扶贫资金向旅游业倾斜，如基础设施建设、"雨露"工程、教育培训、产业化扶贫项目等。

为了解当前西部集中连片贫困地区、同时又是重点生态功能区的乡村旅游发展现状、乡村旅游如何促进一二三产业的融合、农村地区旅游扶贫的现状与问题、政策发展等，本书作者多次带领课题组调研了位于秦巴生物多样性重点生态功能区和"南水北调"中线水源地的陕南安康市石泉、宁陕两个县内发展旅游业的多个乡镇、多个行政村或农村社区进行了详细的调研和访谈。这些贫困农村地区都不同程度地发展了乡村旅游、生态旅游等形式，从西部贫困山区乡镇和行政村的尺度上，掌握了旅游扶贫的现状、途径、政策措施、进展、存在问题等一手资料。具体调研情况如下。

2013 年 11 月 6 ~ 8 日，在安康市旅游局、岚皋县南宫山风景区及附近农村社区、石泉县旅游局和中坝大峡谷、后柳水乡及附近"农家乐"进行了调研，并与安康市旅游局、石泉县旅游局、岚皋南宫山旅游公司管理人员进行了座谈，对岚皋县溢河乡宏大村、石泉县后柳镇红星村的"农家乐"经营户、部分非"农家乐"经营户进行了访谈。本次调研包括，对安康市岚皋县旅游局副局长、石泉县旅游局副局长的访谈 2 人次，对旅游景区高管的访谈 1 人次，对"农家乐"经营户的访谈 5 ~ 6 人次。

2015 年 6 月 2 ~ 4 日，再次到安康市石泉县，与石泉县旅游局副局长访谈，笔者在石泉县后柳水乡中坝村、黄村坝村、永红村三个农村社区调研，对村两委、村干部、普通农户、贫困农户进行了访谈；在宁陕县广货街镇，与广货街镇副镇长访谈，并在广货街镇沙沟村、蒿沟村进行了调研，与村干部、普通农户、经营"农家乐"的农户、某养鱼同时也经营"农家乐"、开办公司和养殖专业合作社的大户，以及生计与收入水平不同的各类农户进行了访谈。

2015 年 7 月 12 ~ 13 日，在安康市宁陕县皇冠镇政府、朝阳村、南京坪村进行了调研，参观朝阳沟景区，并与皇冠镇党委书记、朝阳村村长、朝阳村和南京坪村普通农户进行了访谈；同时，在临近的宁陕县筒车湾镇进行了调研，与筒车湾镇党委书记、副镇长、乡镇驻村干部、七里村村长等进行了访谈和调研，并考察和了解了当地的旅游资源，如漂流、水乐园、苍龙峡。

此外，上述农村社区，如安康市岚皋县溢河镇宏大村、石泉县后柳镇红星村、永红村、黄村坝村、中坝乡中坝村，宁陕县的三个乡镇多个村，即广货街镇沙沟村、蒿沟村、皇冠镇朝阳沟村、南京坪村，筒车湾镇许家城村、七里村，均属于国务院扶贫办等七部委发布的"乡村旅游扶贫重点村分省名单"。进一步地，黄村坝村和筒车湾镇七里村在2015年6月还入选了国务院扶贫办、国家旅游局2015年国家旅游扶贫试点村。石泉县后柳镇2015年6月还获得了省级生态镇等。此外，宁陕县政府提出了发展全域旅游，全县重点发展旅游业，将旅游业作为支柱和主导产业。2015年11月下旬，西安交通大学课题组在安康市宁陕县、汉滨区4个乡镇8个行政村（全部为旅游扶贫重点村，其中2个为国家旅游扶贫试点村，即汉滨区流水镇七里村、宁陕县筒车湾镇七里村），进行了问卷调查，发放问卷209份，其中，有效问卷或部分有效问卷187份，农户问卷回收及有效样本分布情况，见表9-3。

表9-3　　　　　　　　　农户问卷回收及有效样本分布情况

调研县/区	调研乡镇	回收样本	调研村	有效问卷	镇小计
汉滨	瀛湖镇	60	郭家河村	25	50
			清泉村	25	
	流水镇	29	七里村	12	28
			窑头村	14	
			愚公村	2	
宁陕	筒车湾镇	71	七里村	36	65
			许家城村	29	
	广货街镇	49	蒿沟村	44	44
总计		209		187	

依据上述课题组的系列调研活动、访谈、座谈会和收集的农户问卷，本节针对西部集中连片贫困区又是重点生态功能区，从当地政府、农户、农村社区和企业多个利益相关者，分析当地发展旅游业和旅游扶贫的现状、政策措施、关键问题，提出未来的发展模式、对策与建议。陕南地区发展乡村旅游业和旅游扶贫的现状具有典型性，一些现状、特征、问题在中西部地区也普遍存在。因此，研究陕南集中连片贫困地区乡村旅游与旅游扶贫的现状与问题也具有典型意义。

二、陕西安康贫困山区发展旅游业的现状、特征与关键问题

（一）陕西安康贫困山区发展旅游业的现状

1. 乡村旅游业的开发模式

当地旅游资源开发大致有如下三种具体情况，或者有三种不同的模式：

①政府招商引资，大型旅游企业独家开发旅游资源，旅游企业负责安置失地农民。这以安康市宁陕县皇冠镇（朝阳村）较为典型。陕西安康市宁陕县皇冠镇发展旅游业，地方政府采取了整体转让旅游资源的方式，引入外部开发商——西安海荣集团独家开发朝阳沟这一旅游资源。朝阳沟村农户由于农地被征、农户宅基地被拆迁，村民已经全部变成了失地农民，仅留一些退耕的林地或责任山，农户基本上无法再从事农林业生产。同时，由于旅游开发和拆迁，当地朝阳沟村村委会已经变成了社区居委会，实行社区化管理。当地农村社区的社会管理方面也发生了较大的变化，旅游开发已经使该村村民被动地实现了市民化。宁陕县政府对于旅游开发引起的失地农民，也给予了一些保障措施，参考退耕还林补助标准，按照所征农地的面积，宁陕县政府对失地农民给予210元/亩年的补助。

②多个旅游开发商分散开发旅游资源。如宁陕县广货街镇蒿沟村、沙沟村由多个旅游开发商开发旅游资源，开发商建设了冰晶顶旅游开发移民安置小区，发展避暑旅游，以美丽乡村建设为特色。当地农村社区参与旅游经营以经营"农家乐"、开办个体商店等为主要形式，以分散参与、低收入、低组织化程度为特征。同时，一些地区也为陕南移民搬迁工程的迁入地，移民搬迁农户发展旅游业也可享受地方政府的一些扶贫项目支持。如宁陕县筒车湾镇的许家城村，靠近陕南移民搬迁的集中安置点。此外，一些农村社区靠近旅游景区，一些村民自发地、不同程度地参与旅游业，主要是在旅游景区打工、开办"农家乐"等。如石泉县中坝镇中坝村、后柳镇的永红村等。

③旅游业发展尚处于初级阶段、贫困面广、贫困程度深。如石泉县后柳镇黄村坝村和宁陕县筒车湾镇七里村为国家旅游扶贫试点村，它们位于交通不便的深山或地质灾害多发区，也为精准扶贫重点村，建档立卡贫困户多、贫困面广、亟待发展旅游扶贫使农民增收。这些农村社区临近旅游风景区，交通便利，乡村旅游或乡土特色较为明显。外部旅游开发商还没有明显介入，或者尚未大规模旅游开发。

2. 参与旅游活动和未参与旅游活动农户的社会人口特征、生计资本情况的比较

在乡村旅游发展的背景下，农户依据自身生计资本条件，决定是否参与旅游活动、参与方式和程度。根据问卷调查，对比分析了参与旅游活动和未参与旅游活动农户的社会人口特征，见表9-4，有如下发现。

①总体上，参与当地旅游发展的农户的家庭生计资本条件，优于未参与旅游活动的农户。从社会人口特征上看，参与旅游活动的农户，在家庭人口数、受教育程度、房屋面积上显著优于未参与旅游活动的农户。

②一般来讲，户主在家庭生计活动中起到决定性的作用。参与旅游经营，往

往依托了户主的受教育程度、体力、技能等。根据表9-2，参与旅游活动家庭的户主年龄显著低于未参与乡村旅游的农户家庭，户主受教育程度、接受旅游培训的比例也显著较高。

③从户耕地和林地情况来看，参与乡村旅游或未参与乡村旅游的农户在家庭耕地和林地面积上没有显著差异。

表9-4　参与旅游活动及未参与旅游活动的农户家庭社会人口特征的比较

	总样本 （N=170）	参与旅游活动 的农户（N=71）	未参与旅游活动 的农户（N=99）	t检验
家庭人口数	4.45	4.63	4.31	+
家庭劳动力数量	4.31	3.45	3.21	ns
家庭成员受初中以上教育的人数	2.58	2.90	2.35	*
户主受教育程度（初中以上占比%）	50.58	56.34	46.46	**
户主年龄	49.18	47.06	50.71	*
户主接受旅游培训的比例（%）	10.59	11.27	10.10	—
家庭成员接受旅游培训的人数	0.29	0.52	0.16	***
家庭房屋面积（平方米）	203.01	240.17	176.36	**
户耕地（亩）	2.84	3.03	2.7	ns
户林地（亩）	26.67	26.14	27.04	ns

注：*** 表示 $p < 0.001$；** 表示 $p < 0.01$；* 表示 $p < 0.05$；+ 表示 $p < 0.1$；ns 表示不显著。

3. 农村社区来自旅游业的收入及形式

根据调查，这些或靠近旅游景点，或交通便利的行政村，发展旅游业的农户约占1/4，在发展了旅游业的农户中，2014年户均旅游纯收入24069元，人均旅游纯收入4717元；2015年，户均旅游纯收入26833元，人均旅游纯收入5600元。由于旅游给农户带来更高的收入，同时从事旅游的农户一般人力资本、社会资本更高，而参与旅游农户的贫困发生率，未参与旅游的农户的贫困发生率分别为14.71%和32.77%，两类农户有显著差异（$p < 0.01$）。

当地农民来自旅游业的收入形式主要是，"农家乐"经营、旅游企业打工获取工资性收入、为附近"农家乐"、饭店等供货，以及土地流转和旅游企业的分红。据深入了解和访谈，土地流转是农民将自家承包的土地流转给外来的旅游开发商从事与农业相关的果园采摘活动，即未改变土地农业用途；据了解，旅游企业给予农民的分红不是目前热议的土地承包经营权、集体建设用地使用权等入股的结果，而是农地征收之后，为保护农民的长远生计，在当地政府的协调下，失地农民以土地征收补偿款入股，仅限于那些由于旅游开发被征收了土地的农户，且资金有限，每户征收土地1~2亩，获得土地征收补偿款1万~2万元，利率大致为10%，高于银行存款，每年分红收入大致等同于原先被征收土地的农业种植收入，即该分红的目的不是为了扩大企业资本金，而是带有保障失地农民生计的目的。

此外，根据调查，大部分农户未来有意愿参与旅游经营活动，其中，意愿强烈的农户中现有的旅游参与户相对更多，而无意愿参与旅游的农户中非参与户更多。在119户未参与旅游的农户中，30%的农户表示未参与旅游的主要原因是缺少资金，24%的农户表示未参与旅游的主要原因是地理位置受限，17%的农户表示缺乏劳动力，11%的农户表示缺乏技术、经验或信息，18%的农户表示未参与旅游是因为基础设施差、没有房子、游客少、无意愿等原因。

虽然发展旅游造成了村内一定的经济收益差距，而且一部分农户因为一些主客观原因无法从旅游发展中直接获得经济收益，但绝大部分农户还是支持本地发展旅游业，80.11%的农户非常支持本地发展旅游业，17.2%的农户支持本地发展旅游业，只有1.61%的农户表示不支持本地发展旅游业。

4. 根据参与旅游活动不同程度对所调查农户的生计类型进行分类

被调查农户参与旅游活动的程度不同，这里根据家庭收入来源占家庭总收入的比重，将调查地农户生计类型进行分类，共分为传统务农型、打工主导型、非农依赖型、旅游兼营型和旅游依赖型五种不同的生计类型。具体划分标准及依据，见表9-5。

表9-5　　　　　　　　　　农户生计类型划分

农户生计类型	划分依据		样本量	样本比重（%）
	生计活动	收入来源及占比		
1 旅游兼营型	参与旅游活动及其他	0＜旅游＜50%	45	26.5
2 旅游依赖型	以旅游业为主	旅游业≥50%	26	15.3
3 打工主导型	以长期性打工为主	打工≥50%	44	25.9
4 非农依赖型	以非农经营为主（除住宿餐饮外）	非农≥50%	8	4.7
5 传统务农型	以农林业、养殖为主	农林养殖≥50%	47	27.6
合计			170	100.0

这五种生计类型农户的基本特征如下。

①旅游兼营型。这类农户的生计活动较为多样化，在当地发展乡村旅游的背景下，农户选择旅游旺季时开办"农家乐"或在本地旅游企业打工等，在旅游淡季时，家庭成年劳动力则会外出打工，老人留守料理种植业。因此，该类农户生

计方式以旅游经营和外出务工为主，同时兼有农林业生产和养殖活动，这类农户占到调查样本量的 26.5%。

②旅游依赖型。与旅游兼营型农户相比，这类农户参与旅游经营活动的程度更深，且参与方式更加多样化，旅游收入占家庭纯收入的 50%以上，为家庭最主要的收入来源，且多数以开办旅游住宿、餐饮和旅游企业打工为主。因此，称之为旅游依赖型农户，户均年纯收入 73569.48 元，家庭收入在五种类型农户中居于首位。这类农户占调查样本量的 15.3%。

③打工主导型。这类农户的生计方式，是常年外出务工为主和从事农林业生产，占样本量的 25.9%。此类农户未参与当地乡村旅游经营活动，打工是其主导的生计方式。

④非农依赖型。此类农户占调查样本量的比重最少，不到 5%。主要从事除旅游住宿、餐饮之外的非农生计活动，如交通运输、农产品加工、汽车维修等，兼有农林业生产。因非农活动的收入占到其家庭纯收入的一半以上，定义为非农依赖型农户。

⑤传统务农型。这类农户占调查样本的 27.6%，生计方式以种植业为主，兼有短期打工。因生计方式较为单一，此类农户户均收入水平在 5 类农户中最低，家庭生计状况很不乐观。

5. 旅游开发征地与对农民的补偿、企业对失地农民的帮扶措施

当地也普遍存在旅游开发征地的现象，存在大量由于旅游开发活动而引起的失地农民。按照国家法律规定，征地要给予农户一定的征地补偿。本次调查所涉及的被征地农户获得的征地补偿款标准，旱地、水田、林地的征地补偿标准不等，如宁陕县广货街镇旱地平均征地补偿为 18969 元/亩，林地平均征地补偿为 14958 元/亩，水田更高一些。同时，旅游开发商在征地之后，给失地农民提供企业的就业机会、允许失地农民在景区内从事开办商店等经营活动、企业支付养老金、以征地款入股获得企业分红等形式，为失地农户提供一些保障。在本次调查样本中，六户获得了征地旅游开发商提供的就业机会，七户获得了景区内开商店、餐饮等特许经营，八户获得了企业支付养老金、养老保险、子女上学补助等不同形式的支持。

6. 政府对这一地区农户发展旅游业的精准帮扶情况

受各自家庭的人力资本、社会资本等的影响，调查地农民来自旅游业的收入不等、差异较大。在参与旅游的农户中，农户获得的政策支持也是有差异的，这与农户的需求、政策成本等都有关系。具体形式有：政府以奖代补、对发展旅游业的投资补助、旅游相关培训（服务技能等）、小额信贷、贴息或无

息贷款、税收减免、"农家乐"挂牌、星级评定等、免费或帮助加入乡游网、促销等。受惠农户比例最多的前三项政策支持依次是旅游相关培训、"农家乐"挂牌、税收减免政策。

与以往研究类似，根据课题组深入访谈等，家庭地理位置好、人力资本或社会资本多的农户，来自旅游业的收入更多，更多地受益于旅游业。同时，由于旅游扶贫属于开发式扶贫，政府的帮扶措施，典型的如以奖代补，即地方政府对于搞"农家乐"经营的农户，游客接待量、规模排名前三位的给予以奖代补，给予3万~10万元的奖励，同时对这些农户也有贴息贷款、小额信贷等帮扶措施。即无论是从精准识别、精准帮扶上看，这一地区政府的旅游精准扶贫资金有限，受益面小；而且，还是更倾向于扶持有富余劳动力、有经营能力，同时也有适宜房屋来发展"农家乐"等的中等收入以上的农户，即在一定程度上存在旅游扶贫"富农不富贫""富县不富民"的现象。

（二）安康贫困山区农村社区参与旅游的特点与存在问题

总体上，该地区发展旅游业尚处于初级阶段，农村社区参与旅游活动缺乏科学、合理的组织和制度安排，有以下特征和问题。

①农户参与旅游业的途径有限，旅游利益分享机制不完善和不规范。如前所述，当地农户从旅游获益的途径主要是打工、"农家乐"、供应农产品等，且差异较大；尤其是在农地征收补偿、失地农民安置方案等方面，农村社区未发挥作用，农民处于弱势地位。需要合理确定农村土地的流转价格，无论是征地补偿，还是农地的租赁、长期或短期土地租赁价格。

②农村社区与旅游开发商的关系。贫困地区资金有限，往往引入外部的旅游开发商进行旅游资源的开发。农村社区与旅游开发商的矛盾，主要集中于征地。旅游开发商或企业征地之后，往往受限于客源市场、旅游企业的发展与盈利状况，而且，旅游企业的用工需求、工资水平、对劳动力人员素质要求等与附近农村社区的劳动力供给也不一致。因此，调查地大部分旅游企业吸纳或安置附近农村劳动力的数量有限，旅游企业对于附近农村社区的带动作用、惠及农民的实际经济利益也很有限。

③与一般的开发式扶贫措施类似，地方政府对农民的帮扶措施少、资金有限，且扶贫资金和项目向有能力的中高收入农户倾斜。一些受益广的扶贫项目，如劳动力培训等，往往也不能转化为农民参与旅游经营的具体形式或收入。

④当地农民自发式地参与旅游经营，规模和收益都很有限，农村社区层面未发挥作用，缺乏集体经济。但从调研地的多个行政村来看，农村社区层次或村两委基本上未能发挥带动广大普通群众参与旅游经营的作用。这些农村社区集体经济普遍较为薄弱，没有集体资产，缺乏有效的农村社区参与旅游发展的产权途

径，农民参与旅游的自组织化程度低，自身也缺乏开拓市场的能力或有能力自主吸引外来资本。

⑤旅游生态补偿缺乏法律依据、不规范，农民对生态保护的贡献、生产生态服务的正外部性无法获得补偿。

总之，从目前农村社区参与旅游发展的情况来看，如何保护农民的利益以及促进农民增收，以上几个方面大多与农村土地征收制度、农民对土地林地的产权和界定旅游资源的产权有关。因此，要从本质上提高农村社区来自旅游业的利益分享水平，建立规范、合理、公平的旅游利益分享机制，其核心仍是明晰和完善农村社区的土地与资源产权（如耕地、林地、宅基地、集体建设用地等资源性资产，以及农村集体非资源性资产等，如民俗等无形的旅游资源），经营管理和保护好农民的土地权利，促进农村土地、林地和资源产权制度的改革和发展。

三、陕西安康贫困山区旅游业发展的利益相关者分析

从利益相关者的角度来看，当地发展乡村旅游业存在地方政府、外部旅游开发商、农村社区、农户多个利益主体，但农村社区和农户处于相对被动、弱势的地位，见图9－2。

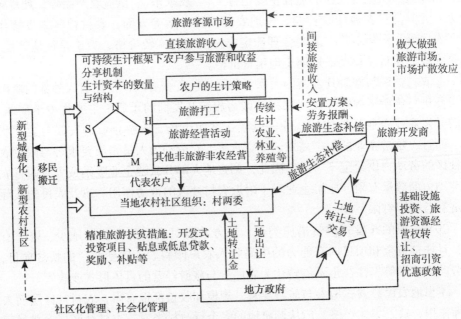

图9－2　西部乡村旅游利益相关者的现状

资料来源：作者研究。

　　由于近年来乡村旅游和生态旅游的市场潜力巨大，地方政府积极发展旅游业，将其作为发展地方经济、生态绿色产业、特色产业的重要组成部分。由于地方政府和农村社区自身资金和市场开拓能力有限，地方政府普遍积极招商引资，引入外部旅游开发商，同时，地方政府对一些有能力、愿意从事旅游业的农户也给予了一些帮扶措施。在旅游企业或旅游开发商开拓旅游市场、扩大经营规模和获得经营成功的基础上，地区旅游业发展的涓滴效应带动和有益于周边农村社区，旅游业才能惠及更多的农户和有益于周边农村社区。因此，贫困地区农村社区参与旅游往往不掌握主动权。在旅游业发展过程中，表现出地方政府积极引导、开发商主导的特征。地方政府对开发商更多采取了"拉式"战略，对农户更多采取了"推式"战略。

　　因此，当地发展旅游业虽然大致可以归类为：地方政府＋开发商＋农户的发展模式。但从整体上看，农户和周边农村社区较多地处于被动地位，需要依附于旅游开发商的整体战略和旅游开发进度。但旅游开发商的经营活动由于占用了农户的土地林地等，或需要依托周边农村整体的生态环境，需要农民和社区保护好周边的森林资源等，因此，旅游企业经营也需要依靠周边农村社区的支持。如果旅游开发商能够处理和协调好与周边农村社区的关系，让利于农村社区，则更有利于旅游开发商的可持续发展。但调研中也有部分旅游开发商未能协调好与农村社区的关系，在旅游开发征地、旅游基础设施建设等过程中，未能关注农民利益，甚至发生坑农、骗农事件，影响到一些旅游企业正常经营活动的顺利开展。

　　地方政府在旅游业发展中发挥了较大作用。地方政府在旅游开发商和农村社区之间处于协调人和中介的角色，地方政府既要招商引资，保护和鼓励旅游开发商的投资积极性，同时，地方政府在农村征地、拆迁、旅游资源经营权转让等过程中发挥了重要作用。地方政府也掌握了一些旅游扶贫项目和发展资金，对农村扶贫与农村发展、社会管理承担了主要责任。受政绩考核的影响，在农村社区与旅游开发商之间，地方政府也往往偏向于开发商。

　　总之，西部贫困地区发展旅游业，需要理顺地方政府、开发商、社区之间的关系，这里需要关注和完善以下三个方面的关系：一是地方政府与旅游开发商的关系。贫困地区地方政府通过招商引资、投资建设部分旅游基础设施、转让旅游资源经营权、税收等优惠措施吸引外部旅游开发商，外部开发商具体经营旅游吸引物、做大做强旅游市场，但这里需要规范旅游资源经营权转让的价格、期限、优惠措施等制度。

　　二是农村社区与旅游开发商之间关系的制度化和规范化。如需要完善征地拆迁、失地农民安置、帮助农民就业、给予村民的福利待遇、旅游生态补偿等。

　　三是要理顺农村社区与地方政府的关系。旅游扶贫目前是地方政府精准扶贫的重要措施之一,也得到了地方政府的重视和推广。旅游扶贫是开发式扶贫,地方政府给予一些农民发展旅游业的帮扶措施,如低息或无息贷款、以奖代补措施、培训、市场宣传等,以及整村推进扶贫项目,如基础设施建设等。但这里也要避免出现旅游扶贫项目瞄准失误,旅游开发未能惠及一部分有参与意愿、有潜在能力的贫困农户。同时,需要将开发式扶贫项目与救济式扶贫项目衔接起来等。

四、西部乡村旅游扶贫的发展模式与对策建议

当前,中国提出了发展农业现代化,促进农村的转型发展,促进农村一二三产业的融合发展,发挥乡村旅游业接二连三的作用,国家也提倡贫困农村地区的产业融合,如国务院办公厅发布了《关于推进农村一二三产业融合发展的指导意见》,以及国家发展和改革委员会、财政部、农业部、国土资源部、国家旅游局等七部委2016年4月联合印发的《关于印发农村产业融合发展试点示范方案的通知》提出支持贫困地区农村产业融合发展,立足当地资源优势,发展乡村旅游、电子商务等农村服务业,实施符合当地条件、适应市场需求的农村产业融合项目,用以推进精准扶贫、精准脱贫。因此,这些都为乡村旅游扶贫提供了有利的外部宏观环境。

本章提出政府扶贫资金入股、协调好政府、外部旅游开发商、社区、农户多个利益主体下的"资源变资本、村民变股民、农民变市民"的农村集体经济发展模式的西部集中连片贫困区精准旅游扶贫模式,如图9-3所示。图9-3有如下含义。

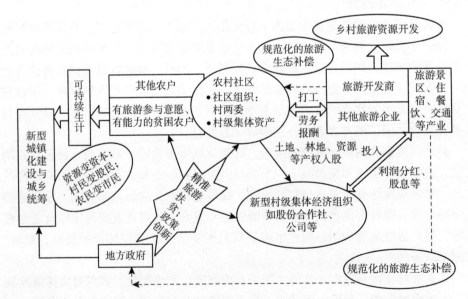

图9-3 基于资源变资本、村民变股民、农民变市民的西部精准旅游扶贫模式

资料来源:作者研究。

首先，在理顺地方政府、开发商、社区和农户四者利益关系的基础上，以农民的可持续生计为目标；其次，完善旅游扶贫的制度环境，明晰农户和社区的土地、林地的产权，明晰农民所拥有的真正产权权利束的基础上，基于中国农村土地制度改革，完善旅游开发的农村土地利用政策、农地流转政策，保护农民的土地权益和对农民土地进行强权赋能，发展集体经济。再次，政府实施精准旅游扶贫，创新旅游收益分享机制，尤其是在发展集体经济、深化农村土地制度改革、农村产权制度改革的基础上，发展农村集体经济，规范和改革旅游业用地政策（包括用城乡建设用地增减挂钩来支持旅游业发展），创新农村土地流转机制，维护农民的土地权益，促进农村旅游开发过程中的土地资本化，增加农民的财产性收入；最后，在旅游推进新型城镇化、城乡一体化过程中，乡村旅游促进农村产业融合、农村社区化、农民就地就近市民化，促进农户的可持续生计。

这里的关键是，在西部贫困山区中，农民拿什么入股、如何入股？在乡村旅游发展或旅游扶贫中，如何实现资源变资本？如何实现村民变股民？如何实现农民变市民？如何发展贫困山区的农村集体经济，农村集体经济形式的创新，如何搞股份合作社？如何建立对农户和农村社区规范化的旅游生态补偿政策、农民变市民的政策，如何建立和创新农村社区的社会化管理措施等，因此，这里提出如下对策建议。

第一，完善旅游扶贫的制度环境，基于当前中国农村土地制度改革和旅游业的农村土地利用政策，明晰乡村旅游用地产权，在西部贫困地区发展乡村旅游业过程中，确保农民的财产性收益，推进农村土地的资本化。

首先，明晰乡村旅游用地产权。产权不清晰，收益分配范围和违法责任的追究自然不会明确。政府必须明确农户和村集体在公益性建设用地、宅基地和经营建设用地方面的权利，加强农村土地确权登记发证工作，强化农村集体土地的物权性质。完善旅游开发过程中农户承包地、农村集体经营性建设用地的流转与非农利用、宅基地的使用、抵押等的制度。规范乡村旅游的经营，是采用租赁、合作经营还是入股等何种方式流转土地，确保农民的土地权益。

其次，完善旅游开发过程中，农村土地征收价格的确定方法和土地补偿安置方案，建立合理的土地增值收益分配方法；发展不同的土地入股形式。如在城市规划区外，探索集体土地使用权入股旅游经营性项目的做法，由农民以土地使用权与旅游企业合作，作价入股，按股分红。其他，如实行留地安置，将部分征收土地返还给被征地集体经济组织，由其按城市规划自行开发建设，从而分享土地增值收益。

再次，加强乡村旅游用地管制。政府需要加强土地用途管制，防止开发商以发展乡村旅游为借口，在农用地上进行非农建设。坚持依法自愿有偿原则流转土地，不限制和强制农民土地旅游化流转。

最后，完善乡村旅游的土地流转市场。由于目前乡村土地旅游化流转大部分是自发行为或者行政推动，农户在土地流转价格的确定上处于弱势地位或简单依照政府定价，因此大多数乡村土地的旅游化流转并不能体现其实际价值。建立科学的农村土地评估体系，合理评估乡村旅游土地流转价值，可以把符合规划的经营性农村集体建设用地纳入统一的旅游土地产权交易市场。建立对土地流转纠纷的管理机构，可以完善乡村土地旅游化流转各方的协调机制，这些都可以有效地规避收益分配不公的风险。

第二，发展集体经济，创新农村社区参与旅游经营的组织形式和制度安排，发展股份合作制等集体经济组织形式，增加农民的财产性收入。

目前，西部贫困地区社区参与旅游活动是自发的、零散的、无组织的。从长远来看，农户与社区参与旅游活动要实现组织化和制度创新。

党的十八届三中全会决定明确提出，"赋予农民更多财产权利。保障农民集体经济组织成员权利，积极发展农民股份合作""探索农民增加财产性收入渠道"，股份合作社是增加农民财产性收入的有效途径之一。2015 年 11 月，发布的《中共中央、国务院关于打赢脱贫攻坚战的决定》提出，探索资产收益扶贫，指出"在不改变用途的情况下，财政专项扶贫资金和其他涉农资金投入设施农业、养殖、光伏、水电、乡村旅游等项目形成的资产，具备条件的可折股量化给贫困村和贫困户，尤其是丧失劳动能力的贫困户。资产可由村集体、合作社或其他经营主体统一经营。支持农民合作社和其他经营主体通过土地托管、牲畜托养和吸收农民土地经营权入股等方式，带动贫困户增收。"因此，未来结合中国农村土地确权、土地林地资产评估、土地交易平台建设等基础性工作和农村产权制度改革，实现农村政经分离，发展农村集体经济，发展农民专业合作社、股份合作社、社区以土地经营权或集体经营性建设用地使用权参股或与开发商联营等发展旅游业，政府扶贫资金的资产入股，同时，建立与社会资本、外部开发商、工商资本等的合理的利益连接机制，增加贫困地区农民的财产性收入。

对于什么是股份合作社，中国至今没有明确的定义。一般地，股份合作社是指，将集体资产量化给农民，或由农民以土地、资金、劳动力等生产要素入股联合经营，平均或基本平均持有股份，实行利益共享、风险共担、民主管理的农村新型合作经济组织（卢水生，2015）。① 股份合作社并不是简单地将股份制与合作制混合而成，而是以合作制为本，以股份制为用。它在组织形式上借用股份制的做法，采用现代企业管理制度，坚持入股自愿，不得退股，股权可以继承、转让；而在办社宗旨上坚持合作制原则，坚持以人为本，走共同富裕之路，股东们

---

① 卢水生. 股份合作：农村集体经济的有效实现形式. 载徐勇主编、邓大才等，土地股份合作与集体经济有效实现形式. 中国社会科学出版社，2015.

必须平均或基本平均持股，不允许持大股，更不允许个人控股股份制、合作制、股份合作制的区别见表9－6。

表9－6　　　　　　　　　　股份制、合作制、股份合作制的区别

类型	宗旨	持股比例	组织方式	分配方式
股份制	以资为本，盈利为目的	没有限制	入股自愿，不得退股	按股分红
合作制	以人为本，共同富裕	平均拥有集体资产	入社自愿，退社自由	按交易量或交易额
股份合作制	以人为本，共同富裕	平均或基本平均持股	入股自愿，不得退股	按股分红

资料来源：卢水生. 股份合作：农村集体经济的有效实现形式. 载徐勇主编，土地股份合作与集体经济有效实现形式，中国社会科学出版社，2015.

第三，从政府旅游扶贫的角度，旅游精准扶贫的瞄准对象，采取精准旅游扶贫措施。

如果按照参与旅游开发的意愿和能力分类，目前，旅游扶贫项目较多地瞄准了有意愿、有能力的农户，如果不考虑和排除无意愿无能力，或者无意愿有能力的农户，则政府旅游扶贫瞄准、扶持的重点应是有参与意愿、目前尚无能力的那部分农户。目前，随着精准扶贫工作的深入和推进，鼓励农村社区参与旅游和旅游扶贫也需要与当前的精准扶贫、贫困户建档立卡等工作结合起来。地方政府要更好地做好精准旅游扶贫工作，政府给予农户有针对性、有效的帮扶措施，根据贫困农户发展旅游业的需要，提供实用技术培训、信贷、低息或贴息贷款、网上营销等，提高精准旅游扶贫工作水平；其次，旅游扶贫与其他扶贫措施、其他精准扶贫工程相结合。当前，集中连片贫困地区有着多样的扶贫渠道、扶贫资金、扶贫项目、扶贫方式等，政府对这一地区有许多惠农、强农政策，旅游扶贫与救济式扶贫、旅游扶贫与易地移民搬迁等需要更好的衔接。

第四，针对旅游生态补偿、旅游吸引物补偿等缺乏立法依据，不健全、不规范的问题，在理论和实践探索的基础上，逐步探索旅游生态补偿。

西部贫困山区精准旅游扶贫是一个系统工程，首先，精准扶贫并非只瞄准贫困农户，需要处理好瞄准农户、旅游企业或其他主体的关系，以及旅游扶贫与电商扶贫、劳务输出等其他扶贫形式与手段之间的关系；其次，在产权改革、赋能与制度创新的基础上，创新对贫困户的帮扶形式以及新的经营或组织形式，如浙江松阳县依托宅基地及农房发展特色民宿经济，就采用了工商资本模式，通过招商引资，引进工商业主投资；采用"合作社＋经营户"模式，通过提高经营户的组织化程度，以合作社为经济主体开展经营管理和宣传营销等，[①] 这些贫困地区都可以借鉴。再次，打造好的旅游产品，明确的市场定位，进行市场营销等。

---

① 国家发展和改革委员会. 国家新型城镇化报告，2015，283；中国计划出版社，2016.

总之，对于发展乡村旅游业的农村贫困地区而言，迫切需要探索一条"不失地、不离土"，发展和壮大集体经济，走集体经济、扩实力、共同富裕之路，让农民就地就业、就地转产，就地就近市民化的旅游扶贫、以旅游业促进农民增收与发展的道路。

附录：某市某县 AS 村案例
——贫困村发展旅游业初期的两个突出问题

以某市某县 AS 村为案例，分析旅游扶贫村在发展初期过程中具有重要理论价值和实践意义突出的两个问题，即农村社区与旅游企业的关系以及旅游生态补偿。

1. 村庄简介

AS 村是位于某省某市的一个偏远村庄，地处大山深处，周围群山环绕。该村有两三百个农户、近 1000 人，因大部分人外出务工，村里常年主要是"99、38、61"人口，即老人、妇女和儿童。

该村主要经济作物是玉米，亩产 400 多公斤，每亩纯收入三四百元。该村是省级重点贫困村，2014 年人均收入近 6000 元，但是村内贫富差距大，一般村民人均收入只有 4000 多元/年。村民的收入来源主要是外出务工收入，女性务工人员主要去浙江、上海、广州的工厂打工，男性前几年主要在附近地区的煤窑工作，由于矿场不景气，近年大多也去南方工厂打工。还有一部分村民靠种植烤烟、养殖获得收入。总体来说，AS 村经济落后，村民收入来源单一。旅游业尚处于初期阶段，旅游为本村带来的经济收益很小。

在旅游资源方面，AS 村毗邻国家级景区——B 景区，该景区属于原生态的自然风光旅游项目，距某市 100 公里，公路直通景区。峡谷内风光秀丽，风格独特，风景如画。峡谷的尽头便是 AS 村，村中有古树数百棵，最大的七人环抱，小的也需一人来围。这里远离城市的喧嚣，保留着原始的生产、生活方式，仿佛是一个世外桃源。AS 村依托 B 景区和本村原始古朴的乡村性，在发展乡村旅游上具有一定的潜力。

2. AS 村村民参与旅游的情况

社区参与旅游发展，是指在旅游的决策、开发、规划、管理、监督等旅游发展过程中，充分考虑社区的意见和需要，并将其作为开发主体和参与主体，以保证旅游可持续发展和社区发展。就 AS 村的实际情况而言，该村虽毗邻 B 景区，但整体上来看社区参与旅游水平较低。

据与村干部的访谈，旅游项目规划上，旅游企业没有征求过村干部和村民的意见。2008 年，B 旅游景区项目进行开发，虽紧邻 AS 村且征用了村里的部分土地，但关于 B 景区的规划等事宜，旅游企业几乎没有与村里及村民沟通过。

本村村民在旅游企业就业人数很少、工资水平低（见表 9 - 7）。2015 年，村里只有 9 个人在旅游企业就业，且主要是从事保洁等工作，工资一般在 1000 元/月左右。具体工资标准为清洁工 900 元/月，厨师 1000~1200 元/月，工资水平远低于旅游企业自己的员工，在餐费补助上也有差别，因此村民不愿意去。如果工资能够达到 2000 元/月，村民才愿意去。此外，村民还可以在景区从事小摊位经营，但景区收取一定费用，收费标准为 200 元/月，一次性交费 2000 元/年。村里目前只有 1 户在景区从事经营项目，收入还算可以。

2009 年以来，该村有 8 户"农家乐"，但截至 2015 年 6 月只有 2 家继续经营，农户收入大概 4 万~5 万/年。按照地方政府的规划，AS 村周围还要继续发展农家乐。

表 9 - 7　　　　　　　　　AS 村社区参与旅游情况

参与类型	参与人数/户数	收入
景区就业	9 人	人均 12000 元/年
景区内特许经营	1 户	45000 元/年（估计）
"农家乐"	2 户	户均 45000 元/年

资料来源：作者调研数据。

从以上三方面来看，AS 村村民从旅游中获益少，存在参与主体少、参与内容单一、参与层次低等问题。但调研中，村民对旅游项目开发的整体评价是正面的，旅游发展带动了村里及周围道路交通等基础设施的改善，促进了当地经济的发展，一定程度上增加了农民的收入。

3. AS 村与 B 旅游企业之间的关系

AS 村紧邻景区，旅游资源禀赋较好，但 AS 村旅游参与情况差，农户从旅游中获益少，从侧面反映出 AS 村在利益分配中处于弱势地位。而且在调研中，村干部反映 AS 村与旅游企业之间存在一些矛盾，主要是涉及一些经济利益。而且，该旅游企业本应与村里沟通和处理好，但实际上旅游企业与村里不相往来，不征求村里意见，从而加剧了村民的不满。

目前，矛盾主要集中在两点：一是村民在靠近本村的景区门口做生意的意愿强烈，但景区不允许村民在景区门口做生意，只能去交通不便处做生意。这是因为旅游企业在景区内有自己经营的餐厅。

二是双方有争议时，旅游企业找镇政府协调解决，而从不找村里协商，企业和村民缺乏沟通。如 2010 年，村里搞饮水工程，由村民投资建设了水利设施，但是旅游企业经过和镇里协商，直接引用村里的水，却根本没有通知村里，也没有任何的补偿。而且，旅游企业对村民也没有优惠，村民想去景区参观也需要购买门票。村民与企业虽然没有爆发过直接冲突，但两者之间的矛盾关系到 AS 村作为旅游扶贫村能否真正参与到旅游发展中，真正从旅游中获益，也关系到景区未来的长远发展。

4. AS 村的征地补偿

200×年，B 旅游项目开发涉及 AS 村的征地问题。征地是农民和政府签土地征用合同，然后政府再和企业签招商合同。当时征地标准为旱地按 8000 元/亩，水田 9000 元/亩，一共征地 40 多亩，共涉及 16 户村民，征地主要用于旅游接待点、停车场和茶楼的建设。征地年限基本上都是 70 年。但后来，村民意识到 200×年的征地标准太低，通过村里及上级政府与旅游企业协调，提高了补偿标准，确定了水田 3 万元/亩、旱地 2.5 万元/亩的新标准，其中差额部分由 B 旅游企业补齐。所有的征地款直接发放给村民，村里只负责具体的协调工作。B 旅游企业未来还有征地打算，新的征地补偿标准要在现在执行标准的基础上再结合市场标准来确定。

5. AS 村的荒山补贴是旅游生态补偿吗

200×年，项目开发时，B 景区没有征用林地，但通过县旅游局协调，按照每亩 5 元/年的标准给村民荒山补贴，截至 2015 年课题组调研时依旧按照这个标准执行。荒山补贴涉及的林地总数为 1000 多亩，主要都在景区附近。

201×年，在旅游开发项目满五年时，当地政府给予招商企业的优惠政策取消，B 旅游企业对景区附近村民及村集体的林地进行补偿，主要涉及 4 户村民的 200 多亩林地，补偿标准不足 20 元/亩，村集体的林地补偿标准只有 5 元/亩，主要涉及村里的 880 亩集体林地。该补偿政策 2013 年开始实施，2013 年、2014 年的钱已发放到位，都是由镇政府代发现金。对于集体林地和农户林地补偿标准不一的情况，村干部表示希望集体林地补贴能够和农户林地的补贴一样。

需要说明的是，AS 村村民也不清楚林地补偿款的来源，村干部推测该款项由乡政府发放给村集体及农户。因此，这里需要界定荒山补贴或村集体及农户的林地补偿的性质，它们是旅游生态补偿吗？

关于旅游生态补偿的定义，学者们从不同角度给出了不同的定义。如张一群和杨桂华（2012）基于生态补偿的一般性内涵，认为旅游生态补偿是指采用经济手段调节旅游开发经营所涉及的生态利益相关者之间利益关系的制度安排，主要目的是保护旅游地生态系统、促进旅游业可持续发展。[①] 蒋依依等（2013）认为，从狭义上来看，旅游生态补偿主要从旅游生态服务价值实现的角度进行界定。从广义上来看，旅游生态补偿是通过运用政府调控与市场化运作，内化相关旅游资源开发活动产生的外部成本，调整相关利益者保护或破坏旅游资源活动产生的环境利益及其经济分配关系的制度安排。[②]

因荒山及这些林地都分布在景区周围，客观上与景区景观属于一个整体，为旅游企业带来了经济效益，同时村民为此付出了一定的社会发展的机会成本，并兼有保护这些资源不受破坏的责任，而荒山补贴和林地补偿就是调节旅游企业、村民等生态利益相关者之间利益关系的工具，目的是保护旅游地的旅游资源，促进旅游业可持续发展，因此，我们认为该荒山补贴及林地补偿具有旅游生态补偿的性质。

此外，AS 村获得的个体承包林地补偿不足 20 元/亩、5 元/亩的村集体林地补偿，与理论上生态补偿的标准应依据生态系统服务价值、保护成本、资源损耗及居民损失、机会成本等有较大的差距。地方政府或旅游企业也没有明确该荒山补贴的性质、内涵，因此，该补贴依据和内涵模糊，补偿的费用标准的确定也缺乏依据。

[①]　张一群，杨桂华. 对旅游生态补偿内涵的思考. 生态学杂志，2012，31（2）：477－482.
[②]　蒋依依，宋子千，张敏. 旅游地生态补偿研究进展与展望. 资源科学，2013，35（11）：2194－2201.

第十章

总　　结

一、本书的主要工作

2010 年 12 月，中国政府发布了《全国主体功能区规划》。该规划将中国国土空间分为以下主体功能区：按开发方式，分为优化开发区域、重点开发区域、限制开发区域和禁止开发区域；按开发内容，分为城市化地区、农产品主产区和重点生态功能区等。2008 年，环境保护部与中国科学院联合发布《全国生态功能区划》，2015 年 11 月，环保部与中国科学院发布了《全国生态功能区划（2015 年修编）》。

主体功能区规划在中国区域经济发展、生态保护等领域具有重大意义。它明确了不同区域的发展重点和发展方向，同时，它也是一个重要的生态红线，为各地经济开发活动划定了一个地理范围。

本书是对中国西部重点生态功能区人口与资源、环境可持续发展的综合研究。《全国生态功能区划（2015 年修编）》中确定了 63 个重要生态系统服务功能区（简称重要生态功能区），覆盖中国陆地国土面积的将近一半。从经济状况、生态保护、社会发展等方面，对重点生态功能区进行系统、全面的研究十分必要。本书试图在这些方面做些尝试，同时更侧重于从农户可持续生计的视角以及这一特定地区统筹生态保护、农村减贫与发展的公共政策创新两个方面来研究西部重点生态功能区的人口与资源、环境的可持续发展。

2015 年 5 月，中共中央、国务院发布了《关于加快推进生态文明建设的意见》，提出了总体目标要求，即到 2020 年，资源节约型和环境友好型社会建设取得重大进展，主体功能布局基本形成，经济发展质量和效益显著提高，生态文明主流价值观在全社会得到推行，生态文明建设水平与全面建成小康社会目标相适应。同时，该意见提出了强化主体功能定位，优化国土空间开发格局，推动技术创新和结构调整，提高发展质量和效益；全面促进资源节约、循环高效使用，推动利用方式的根本转变；加大自然生态系统和环境保护力度，切实改善生态环境质量；健全生态文明制度体系；加强生态文明建设统计监测和执法监督；加快形成推进生态文明建设的良好社会风尚等。

同时，中国《生态文明体制改革的总体方案》提出了健全生态文明体制改革的8项制度，即健全自然资源资产产权制度，建立国土空间开发保护制度，建立空间规划体系，完善资源总量和全面节约制度，健全资源有偿使用和生态补偿制度，建立健全环境治理体系，健全环境治理和生态保护市场体系，完善生态文明绩效评价考核和责任追究制度。

中国政府近年来提出了精准扶贫、精准脱贫的战略，如2014年1月《关于创新机制扎实推进农村扶贫开发工作的意见》、2014年3月《建立精准扶贫工作机制实施方案》。《关于打赢脱贫攻坚战的决定》提出中国将在2020年消除区域性农村整体贫困。因此，以上对于西部重点生态功能区人口、资源与环境可持续发展都提出了更高要求和目标。

本书开展了如下研究工作。

（1）结合本书课题组为联合国人口基金和国家发展和改革委员会社会司所完成的中国"十三五"人口发展战略的子课题"'十三五'中国人口、资源与环境的可持续发展战略研究"，本书第二章分析了中国'十二五'期间人口、资源与环境可持续发展的现状与进展，尤其是在阅读和掌握大量文献、专家座谈的基础上，分析了中国'十三五'时期统筹人口、资源、环境可持续发展面临的四个突出重大问题，并具体针对"十三五"时期重点生态功能区统筹扶贫发展与资源环境保护这一重大问题，提出和论证了中国"十三五"时期的目标、规划、措施等。

（2）中国西部重点生态功能区，或者限制开发区和禁止开发区，往往也是集中连片贫困地区，需要统筹解决生态保护和农村减贫与发展。限制开发并不是限制发展，需要探索限制开发区科学发展的新模式。

陕西省安康市位于陕西南部，这一地区既为秦巴生物多样性生态功能保护区，又属于中国14个集中连片贫困区的秦巴集中连片贫困区，同时也是中国"南水北调"中线工程的水源地之一。这一地区既要保护好生态环境，为"南水北调"中线工程提供水源，同时，这一地区有大量的农村贫困人口，积贫积弱已久，人口、资源与环境的矛盾突出。由于其特殊的生态保护、贫困、农村发展等原因，国家和地方政府在这一地区也实施了大量的公共政策，如在农村扶贫与发展方面，除了普惠式的农业补贴、新型农村合作医疗、农村养老等各方面的惠农与社会政策、社会发展措施，以及农业综合开发、产业化扶贫、移民搬迁等开发式扶贫政策。同时，中省在这一地区的生态建设、流域保护等方面进行了大量投资和积极推动公共政策的创新，如丹治工程、节能减排、退耕还林、生态公益林保护、对重点生态功能区的转移支付等生态补偿机制等，也需要探索如何完善这一地区的公共政策体系。

因此，本书第三章以陕西省安康市为例，较深入地分析了安康市人口、社会经济、生态保护等方面的现状与措施等，尤其是在协调人口、资源与环境可持续发展方面的创新性措施与政策，从而研究西部限制开发区或禁止开发区如何形成科学发展的新模式。

（3）农村能源使用情况，一方面，关系到所在地区的森林保护，另一方面，也涉及贫困农户对森林资源的可及性，农村能源使用与贫困农户的福祉密切相关。因此，第四章从微观农户生计的角度，依据课题组的大规模农村入户调查数据，实证分析了安康农户的能源使用、薪柴的替代与转换情况等，尤其是分析了研究者所关心的"贫困与环境破坏是否存在恶性循环"、农村能源转换的特征与机制等。

（4）退耕还林是全世界涉及人口最多、实施地理面积最大、资金规模最大的生态补偿项目，尤其是中国自2014年实施新一轮退耕还林工程，持续扩大退耕还林面积。第一轮或新一轮退耕还林工程在西部重点生态功能区也普遍实行。退耕还林政策从政策设计本身，它具有水土保持、固碳等生态保护目的，国家也希望该工程可以促进农村地区的产业结构调整、直接和间接增加农民收入。本书用两章研究退耕还林工程。第五章分析了全国、陕西省退耕还林的现状与进展，通过实地考察而获得的访谈、农户调查资料等，进一步选择了黄河和长江流域、生态与社会经济发展特征不同的两个地区，即陕北吴起县、陕南安康市，分析了这两个地区退耕还林的现状与进展等，以及退耕农户的生计状况等。第六章，从家庭人口结构，结合课题组在安康的微观农户调查数据，研究了家庭结构视角下的退耕农户可持续生计。

（5）西部重点生态功能区广泛地存在着生态补偿、农村扶贫与发展政策两大类公共政策，且两者都有着生态保护和农村减贫的双重目标。第七章对这两类政策进行了比较研究，从而有助于西部重点生态功能区更好地优化政策设计。

（6）精准扶贫作为2014年提出的中国扶贫系统的新工作机制和工作目标，官方定位为："通过对贫困户和贫困村的精准识别、精准帮扶、精准管理和精准考核，引导各类扶贫资源优化配置，实施扶贫到村到户，逐步构建精准扶贫工作长效机制，为科学扶贫奠定坚实基础。"针对贫困人口不同的致贫原因，国家将实施精准扶贫"五个一批"工程，易地扶贫移民搬迁是其中之一。因此，本书第八章分析了陕南避灾移民搬迁工程的进展、陕南移民搬迁农户的生计现状等。由于移民搬迁之后，农户家庭在收入来源、基本公共服务、生活设施等方面可能会有重大的变化，结合生态－社会系统理论、恢复力理论等，构建了移民搬迁农户的适应力分析理论框架，并实证研究了安康移民搬迁农户的生计适应策略和感知的适应力。

（7）旅游扶贫是2014年1月《关于创新机制扎实推进农村扶贫开发工作的意见》中所确定的十大精准扶贫工程之一。根据国家旅游局报道，"十二五"期间（不含2015年），中国通过发展乡村旅游带动了10%以上贫困人口脱贫，旅游脱贫人数达1000万人以上。"十三五"时期，全国通过发展旅游将带动17%的贫困人口实现脱贫。预计2015～2020年，全国通过发展旅游将带动约1200万贫困人口脱贫。尤其是随着城乡一体化进程的推进，乡村旅游连接一产和三产，能够促进农村一二三产业融合发展。因此，本书第九章综述了国内外社区参与旅游发展与旅游扶贫的研究现状，同时，课题组在陕南省安康市石泉、宁陕两个县内发展旅游业的多个乡镇、多个行政村或农村社区进行了详细调研、访谈和农户问卷调查，掌握了旅游扶贫的现状、政策措施、进展、存在问题等，进而分析了当地发展乡村旅游业的多个利益相关者、旅游扶贫的发展模式等，尤其是从增加农民的财产性收入和转移性收入等方面提出了对策建议。

二、本书的主要结论

1. "十三五"期间，中国在统筹人口、资源、环境与可持续发展的四个重大问题，将是统筹人口数量与资源环境承载力相适应、统筹人口分布与资源环境承载力相适应、统筹缓解环境污染与人口健康问题、统筹扶贫发展与资源环境保护

"十三五"时期重点生态功能区统筹扶贫发展与资源环境保护的总体思路是通过加强国家重点生态功能区的环境保护和管理，如优化国土空间开发格局、发展生态特色产业、生态扶贫等工作措施，以及加强生态补偿机制与转移支付力度，增强生态服务功能，构建国家生态安全屏障；促进区域协调发展，优化国土开发空间格局，协调好重点生态功能区的人口、资源与环境的协调发展，促进生态文明建设。

重点生态功能保护区属于限制开发区，保护和修复生态环境，增强生态服务功能，保障国家生态安全、增强提供生态产品能力是该地区的首要任务。在保护优先的前提下，合理选择发展方向，发展特色优势产业，加强生态环境保护和修复，加大生态环境监管力度，保护和恢复区域生态功能。同时，因地制宜地发展适宜产业、绿色经济，引导超载人口有序转移。

主要保障措施有创新体制和机制，建立有利于重点生态功能区生态环境保护的体制和机制。如探索健全自然资源有偿使用和生态补偿制度;通过制定和出台生态补偿政策法规,建立动态调整、奖惩分明、导向明确的生态补偿长效机制;强化生态环境监管;建立专门针对国家重点生态功能区和生态红线管制区的协调监管机制;建立健全重点生态功能区的生态功能综合评估长效机制;探索生态环境损害责任终身追究制和刑事责任追究制;推动建立陆海统筹的生态系统保护修复区域联动机制。此外,要加大对重点生态功能区的政策支持,加强组织实施和监督检查等。

2. 陕西省安康市生态保护与发展的模式

安康市生态保护与发展的主要措施与手段有:优化国土空间格局,面上保护,点上开发,发展"飞地"经济,促进产业集聚和就地城镇化;以法律和制度为保障,依托政府投入的各类生态建设与环境保护工程和项目、环境保护政策措施等,提高生态产品供给能力,增强生态服务功能;以优势资源为依托,发展特色产业和生态经济;依托陕南移民搬迁工程和各类扶贫项目持续改善民生。

安康市需要进行生态保护与发展相关政策与制度的完善与创新。生态保护与发展相关制度的创新与完善是各项政策推动与项目落实的重要保障,主要包括了完善生态红线的管控制度和政策,实施生态红线管理;严格国土空间开发保护制度,强化土地利用规划;构建生态补偿机制、形成稳定的生态补偿制度,完善水源地保护制度,实施最严格的水资源和耕地保护制度,改革基层政府的成果考核评价制度等。

安康生态保护与经济协调发展的模式特点可以总结如下:首先,严格按照主体功能区定位推动发展,同时,以各种生态建设、生态修复工程和生态补偿机制来保障生态产品的供给。其次,把生态建设与广大人民群众的脱贫致富紧密结合起来,在生态保护与发展中改善民生。再次,突出资源优势,发展生态产业和循环经济。总之,安康为一个欠发达地区发展的"新样本",践行空间规划为基础,面上保护,点上开发,空间集聚,就地城镇化,生态保护以政府投资和强制手段为主,发展生态产业,促进保障民生的路径与发展模式。

3. 贫困山区农户薪柴的使用与消费是一个理论性和现实性均突出的问题

从理论上看,薪柴采集活动体现了农户在农业、林业、非农活动之间进行时间分配的一个机会成本,探索薪柴采集、森林破坏与贫困之间的关系,分析农村能源使用行为、合理促进农民使用新型能源和替代传统能源等都具有重要的理论和现实意义。通过对安康农户生计与能源使用情况数据的深入分析,有以下发现。

(1)在全部农户调查样本中,有72.3%的农户使用了薪柴,即约1/4

（27.7%）的农户完全不使用薪柴；约10%的农户使用沼气，约30%农户使用了煤气罐，49%农户使用煤炭。即从能源使用频率上看，薪柴＞煤炭＞煤气罐＞沼气。此外，约一半（49.67%）的农户使用了一种类型的能源；35.26%农户使用了2种类型的能源；少部分农户使用了3～4种能源；甚至个别农户没有使用任何这4种能源。

（2）安康山区农户使用薪柴的情况，并不存在贫困—森林破坏的恶性循环。相反，相对于穷人，富人使用薪柴更多，穷人在能源的使用上可能更处于一种不利状态。调查数据显示，低收入类型农户的薪柴使用比例不仅较低，而且他们的薪柴使用量也最低。此外，低收入类型农户的煤炭使用比例和煤炭使用量、煤气使用比例和煤气使用量、使用的能源种类均为最低。即这里不仅不存在"环境和贫困恶性循环的问题"，而且低收入的贫困农户由于缺乏对薪柴的可及性或者无力购买足够的煤炭等，他们存在着能量、热量不足，基本生活能源不足，生活质量低、被剥夺、福利水平低的问题。因此，研究者或政府尤其应关注这些弱势群体的基本生存问题。

（3）薪柴是缺乏弹性的生活必需品，调查地农户使用薪柴更多的仍是一种传统或生活习惯，农户薪柴使用更多地与家庭人口数、采集薪柴的便捷性、周边森林资源的可及性、劳动力的机会成本有关。山区农户是否随着收入的提高而减少薪柴、增加商品性能源，有着不确定性，也显著地受到地理位置、薪柴资源可及性的影响。在具有薪柴可及性的情况下，薪柴与商品性能源是互补关系，而在不具备薪柴可及性的背景下，薪柴与商品性能源是替代关系。

（4）调查地农户随着家庭当期收入的增加，并不会减少他们薪柴的使用和消费，反而会增加薪柴的消费；但随着家庭持久性收入或家庭物质资产的增加，农户会降低薪柴的消费。调查地安康山区农户收入增加并不是减少薪柴使用的充分条件。

（5）当地农户日常多种能源并用现象突出，即农户同时使用薪柴、煤炭、煤气、电等多种能源，没有呈现出煤气或煤炭替代薪柴，或从传统能源到商品性能源的替代或递进特征；总体上，随着收入增加，农户不会自动地沿着"能源阶梯"上升。随着农户收入增加，农户一般并不会放弃薪柴的使用，而是同时使用几种类型的能源。当然，随着农户收入增加，也同时增加了煤炭和煤气的使用，也即农户综合使用能源的特征较为明显。

（6）根据被调查农户的能源使用特征，可以将全部农户样本分为三种类型：类型一（仅使用薪柴，不使用任何商品性能源或者沼气的农户）、类型二（使用了薪柴，但同时至少使用一种商品性能源或者沼气）、类型三（不使用薪柴而至少使用一种商品性能源或者沼气）。以上三种样本数量分别占全部农户样本的比例为36%、35.4%和25.6%。即2011年11月调查地安康山区农户还是普遍使用薪柴，完全不使用薪柴农户只有约 1/4。这三类农户在许多方面有着截然不同的特征，或者存在统计上的显著差异。

（7）采用 Multinomial logistic 模型，对安康调查地农户成为能源使用类型一、类型二或类型三影响因素的计量经济分析结果显示，农户生计活动类型，例如，农业或非农活动是农户采集薪材的机会成本和重要的影响因素。但农业或非农业，持久性财富或当前收入有着不同的作用。家庭较多的物质资产或持久性收入对家庭使用更多的商品性能源如煤炭和液化气有显著的正向作用。尽管农户当前的家庭收入可以增加能源种类和使用总量，但在模型中当前收入对农户家庭成为能源使用类型二或类型三并无显著的作用，也不会显著减少薪材使用。户耕地面积或家庭从事农业活动则显著降低了家庭成为仅使用商品性能源类型的概率，但非农收入占家庭总收入比例增加则会显著地提高农户成为仅使用商品性能源类型的概率。因此，农户家庭生计活动或收入结构是调查地农户家庭能源使用类型和改变能源使用行为的重要影响因素。

（8）有关贫困山区农户的能源使用提出如下政策建议：地方政府应实现农村剩余劳动力的转移，帮助农民找到外出务工等季节性工作，从而增加农户非农活动和收入；贫困农户为农村弱势群体，应给予他们能源补贴。能源补贴是保护和提升他们生活质量的重要保障。再次，发展沼气和太阳能等清洁能源，而且商品性能源的可及性对家庭能源使用是非常重要的。因此，地方政府应当建立方便、快捷的煤炭和液化气罐的零售网点。此外，为推进新型城镇化和减贫的目标，陕南避灾扶贫移民搬迁工程应该制定针对搬迁农户能源使用和促进升级的规划。

4. 对陕北吴起县、陕南安康市这两个地区退耕还林工程的现状与进展、退耕农户生计状况的分析得到的主要结论

（1）延安地区地块退耕时间集中在 1999 年及以前，超过 80% 的退耕地块在 2015 年补偿到期，而且吴起县被调查农户家中的退耕地补偿即将全部到期的占全部退耕户的 49%，参加了新一轮的退耕户占 48.44%，而安康地区退耕地块集中在 2000～2006 年，超过一半的样本地块进入了第一轮延长期即补偿减半的阶段，亦有 22.91% 的地块面临补偿到期，巩固退耕还林成果专项规划也即将到期。新一轮退耕政策刚刚开始，新退耕政策在组织、实施、补贴标准等与过去也有一定的区别。因此，新老退耕还林政策交替和进入新政策周期的特征十分明显。

（2）退耕还林工程普遍受到了农户的欢迎，经过 10 多年的退耕还林工程的实施，无论是陕北、陕南，退耕区的农户收入与退耕前相比有较大的进步；退耕还林、生态保护意识已经深入人心，退耕地造林的验收达标率在 90% 以上，目前退耕地造林林木的保存率在 84% 以上；大多数农户对退耕地林木进行了正常管护；农民对退耕还林持普遍的欢迎态度。被调查农民对新一轮退耕还林也普遍持欢迎态度，如被调查陕北农户对新一轮退耕还林持满意和非常满意态度的比例达63%。两地农户的退耕需求基本超过了退耕规划指标。尤其是陕北地区农户超前退耕的行为较为普遍，相当一部分已经退耕的土地（农户）并未纳入退耕补偿的范畴，未能享受生态保护补贴，如吴起县未纳入补偿的退耕面积占24%。

（3）对两地农户参与退耕还林的机会成本分析比较发现，无论是经济发展水平较好的陕北吴起县，还是经济相对滞后的安康地区，退耕前亩均纯收入都要高于调查时退耕地的平均补助，即退耕还林的机会成本较高。虽然第一轮部分退耕地补偿已期满，但退耕地收益情况并不乐观，如吴起县调查地退耕户补偿到期的退耕地超过80%，由于退耕地主要种植的是生态林，退耕林地基本上无经济收益。在延安吴起县，80%被调查农户认为退耕地经营面临的最主要的困难是没产出，而退耕地有收入的农户比例仅为2.4%。在安康调查地，41.8%被调查农户认为退耕地经营面临的最主要的困难是没产出，其次，18.8%被调查农户认为退耕地经营面临的最主要的困难是缺少劳动力；安康退耕地有收入的农户比例约为36%。

（4）农户参与新一轮退耕政策的意愿很强烈，但同时退耕户对政策补偿标准，粮食安全等方面有较高的期望与要求。农户偏好现金补偿方式，但大多数农户退耕补偿意愿远高于现行补偿标准，且农户认知的单位实际补偿与补偿标准之间也存在明显差距；因此，农户对政策调整的需求主要表现为提高补偿标准。此外，农户参与新一轮退耕的意愿强度与其收入水平并无明显关系，然而农户参与退耕的自主权以及政策实施情况，如实施规范性和公平性等，对农户参与意愿有显著影响，因此，鼓励农户参与退耕同样需要从规范政策实施过程入手，以建立农户对政策的信心。

（5）在新一轮退耕还林的启动与实施的同时，许多旧一轮退耕地块面临补偿结束，延安地区率先参与退耕还林，补偿到期的地块占较大比例，且补偿到期后农户的复耕意愿也相对较高，巩固退耕还林成果面临挑战。课题组在陕北延安吴起县调查的情况是，退耕补贴在2015年底期满的（即1999年及以前退耕的）地块占82.7%。补助到期后有复耕意愿的退耕地块比例是35.75%。这些地块以生态林为主，离家和村主要公路较近，土地质量较好，无退耕林权证，补偿标准较低，退耕机会成本较高等。

与无复耕意愿的农户相比，有复耕意愿的农户有以下几方面特征：①人口与家庭生计方面，有更多的劳动人口且较强的风险偏好，对农业收入相对更依赖，愿意继续务农，而从事林业生产的比例较低，对政策补贴的依赖性较小；②粮食安全方面，人均耕地更小且面临更高的食物现金消费；③对政策设计与实施的认知与态度方面，实际补偿标准与他们的补偿意愿差距相对更大，认为政策实施存在更多问题，如政策透明性，缺少参与自主权等。尤其是在生态林比例较高的延安地区，复耕行为会对生态造成较大威胁，且依据计划复耕地块特征，如将近一半的复耕地块质量差、交通不便，因此复耕后对农户的生产收益并不乐观。

（6）对中国进一步实施退耕还林工程和巩固退耕还林成果提出如下政策建议：①继续开展以退耕还林为重点的林业生态建设，扩大新一轮退耕还林的覆盖面，做到应退尽退，同时增加退耕还林工程荒山荒坡治理和自然封育项目；②针对农户退耕地上收入少，退耕后续产业发展不足，建议继续在西部退耕地区实施巩固退耕还林成果专项规划，或其他农村扶贫与发展项目，且集中于补植补造、后续产业和基本农田改造；③结合主体功能区规划，调整粮食主产区和生态功能区基本农田任务的设计；④退耕还林补贴低于退耕地块的机会成本，部分退耕农户仍有复耕风险，建议提高退耕还林的补助标准，建立与物价水平相适应的退耕还林补助的动态调整机制；⑤将补贴到期的退耕造林地全部纳入国家级生态公益林，且区分存量与新增的生态公益林，提高退耕造林地的生态补偿标准；⑥加强技术指导，提高退耕还林工程的质量；⑦推动退耕林地的集中和流转，积极探索和培育龙头企业与退耕农户的利益联结机制，发展林业集中经营，延长产业链条；⑧建议对基层核定和增加退耕还林工程管理经费。

5. 不同家庭结构的农户有着不同的效用偏好，从而资源配置也存在差异，为识别不同家庭结构的农户在生计资本、生计活动以及生计后果等方面的差异，将农户调查样本依据家庭结构分为六类：H1：有老人（大于或等于 65 岁）、成年劳动力（大于 15 岁且小于 65 岁）和孩子（小于或等于 15 岁）的农户；H2：只有成年劳动力和老人；H3：只有成年劳动力和孩子；H4：只有老人和孩子；H5：只有成年劳动力；H6：只有老人

（1）依托农户可持续生计框架，使用 OLS 和 TOBIT 模型分析退耕还林政策对不同家庭结构农户的农林业收入、总收入、本地打工收入、外地打工收入等影响的计量经济分析结果显示，农户的五大生计资本不同程度地影响着各项收入。其中，反映人力资本质量的家庭平均教育水平变量对农业纯收入、本地打工收入和总纯收入均有显著的正向影响，而外地打工收入则主要受劳动力数量的影响；土地数量对农业纯收入影响并不显著，但显著影响着打工收入，且对外地打工收入和本地打工收入的作用相反；金融可及性和家庭特殊经历人数分别反映农户金融资本和社会资本，住房面积和房屋价值等级反映农户的物质资本，它们均对家庭总纯收入有显著正向影响。村距城镇的距离这一社区变量也对农户收入有着重要的影响。

（2）考虑到家庭结构的差异，退耕对农户收入的影响也不同。对于家中有老人、成年劳动力和孩子的 H1 型农户，退耕对其收入的促进作用最为明显，对农业收入和外地打工收入均有显著正向影响，且不考虑退耕补偿时，仍对总收入有显著正向影响；对于家中只有老人和成年劳动力的 H2 型农户，退耕同样对农业收入、外地打工收入和总收入有着显著的正向影响，但是在剔除退耕补偿收入之后，总收入变量变得不显著，说明退耕对 H2 型农户总收入促进作用主要源于退耕补偿的效应；对于家中只有成年劳动力和孩子的 H3 型农户，退耕对农业收入和外地打工收入有显著正向作用，而对总收入和本地打工收入影响不显著；家中只有成年劳动力的 H5 型农户的生产时间配置最为灵活自由，退耕对农业收入、总收入以及除去退耕补偿的收入水平均有显著正向影响，对打工收入作用不显著。

（3）在农户层次和个体劳动力层次分析退耕对农户外出务工影响的分析结果显示，①在农户层面，退耕户在外出务工比例、打工劳动力数量尤其是外地务工劳动力方面均显著多于非退耕户，且退耕户在人力资本（家庭劳动力规模和家庭教育水平）、自然资本（耕地、林地）等方面也显著优于非退耕户。而在控制家庭及个人等因素后，退耕还林对农户是否打工以及外出务工人数均无显著影响，而家庭人力和受教育水平以及户主年龄对外出务工决策和打工人数有着显著影响，家庭劳动力负担和林地面积也会影响农户外出务工的人数；②在个体劳动力层面，退耕劳动力的中共党员比例、掌握某项手艺或技术的比例以及接受过培训的比例均显著高于非退耕户家中的劳动力，但他们在外出务工比例和打工收入方面均无显著差异。在控制了家庭、个人等因素之后，退耕还林对个体劳动力是否打工及打工收入同样无显著影响。此外，计量分析结果发现个人特征在个体劳动力外出务工决策中起着关键作用，但是对打工收入并无显著影响，家庭劳动力负担、人均耕地和林地情况对打工收入有显著影响。总之，无论在农户还是个体劳动力层次，调查地农户参加退耕还林行为均未对外出务工起到显著的促进作用，退耕还林政策未能有效实现当地农村产业结构的调整，促进当地农村劳动力发展兼业或非农活动。

6. 生态补偿项目、农村扶贫与发展项目（如生态移民、农村教育、健康、促进性别平等的发展项目）往往同时具有多个社会、经济、环境的目标，需要兼顾发展与保护，具有生态保护与促进农村发展的双重目标。两类公共政策或政府干预项目在目标、生态手段、实施机制等方面也存在一些共同点或相互可借鉴之处

生态补偿项目、农村扶贫与发展项目都为正向激励措施，大多均是由政府财政支持，政府自上而下来组织实施，兼具生态保护与促进农村发展的双重目标，它们有许多值得研究的异同点，通常均关注农户对土地的产权、项目实施成本、农户的机会成本。但更多的研究者认为两者有各自的主要目标，难以兼顾保护与发展，尤其是国外研究者对于生态保护项目的社会影响或者以社区为基础的保护方式也存在着激烈的争论。

陕西省安康市 PES 和 ICDP 项目有不同的类型，但均是以政府为主导的、多目标的、积极的激励政策。但两者目标、侧重点不同，其目标瞄准、补偿或补助方案、监督考评、实施绩效也有所差异。在达到环境保护与发展的双重目标上，安康的 PES 和 ICDP 仅停留在政策导向层面，在方案设计、实施和评估过程中缺乏相应的考虑，主要体现在：①目标瞄准与目标设定不完全一致；②补偿/补助方案设计与目标之间存在偏差；③监管考评与目标设定不完全匹配；④资金或收益分配情况对实现项目目标有重要影响。根据对安康生态补偿与农村综合发展项目的比较分析，有如下对策建议：提高项目瞄准对象的精准程度；完善对农户的补偿/补助方案的设计，促进农户实现生计转型；完善项目的监督考评体系，促进环境保护和农村发展双赢目标的实现。

进一步地，本书利用本课题组在陕西安康市的抽样调查数据，采用倾向得分匹配法有效处理了样本自选择问题，并对农户参与开发式和补贴式项目的收入效应进行了分析。从样本均值来看，开发式项目组、补贴式项目组和非项目组农户的人均纯收入分别为 10703.91 元、5581.86 元和 5521.95 元，但无论采用哪种匹配算法，PSM 方法估计的扶贫项目对农户收入的影响效果都不高或不显著。因此，在对两类项目组和非项目组农户进行单纯比较时，包含的选择性偏差会导致扶贫项目对农户收入效应的过高估计。此外，以开发式项目为载体的减贫方式能显著提高农户人均纯收入，而补贴式项目在本研究中并未表现出显著影响，两者除对农户人均农林种植纯收入、家畜养殖收入和非农经营活动纯收入的影响程度和显著性不存在差异之外，其他指标均有明显差别，特别是单位耕地农作物产量和家庭现金收入比例这两个指标，两者呈现完全相反方向的显著影响。另外，开发式项目对农户外出务工收入和其他收入均有显著影响，这是其区别于补贴式项目的收入净效应最直接的体现，而且从总体上看，其对农户的增收效应要比补贴式项目更大。

7. 陕南移民搬迁在减灾扶贫、改善民生、促进发展、保护生态等方面取得了良好成效。本书依据社会—生态系统的恢复力与适应力理论，构建了移民搬迁农户的适应力分析理论框架，实证分析显示安康移民搬迁户的生计适应策略类型有传统生计专业化、非农生计专业化、政府补贴依赖型和多样化生计，但贫困户搬迁之后的生计适应、生计安全状况令人担忧

早在 2011 年 5 月陕西省委、省政府启动了陕南移民搬迁工程。"十三五"期间，陕西省将按照搬得出、稳得住、能致富的目标，全面推进和实施易地扶贫搬迁工程。根据陕西省"十三五"易地扶贫搬迁工作实施方案，陕西省"十三五"时期易地扶贫搬迁总规模约为 66 万户 235 万人，其中建档立卡贫困人口 35.5 万户125万人，同步搬迁的其他农户30.5万户110万人。

（1）陕南移民搬迁在减灾扶贫、改善民生、促进发展、保护生态等方面取得良好成效。陕南移民搬迁涉及搬迁对象占陕南总人口超过1/4，陕南移民搬迁推动广大农民向城镇居民、职业农民、产业工人以及创业主体转变，促进传统农业向园区化、集约化、规模化的现代农业转变，加快传统农村向基础设施完备、基本服务配套的新型农村社区转变，探索了协调推进城镇化与新农村建设的新路径，已经成为陕南地区解决"三农"问题、统筹城乡一体发展的"总抓手"。陕南移民搬迁带来人口布局、产业结构等诸多调整变化，引发人民群众的生活方式与发展方式和社会治理、公共服务等一系列重大而深刻的变革，具有广泛而深远的意义。

（2）对课题组2011年11月在安康收集的农户调查数据的描述性统计分析结果显示，搬迁户的家庭规模显著大于非搬迁户，搬迁户的家庭劳动力和家庭男性劳动力也显著高于非搬迁户的平均水平。搬迁户家庭成员初中以上文化程度的比例（44.18%）显著高于非搬迁户（40.91%）；曾有村干部经历、参加培训或有手艺或技术的比例在搬迁户与非搬迁户之间无显著差异。搬迁户家庭纯收入（无论是现金纯收入还是家庭纯收入）、家庭现金纯收入占比和人均纯收入均显著高于非搬迁户；搬迁户的贫困发生率为29.0%，显著低于非搬迁户的贫困发生率（36.3%）。

（3）大多数农户对搬迁后的家庭生活总体情况是满意的，占77%，对搬迁后生活不满意的农户仅占3.1%。农户搬迁后会面临农林业、养殖损失、借钱盖房还款压力大、无法找到打工等就业机会、缺少农林业用地、缺少公共服务设施等困难和亟待解决的问题。

（4）在陕南移民搬迁工程的实施、农村减贫政策、农村土地政策、新型城镇化等方面提出以下对策建议：①由于易地扶贫移民搬迁工程在一定程度上仍然存在着"搬富不搬穷"的情况，多方面筹资，增加搬迁补贴；②推进以"还权赋能"为核心的农村产权制度改革，推进农村土地的确权颁证、促进产权交易等，促进农村产权向资本转化，增加农民的财产性收入，实现搬迁农户带着财产进城；③对与原承包地距离较远的搬迁农户，结合我国当前的深化农村土地制度改革等措施，促进原迁出地的土地流转，确保搬迁农户的土地权益，建立离土离乡的制度安排；④对易地移民搬迁户的原迁出地，要实施生态修复，需要加大实施新一轮退耕还林政策，争取新一轮退耕还林工程的指标；⑤加大政府投入力度，完善易地移民搬迁工程的精准、有效的帮扶措施；⑥在陕南移民搬迁安置点建立新型社区，逐步推动陕南移民搬迁安置社区的"村改居工程"，提高集中安置点的社区管理水平，以及提高迁入地社区的基本公共服务水平，如完善搬迁户的户籍管理、养老保险等，从而深入推动迁入地的新型城镇化等。

（5）对易地移民搬迁农户的适应策略和适应力构建了理论研究框架，并通过安康已经搬迁农户的调查数据，实证分析了安康移民搬迁农户的生计适应策略、适应力感知及其影响因素，主要有如下发现：移民搬迁工程受到农民普遍欢迎，绝大多数表示搬迁之后收入增加或者不变，仅有12.5%的被调查搬迁农户表示搬迁之后收入减少了。移民搬迁工程促进了当地群众的脱贫致富、提高了生活水平和福祉，促进了新型城镇化，也有利于这一地区长远的生态保护。但调查显示，越是高收入户，其越表示收入增加、搬迁后'稳得住、能致富'的情况则越好；而贫困户搬迁之后的生计适应、生计安全状况令人担忧。尤其是计量经济分析结果显示，政府主导的移民安置方式、搬迁类型、搬迁户所获得的扶贫项目数对搬迁户生计适应情况并没有显著的影响，搬迁户也没有随着搬迁时间的增加而提高其适应力；当地搬迁户劳动力存在一些闲置、家庭土地林地需要进一步提高生产经营效率、搬迁户缺乏后续产业支持等问题。总之，针对移民搬迁农户这一特殊弱势群体，地方政府仍需要进一步完善移民搬迁方案和对移民搬迁农户的精准帮扶措施，提高其适应力。

8. 旅游扶贫是精准扶贫的重要形式。本书提出了建立利益分享机制，发展农村集体经济，协调好政府、外部旅游开发商、社区、农户多个利益主体下的"资源变资本、村民变股民、农民变市民"的精准旅游扶贫模式

受主体功能区发展定位的限制，许多重点生态功能区积极发展生态产业和特色产业，如生态旅游、生态农业等。近年来，中国乡村旅游发展迅速，随着城乡一体化进程推进，乡村旅游本身进入一二三产业融合升级阶段。

（1）中国政府近年来出台了鼓励乡村旅游发展的土地政策。如《关于支持旅游业发展用地政策的意见》中提出，"在符合土地利用总体规划、县域乡村建设规划、乡和村庄规划、风景名胜区规划等相关规划的前提下，农村集体经济组织可以依法使用建设用地自办或以土地使用权入股、联营等方式与其他单位和个人共同举办住宿、餐饮、停车场等旅游接待服务企业。农村集体经济组织以外的单位和个人，可依法通过承包经营流转的方式，使用农民集体所有的农用地、未利用地，从事与旅游相关的种植业、林业、畜牧业和渔业生产。支持通过开展城乡建设用地增减挂钩试点，优化农村建设用地布局，建设旅游设施"。现实中，我国农村土地流转参与旅游经营的形式有入股、出租、转包等多种方式。随着我国农村土地制度改革的深入，西部贫困山区发展旅游业需要合理利用土地，充分利用国家鼓励乡村旅游发展的土地政策，确保农民的土地权益，规避土地利用的风险等。

（2）被调查农户参与乡村旅游活动的程度不同，根据收入来源占家庭总收入的比重，可以将安康调查地农户生计类型进行了分类，共分为传统务农型、打工主导型、非农依赖型、旅游兼营型和旅游依赖型五种不同的生计类型。

（3）安康山区发展乡村旅游业尚处于初级阶段，农村社区参与旅游活动缺乏科学、合理的组织和制度安排，有以下特征和问题：①农户参与旅游业的途径有限，旅游利益分享机制不完善和不规范；②贫困地区资金有限，往往引入外部的旅游开发商进行旅游资源的开发，农村社区与旅游开发商的矛盾主要集中于征地；③与一般的开发式扶贫措施类似，地方政府对农民的帮扶措施少，资金有限，且扶贫资金和项目向有能力的中高收入农户倾斜。一些受益广的扶贫项目，如劳动力培训等，往往也不能转化为农民参与旅游经营的具体形式或收入；④当地农民自发式地参与旅游经营，规模和收益都很有限，尤其是农村社区组织层面未发挥作用，缺乏集体经济，缺乏参与旅游发展的产权途径，农民参与旅游的自组织化程度低，自身也缺乏开拓市场的能力或有能力来自主吸引外来资本；⑤旅游生态补偿缺乏法律依据、不规范，农民对生态保护的贡献、生产生态服务的正外部性无法获得补偿。

（4）从利益相关者的角度来看，当地发展乡村旅游业存在地方政府、外部旅游开发商、农村社区、农户多个利益主体，但农村社区和农户处于相对被动、弱势的地位，需要理顺地方政府、开发商、社区之间的关系。

（5）本书提出政府扶贫资金入股、协调好政府、外部旅游开发商、社区、农户多个利益主体下的"资源变资本、村民变股民、农民变市民"的农村集体经济发展模式的西部集中连片贫困区精准旅游扶贫模式。首先，在理顺地方政府、开发商、社区和农户四者利益关系的基础上，以农民的可持续生计为目标；其次，完善旅游扶贫的制度环境，明晰农户和社区的土地、林地的产权，明晰农民所拥有的真正产权权利束的基础上，基于中国农村土地制度改革，完善旅游开发的农村土地利用政策、农地流转政策，保护农民的土地权益和对农民土地进行强权赋能。再次，政府实施精准旅游扶贫，创新旅游收益分享机制，尤其是在深化农村土地制度改革、农村产权制度改革的基础上，发展农村集体经济，规范和改革旅游业用地政策（包括用城乡建设用地增减挂钩来支持旅游业发展），创新农村土地流转机制，维护农民的土地权益，促进农村旅游开发过程中的土地资本化，增加农民的财产性收入；最后，在旅游推进新型城镇化、城乡一体化过程中，乡村旅游促进农村产业融合、农村社区化、农民就地就近市民化，促进农户的可持续生计。

三、未来需要深入研究的方向

西部重点生态功能区人口资源与环境可持续发展的研究内容十分丰富，本书的内容无法涵盖这一庞大主题。本书更多的是从农户生计与公共政策分析这两个视角来研究西部重点生态功能区的人口资源与环境可持续发展。未来这一领域可以深入研究的方向如下：

（1）扩展研究内容，尤其是结合当前农业供给侧改革、我国社会经济发展的新动态等，如新型城镇化如何有助于推动这一地区的人口资源与环境的可持续发展；这一地区如何实现农业现代化与新型城镇化的相协调、工业化与农业现代化相互促进；对农户致贫原因的深入理论研究与实证分析；如何在这一地区发展农业新型经营主体、如何建立企业与贫困户的利益联结机制、如何推动这一地区农村产业的融合发展；对当前精准扶贫工程中的农村电子商务、光伏扶贫、生态综合补偿脱贫一批等进行研究；这一地区广泛存在各种国家或地方性的生态保护政策、生态建设工程、农村扶贫与发展项目等，本书主要尝试对退耕还林工程、易地扶贫移民搬迁工程、旅游扶贫进行了深入的理论和实证研究等，未来也可以再拓展到一些更具体的政策类型，如对小流域治理、生态公益林补偿、劳动力培训、小额信贷、扶贫互助资金等做更深入、细致的研究等；

（2）丰富研究方法，如在获取重点生态功能区农户生计跟踪调查数据的基础上，利用面板数据等分析这一地区农户的生计行为、生计后果及公共政策对农户生计的作用机制，从多方面、多种计量经济学方法来分析这些地区农户生计形成的因果关系及规律；使用生态经济、环境经济学等方法对公共政策所带来的生态效益进行定量分析；采用实验经济学方法模拟分析这一地区公共政策的不同属性与农户偏好行为；采用宏观经济分析模型，如社会核算矩阵、可计算一般均衡分析模型等对这一地区人口资源与环境可持续发展的公共政策效应及其宏观影响进行模拟分析等。

参 考 文 献

1. 阿玛蒂亚·森. 以自由看待发展. 任赜, 于真译. 中国人民大学出版社, 2002.

2. 艾利斯. 农民经济学: 农民家庭农业和农业发展. 胡景北译. 上海人民出版社, 2006.

3. 白永秀等. 西部地区城乡经济社会一体化战略研究. 人民出版社, 2014.

4. 陈冰波. 主体功能区生态补偿. 社会科学文献出版社, 2009.

5. 陈波, 支玲, 董艳. 我国退耕还林政策实施对农村剩余劳动力转移的影响——以甘肃省定西市安定区为例. 农村经济, 2010 (5): 25 - 28.

6. 陈志永, 李乐京, 李天翼. 郎德苗寨社区旅游: 组织演进、制度建构及其增权意义, 旅游学刊, 2013, 28 (6): 75 - 86.

7. 陈志永, 杨桂华. 民族贫困地区旅游资源富集区社区主导旅游发展模式的路径选择. 黑龙江民族丛刊, 2009 (2): 52 - 63.

8. 邓大才等. 国家惠农政策的成效评价与完善研究. 经济科学出版社, 2015.

9. 丁四保等. 主体功能区的生态补偿研究. 科学出版社, 2009.

10. 樊胜根, 邢郦, 陈志钢. 中国西部地区公共政策和农村贫困研究. 科学出版社, 2010.

11. 范小建. 完善国家扶贫战略和政策体系研究. 中国财政经济出版社, 2011.

12. 冯凌. 土地持续利用与农民福利提升的生态服务价值补偿. 旅游教育出版社, 2011.

13. 冯淑怡, 曲福田, 等. 农村发展中环境管理研究. 科学出版社, 2014.

14. 高国力, 等. 我国主体功能区划分与政策研究. 中国计划出版社, 2008.

15. 郭文, 黄震方. 乡村旅游开发背景下社区权能发展研究——基于对云南傣族园和雨崩社区两种典型案例的调查. 旅游学刊, 2011, 26 (12): 83 - 92.

16. 国家林业局. 2014 国家林业重点工程社会经济效益监测报告. 中国林业出版社, 2014.

17. 国家林业局. 2015 国家林业重点工程社会经济效益监测报告. 中国林业

出版社，2015.

18. 国务院发展研究中心和世界银行联合课题组. 中国：推进高效、包容、可持续的城镇化. 管理世界, 2014 (4): 5-41.

19. 国务院发展研究中心农村部课题组. 从城乡二元到城乡一体——我国城乡二元体制的突出矛盾与未来走向. 管理世界, 2014 (9): 1-12.

20. 国务院扶贫办. 中国农村扶贫开发纲要实施效果的评估报告（2001~2010), 2010.

21. 韩洪云, 史中美. 中国退耕还林工程经济可持续性分析——基于陕西省眉县的实证研究. 农业技术经济, 2010 (4): 85-91.

22. 韩念勇. 中国自然保护区可持续管理政策研究. 自然资源学报, 2000 (3): 201-207.

23. 何得桂. 山区避灾移民搬迁政策执行研究：陕南的表述. 人民出版社, 2016.

24. 胡文海. 基于利益相关者的乡村旅游开发研究——以安徽省池州市为例. 农业经济问题, 2008 (7): 82-86.

25. 胡霞. 退耕还林还草政策实施后农村经济结构的变化——对宁夏南部山区的实证分析. 中国农村经济, 2005, (5): 63-70.

26. 胡仪元等. 汉水流域生态补偿研究. 人民出版社, 2014.

27. 黄贤金, 钟太洋, 陈志刚等. 农业政策改革、要素市场发育与农户土地利用行为研究. 南京大学出版社, 2013.

28. 黄震方, 顾秋实, 袁林旺. 旅游目的地居民感知及态度研究进展, 南京师大学报（自然科学版), 2008, 31 (2): 111-118.

29. 黄祖辉等. 我国土地制度与社会经济协调发展研究. 经济科学出版社, 2010.

30. 蒋依依, 宋子千, 张敏. 旅游地生态补偿研究进展与展望. 资源科学, 2013, 35 (11): 2194-2201.

31. 课题组. 中国生态补偿机制与政策研究. 科学出版社, 2007.

32. 孔凡斌, 潘丹, 廖文梅. 中央苏区生态环境保护与特色资源综合开发利用研究. 中国环境出版社, 2013.

33. 孔凡斌. 中国生态补偿机制：理论、实践与政策设计. 中国环境科学出版社, 2010.

34. 孔凡斌. 鄱阳湖生态经济区环境保护与生态扶贫问题研究. 中国环境科学出版社, 2011.

35. 黎洁. 社区参与旅游发展理论的若干经济学质疑. 旅游学刊, 2001 (4): 44-47.

36. 黎洁. 西部农村社区发展生态旅游的就业与收入分配实证研究. 旅游学刊, 2005 (3)：18-22.

37. 黎洁, 李亚莉, 邰秀军, 李聪. 可持续生计分析框架下西部贫困退耕山区农户生计状况分析. 中国农村观察, 2009 (5)：71-77.

38. 黎洁, 杨林岩, 刘俊. 西部农村社区参与式森林资源管理的影响因素研究. 中国行政管理, 2009 (11)：23-26.

39. 黎洁, 李树苗. 退耕还林工程对西部农户收入的影响：对西安周至县南部山区乡镇农户的实证分析. 中国土地科学, 2010 (2)：57-63.

40. 黎洁, 李树苗, 费尔德曼. 山区农户林业相关生计活动类型及影响因素研究. 中国人口资源与环境, 2010, 20 (8)：8-16.

41. 黎洁, 任林静, 李树苗. 我国森林生态效益补偿政策与贫困山区农户生计分析, 2013 中国社会管理年度报告, 2013.

42. 黎洁. 陕西安康移民搬迁农户的生计适应策略与适应力感知, 中国人口资源与环境, 2016, 26 (09)：44-52.

43. 李聪, 柳玮, 冯伟林等. 移民搬迁对农户生计策略的影响——基于陕南安康地区的调查. 中国农村观察, 2013 (6)：31-44.

44. 李聪, 李树苗, 菲尔德曼. 微观视角下劳动力外出务工与农户生计可持续发展. 社会科学文献出版社, 2014.

45. 李国平, 刘倩, 张文彬. 国家重点生态功能区转移支付与县域生态环境质量——基于陕西省县级数据的实证研究. 西安交通大学学报 (社会科学版), 2014, 34 (2)：27-31.

46. 李桦, 姚顺波, 郭亚军. 退耕还林对农户经济行为影响分析——以全国退耕还林示范县吴起县为例. 中国农村经济, 2006, (10).

47. 李佳, 钟林生, 成升魁. 中国旅游扶贫研究进展. 中国人口·资源与环境, 2009, 19 (3)：156-162.

48. 李佳, 钟林生, 成升魁. 民族贫困地区居民对旅游扶贫效应的感知和参与行为研究——以青海省三江源地区为例. 旅游学刊, 2009, 24 (8)：71-76.

49. 李培林, 王晓毅. 生态移民与发展转型——宁夏移民与扶贫研究. 社会科学文献出版社, 2013.

50. 李树苗, 梁义成, Marcus W. Feldman 等. 退耕还林政策对农户生计的影响研究——基于家庭结构视角的可持续生计分析. 公共管理学报, 2010 (2)：1-10+122.

51. 李文华, 李芬, 李世东等. 森林生态效益补偿的研究现状与展望. 自然资源学报, 2006, 21 (5).

52. 李文华, 李世东, 李芬等. 森林生态补偿机制若干重点问题研究. 中国人口资源与环境，2007，17（2）：13－18．

53. 李文军，马雪蓉．自然保护地旅游经营权转让中社区获益能力的变化．北京大学学报（哲学社会科学版），2009，46（5）：146－154．

54. 李小云，左婷，靳乐山．环境与贫困：中国实践与国际经验．社会科学文献出版社，2004．

55. 李小云，董强，饶小龙等．农户脆弱性分析方法及其本土化应用．中国农村经济，2007（4）：32－40．

56. 李小云，靳乐山等．生态补偿机制：市场与政府的作用．社会科学文献出版社，2007．

57. 李萱，刘文佳，沈晓悦，王建生．我国环境与健康管理政策框架研究．环境与健康杂志，2013，30（6）：541－545．

58. 李燕琴．旅游扶贫中社区居民态度的分异与主要矛盾——以中俄边境村落室韦为例．地理研究，2011，30（11）：2030－2042．

59. 梁义成，李树苗，黎洁等．中国农村可持续生计和发展研究：基于微观经济学的视角．社会科学文献出版社，2014．

60. 刘坚．新阶段扶贫开发的成就与挑战．中国财政经济出版社，2006．

61. 刘伟，黎洁，李聪，李树苗．西部山区项目扶贫的农户收入效应——来自陕西安康的经验证据．南京农业大学学报（社科版），2014（6）：42－51．

62. 刘伟，黎洁，李聪，李树苗．移民搬迁农户的贫困类型及影响因素分析：基于陕南的抽样调查．中南财经政法大学学报，2015（6）：41－48．

63. 刘彦随，周扬，刘继来．中国农村贫困化地域分异特征及其精准扶贫策略．中国科学院院刊，2016，31（3）：269－278．

64. 刘毅，杨宇．中国人口、资源与环境面临的突出问题及应对新思考．中国科学院院刊，2014（2）：248－257．

65. 刘志超，杜英，徐丽萍等．黄土丘陵沟壑区退耕还林（草）工程的经济效应——以安塞县为例．生态学报，2008（4）：1476－1482．

66. 龙梅，张扬．民族村寨社区参与旅游发展的扶贫效应研究．农业经济，2014（5）：49－49．

67. 娄峰，侯慧丽．基于国家主体功能区规划的人口空间分布预测和建议．中国人口资源与环境，2012，22（11）：68－74．

68. 卢现祥．有利于穷人的制度经济学．社会科学文献出版社，2010．

69. 罗必良等．产权强度、土地流转与农民权益保护．经济科学出版社，2013．

70. 普兰纳布·巴德汉，克利斯托弗·尤迪．微观发展经济学．北京大学出版社，2002．

71. 邱东等. 我国资源、环境、人口与经济承载能力研究. 经济科学出版社, 2014.

72. 曲福田等. 中国工业化、城镇化进程中的农村土地问题研究. 经济科学出版社, 2010.

73. 曲福田, 石晓平, 马贤磊等. 农村发展中土地资源保护机制. 科学出版社, 2014.

74. 孙凤芝, 许峰. 社区参与旅游发展研究评述与展望. 中国人口资源与环境, 2013, 23 (7): 142 – 148.

75. 孙九霞, 保继刚. 从缺失到凸显: 社区参与旅游发展研究脉络. 旅游学刊, 2006, 21 (7): 62 – 68.

76. 孙新章, 谢高地, 张其仔, 周海林等, 中国生态补偿的实践及其政策取向. 资源科学, 2006, 28 (4).

77. 邰秀军, 黎洁, 李树茁. 贫困农户消费平滑研究评述, 经济学动态, 2008, (10): 106 – 110.

78. 邰秀军, 李树茁. 中国农户贫困脆弱性的测度研究. 社会科学文献出版社, 2012.

79. 田世政, 杨桂华. 社区参与的自然遗产型景区旅游发展模式——以九寨沟为案例的研究及建议, 经济管理, 2012 (2): 107 – 117.

80. 汪晖, 陶然. 中国土地制度改革: 难点、突破与政策组合. 商务印书馆, 2013.

81. 汪晶晶, 章锦河, 王群, 黄剑锋. 旅游生态系统能值研究进展. 生态学报, 2015, 35 (2): 584 – 593.

82. 汪侠, 甄峰, 吴小根等. 旅游开发的居民满意度驱动因素——以广西阳朔县为例. 地理研究, 2010, 29 (5): 841 – 852.

83. 汪侠, 吴小根, 章锦河等. 贫困地区旅游开发居民满意度: 差异及其成因: 以桂林市的 3 个贫困村落为例. 旅游科学, 2011, 25 (3): 45 – 56.

84. 王纯阳, 黄福才. 从"社区参与"走向"社区增权"——开平碉楼与村落为例. 人文地理, 2013 (1): 141 – 149.

85. 王国良, 蒋晓华, 吴忠. 中国扶贫政策——趋势与挑战. 社会科学文献出版社, 2005.

86. 王金南, 刘桂环, 张惠远等. 流域生态补偿与污染赔偿机制研究. 中国环境出版社, 2014.

87. 王莉, 陆林. 国外旅游地居民对旅游影响的感知与态度研究综述及启示. 旅游学刊, 2005, 20 (3): 87 – 93.

88. 王五一, 杨林生, 李海蓉, [英] 贺珍怡等. 中国区域环境健康与发展综合分析，中国环境科学出版社，2014.

89. 王振颐. 生态资源富集区生态扶贫与农业产业化扶贫耦合研究，西北农林科技大学学报（社会科学版），2012（6）：70-74.

90. 威廉·J·鲍莫尔，奥兹. 环境经济理论与政策设计. 经济科学出版社，2003.

91. 吴冠岑，牛星，许恒周. 乡村旅游开发中土地流转风险的产生机理与管理工具，农业经济问题 2013，（4）：63-69.

92. 吴伟光，沈月琴，徐志刚. 林农生计：参与意愿与公益林建设的可持续性——基于浙江省林农调查的实证分析，中国农村经济，2008，（6）：55-65.

93. 西安交通大学人口与发展研究所课题组，安康市飞地经济与人口政策研究报告，2015.

94. 谢旭轩，张世秋，朱山涛. 退耕还林对农户可持续生计的影响，北京大学学报（自然科学版），2010，（3）：457-464.

95. 徐晋涛，陶然，徐志刚. 退耕还林：成本有效性、结构调整效应与经济可持续性——基于西部三省农户调查的实证分析，经济学，2004，（4）：139-162.

96. 徐勇. 中国农村与农民问题前沿研究，经济科学出版社，2009.

97. 徐勇，邓大才等. 反贫困在行动：中国农村扶贫调查与实践，中国社会科学出版社，2015.

98. 徐勇，邓大才等. 土地股份合作与集体经济有效实现形式，中国社会科学出版社，2015.

99. 闫喜凤. 生态移民：国家重点森林生态功能区发展的战略选择，理论探讨，2013，（4）：167-170.

100. 杨桂华，张一群. 自然遗产地旅游开发造血式生态补偿研究，旅游学刊，2012，（5）：8-9.

101. 杨云彦，陈浩. 人口、资源与环境经济学，湖北人民出版社，2011.

102. 杨云彦等. 南水北调与湖北区域可持续发展. 武汉理工大学出版社，2011.

103. 杨主泉. 基于社区参与的生态旅游可持续发展研究，旅游教育出版社，2013.

104. 叶敬忠，王伊欢. 发展项目教程. 社会科学文献出版社，2006.

105. 易福金，陈志颖. 退耕还林对非农就业的影响分析. 中国软科学，2006（8）：31-40.

106. 易福金，徐晋涛，徐志刚. 退耕还林经济影响再分析. 中国农村经济，2006（10）.

107. 俞海，任勇. 中国生态补偿：概念、问题类型与政策路径选择. 中国软科学，2008（6）：7-15.

108. 曾伟，陈政宇. 集中连片特困山区"飞地经济"发展对策研究——以湖北五峰土家旅自治县为例. 湖北大学学报（哲学社会科学版），2014（1）：142-145.

109. 张帆. 环境与自然资源经济学. 上海人民出版社，1998.

110. 张国栋，谭静池，李玲. 移民搬迁调查分析——基于陕南移民搬迁调查报告. 调研世界，2013（10）：25-27.

111. 张建云等，农业现代化与农村就地城市化研究——关于当前农村就地城市化问题的调研. 中国社会科学出版社，2012.

112. 张冉，郝斌，任浩. 飞地经济模式与东中合作的路径选择. 甘肃社会科学，2011（2）：187-190.

113. 张伟宾，汪三贵. 扶贫政策、收入分配与中国农村减贫. 农业经济问题，2013（2）：66-75.

114. 张耀军，陈伟，张颖. 区域人口均衡：主体功能区规划的关键. 人口研究，2010（4）：8-19.

115. 张一群，杨桂华. 对旅游生态补偿内涵的思考. 生态学杂志，2012，31（2）：477-482.

116. 张一群，孙俊明，唐跃军等. 普达措国家公园社区生态补偿调查研究. 林业经济问题，2012，32（2）：301-308.

117. 郑志龙. 政府扶贫开发绩效评估研究. 中国社科科学出版社，2012.

118. 中国 21 世纪议程管理中心. 生态补偿：国际经验与中国实践. 社会科学文献出版社，2007.

119. 周福明. 陕南移民扶贫搬迁的安康实践. 当代经济，2014（6）：121-123.

120. 左冰，保继刚. 从社区参与走向社区增权：西方旅游增权理论研究述评. 旅游学刊，2008，23（4）：58-63.

121. 左冰. 西双版纳傣族园社区参与旅游发展的行动逻辑——兼论中国农村社区参与状况. 思想战线，2012，38（1）：100-104.

122. 左冰，保继刚. 社区增权，制度增权：社区参与旅游发展之土地权利变革. 旅游学刊，2012，27（2）：23-31.

123. Adams W. M. , Ros Aveling, Dan Brockington, Barney Dickson, Elliott J. , Hutton J *et al.*. Biodiversity Conservation and the Eradication of Poverty, 2004, 306, Science, 1146-1150.

124. Ahebwa W. M. , Duimm R. , Sandbrook C. Tourism Revenue Sharing Policy

at Bwindi Impenetrable National Park, Uganda: a Policy Arrangements Approach, Journal of Sustainable Tourism, 2012, 20 (3): 377 – 394.

125. Amacher, G. , Hyde, W. , & Kanel, K. R. Household Fuelwood Demand and Supply in Nepal's tarai and mid-hills: Choice Between Cash Outlays and Labour Opportunity. World Development, 1996, 24 (11): 1725 – 1736.

126. Amacher, G. , Hyde, W. , & Kanel, K. R. Nepali Fuelwood Production and Consumption: Regional and Household Distinctions, Substitution, and Successful Intervention. Journal of Development Studies, 1999, 35 (4): 138 – 163.

127. Amartya Sen. Resources, Values and Development. Oxford: Basil Blackwell, 1984.

128. Amartya Sen. Commodities and Capabilities. Amsterdam: North-Holland, 1985.

129. Antle J. M. , Jetse J. Stoorvogel, Agricultural carbon sequestration, poverty and sustainability, Environment and Development Economics, 2008, 13: 327 – 352.

130. Aref F. , Barriers to community capacity building for tourism development in communities in Shiraz, Iran, Journal of Sustainable Tourism, 2011, 19 (3): 347 – 359.

131. Arnold, M. , Kohlin, G. , &Persson, R. Woodfuels, Livelihoods, and Policy Interventions: Changing Perspectives. World Development, 2006, 34 (3): 596 – 611.

132. Balana B. B. , Vinten A. , Slee B. , A review on Cost-effectiveness analysis of agri-environmental measures related to the EU WFD: Key issues, methods and applications, Ecological Economics, 2011, 70: 1021 – 1031.

133. Baland et al. , 2010; Baland, J. -M. , Bardhan, P. , Das, S. , Mookherjee, D. , & Sarkar, R. The Environmental Impact of Poverty: Evidence from Firewood Collection in Rural Nepal. Economic Development and Cultural Change, 2010, 59 (1): 23 – 61.

134. Bebbington A. , Capitals and Capabilities: A Framework for Analyzing Peasant Viability, Rural Livelihoods and Poverty, World Development, 1999, 27 (12).

135. Ben Groom, Pauline Grosjeany, Andreas Kontoleonz et al. Relaxing Rural Constraints: a "win-win" Policy for Poverty and Environment in China. Oxford Economic Papers, 2010 (62): 132 – 156.

136. Bennett M. T. , China's Sloping Land Conversion Program: Institutional innovation or business as usual?, Ecological Economics, 2008, 65: 699 – 711.

137. Bennett N. , Lemelin R. H. , Koster R. , et al. , A Capital Assets Frame-

work for Appraising and Building Capacity for Tourism Development in Aboriginal Protected Area Gateway Communities, Tourism Management, 2012, 33: 752 – 766.

138. Borner J. , Wunder S. , Wertz-Kanounnikoff S. , Rugnitz Tito M. , *et. al*, Direct Conservation Payments in the Brazilian Amazon: Scope and Equity Implications, Ecological Economics, 2010, 69: 1272 – 1282.

139. Börnera J, Mendoza A, Vostic S. A. , Ecosystem Services, Agriculture, and Rural Poverty in the Eastern Brazilian Amazon, Ecological Economics, 2007, 64: 356 – 373.

140. Bramwell B, Sharman A. Collaboration in Local Tourism Policymaking. Annals of Tourism Research, 1999, 26 (2): 392 – 415.

141. Bulte E. H. , Lipper L. , Stringer R. , Zilberman D. , Payments for Ecosystem Services and Poverty Reduction: Concepts, Issues, and Empirical Perspectives, Environment and Development Economics, 2008, 13: 245 – 254.

142. Carney, D. Sustainable Livelihoods Approaches: Progress and Possibilities for Change. London: Department for International Development, 2002.

143. Chambers, R. and Conway, G. Sustainable Rural Livelihoods: Practical Concepts for The 21st Century, IDS Discussion Paper 296. Brighton: Institute of Development Studies, 1992.

144. Chaudhuri S. , Jalan J. , Suryahadi A. , Assessing Household Vulnerability to Poverty from Cross Sectional Data: a Methodology and Estimates from Indonesia. Discussion Paper, Columbia University, 2002: 1 – 35.

145. Chen L. , NicoHeerink, Marrit van den Berg, Energy Consumption in Rural China: A Household Model for Three Villages in Jiangxi Province, Ecological Economics, 2006, 58: 407 – 420.

146. Chen X. , Lupi F. , Liu J. , Linking Social Norms to Efficient Conservation Investment in Payments for Ecosystem Services, Proceeding of National Academy of Science of the USA, 2009, 106 (28).

147. Chen X. , Lupi F. , Vina A. , He G. , Liu J. , Using Cost-Effective Targeting to Enhance the Efficiency of Conservation Investments in Payments for Ecosystem Services, Conservation Biology, 2010, 24 (6): 1469 – 1478.

148. Cooke, P. , Hyde, W. , Kohlin, G. Fuelwood, Forests and Community Management-Evidence from Household Studies. Environment and Development Economics, 2008, 13: 103 – 135.

149. Corbera E. , Kosoy N. , Tunad M. , Equity Implications of Marketing Ecosystem Services in Protected Areas and Rural Communities: Case Studies from Meso-

America, Global Environmental Change, 2007: 365 – 380.

150. Corbera E., Soberanisc C. G., Browna K., Institutional Dimensions of Payments for Ecosystem Services, Ecological Economics, 2009: 743 – 761.

151. Coria J., Calfucura E., Ecotourism and the Development of Indigenous Communities: The good, the Bad, and the Ugly, Ecological Economics, 2012, 73: 47 – 55.

152. Daily G. C., Polasky S., Goldstein J., Kareiva P. M., Mooney H. A,, Pejchar L., Ricketts T. H., Salzman J. Ecosystem Services in Decision Making: Time to Deliver, Frontier in Ecology and Environment, 2009, 7 (1): 21 – 28.

153. Davis, M., Rural Household Energy Consumption: the Effects of Access to Electricity-Evidence from South Africa, Energy Policy, 1998, 26: 207 – 217.

154. Demurger S., Fournier M. Poverty and Firewood consumption: A Case Study of Rural Households in Northern China, China Economic Review, 2011, 22: 512 – 523.

155. Duraiappah, A. K. Poverty and Environmental Degradation: A Review and Analysis of the Nexus. World Development, 1998, 26 (12): 2169 – 2179.

156. Ellis, F., Rural Livelihoods and Diversity in Developing Countries, New York: Oxford University Press, 2000.

157. Engel S., Pagiola S., Wunder S., Designing Payments for Environmental Services in Theory and Practice: An Overview of the Issues, Ecological Economics, 2008, 65: 663 – 674.

158. Farsi, M., Filippini, M., Pachauri, S. Fuel Choices in Urban Indian Households. Environment and Development Economics, 2007, 12: 757 – 774.

159. Ferraro P. The Local Costs of Establishing Protected Areas in Low-Income Nations: Ranomafana National Park, Madagascar, Ecological Economics, 2002, 43: 261 – 275.

160. Ferraro P. J. Asymmetric Information and Contract Design for Payments for Environmental Services, Ecological Economics, 2008, 65: 810 – 821.

161. Ferraro P., Hanauer M., Protecting Ecosystems and Alleviating Poverty with Parks and Reserves: "Win – Win" or Tradeoffs?, Environment and Resource Econcomics, 2011, 48: 269 – 286.

162. Ferraro P., Kiss Agnes, Direct Payments to Conserve Biodiversity, Science, 2002, 298: 1718 – 1719.

163. Gauvin C., Emi Uchida, Scott Rozelle, Jintao Xu, Jinyan Zhan, Cost-Effectiveness of Payments for Ecosystem Services with Dual Goals of Environment and Poverty Alleviation, Environmental Management, 2010, 45: 488 – 501.

164. Graff-Zivin J. , Lipper L. , Poverty, Risk, and the Supply of Soil Carbon Sequestration, Environment and Development Economics, 2008, 13: 353 – 373.

165. Grieg-Gran M. , PORRAS I. , Wunder S. , How Can Market Mechanisms for Forest Environmental Services Help the Poor? Preliminary Lessons from Latin America, World Development, 2005, 33 (9): 1511 – 1527.

166. Groom B. , Grosjean P. , Kontoleon A. , et al. , Relaxing rural constraints: a "win-win" policy for poverty and environment in China?, Oxford Economic Papers, 2010, 62: 132 – 156.

167. Groom B. , Palmer C. , Cost-effective provision of environmental services: the role of relaxing market constraints, Environment and Development Economics, 2010, 15: 219 – 240.

168. Grosjean P. , Kontoleon A. How sustainable are sustainable development programs? The case of the Sloping Land Conversion Program in China. World Development, 2009, 37 (1): 268 – 285.

169. Gundimeda, H. , & Kohlin, G. Fuel demand elasticies for energy and environment studies: Indian sample survey evidence. Energy Economics, 2008, 30 (2): 517 – 546.

170. Heltberg, R. , Arndt, T. C. , Sekhar, N. U. Fuelwood consumption and forest degradation: ahousehold model for domestic energy substitution in rural India. Land Economics, 2000, 76: 213 – 232.

171. Holden S. , Barrett C. B. , Hagos F. , Food-for-work for poverty reduction and the promotion of sustainable land use: can it work? Environment and Development Economics, 2006 (11): 15 – 38.

172. Jack B. K. , Kousky C. , Sims K. R. E. , Designing payments for ecosystem services: Lessons from previous experience with incentive-based mechanism, Proceeding of National Academy of Science of the USA, 2008, 105 (28): 9465 – 9470.

173. Johannesen A. B. , Designing integrated conservation and development projects: illegal hunting, wildlife conservation, and the welfare of the local people, Environment and Development Economics 2006 (11): 247 – 267.

174. Kemkes R. J. , Farley J. , Koliba C. J. , Determining when payments are an effective policy approach to ecosystem service provision, Ecological Economics, 2010, 69: 2069 – 2074.

175. Landell-Mills N. , Porras I. Silver bullet or fools'gold? A global review of markets for forest environmental services and their impact on the poor. London, UK: International Institute for Environment and Development (IIED), 2002.

176. Leach, G. The energy transition', Energy Policy, 1992, 20: 116 – 123.

177. L. J. , Feldman M. , Li S. , Daily G. . Rural household income and inequality under the Sloping Land Conversion Program in western China. Proceedings of the National Academy of Sciences of the United States of America (PNAS) , 2011, 108 (19): 7721 – 7726.

178. Li C. , Zheng H. , Li S. , et al. Impacts of conservation and human development policy across stakeholders and scales. Proceedings of the National Academy of Sciences of the United States of America (PNAS) , 2015, 112 (24): 7396 – 7401.

179. López – Feldman A. , J. Edward Taylor, Labor allocation to non-timber extraction in a Mexican rainforest community. Journal of Forest Economics, 2009, 15 (3): 205 – 221.

180. Manyara G. , Jones E. , Community-based tourism enterprises development in Kenya: an exploration of their potential as avenues of poverty reduction, Journal of Sustainable Tourism, 2007, 15 (6): 628 – 646.

181. Masera, O. R. , Saatkamp, B. D. , Kammen, D. M. From linear fuels witching to multiple cooking strategies: a critique and alternative to the energy ladder model. World Development, 2000, 28: 2083 – 2103.

182. Meert, H. , G. Van Huylenbroeck, T. Vernimmen, M. Bourgeois, and E. van Hecke, Farm household survival strategies and diversification on marginal farms, Journal of Rural Studies, 2005, 21 (1): 81 – 97.

183. Mekonnen, A. Rural household biomass fuel production and consumption in Ethiopia: A case study. Journal of Forest Economics, 1999, 5 (1): 69 – 97.

184. Moreno – Sanchez R. , Maldonado J. H. , Evaluating the role of co-management in improving governance of marine protected areas: an experimental approach in the Colombia Caribbean, Ecological Economics, 2010, 69: 2557 – 2567.

185. Muller J. , Albers H. J. , Enforcement, payments and development projects near protected areas: how the market setting determine what works where, Resource and Energy Economics, 26 (2004) : 185 – 204.

186. Nelson E. , Polasky S. , Lewis D. J. , et al. Effiency of incentives to jointly increase carbon sequestration and species conservation on a landscape, Proceeding of National Academy of Science of the USA, 2008, 105 (28): 9471 – 9476.

187. Pagiola S. , Arcenas A. , Platais G. , Can Payments for Environmental Services Help Reduce Poverty? An Exploration of the Issues and the Evidence to Date from Latin America, World Development, 2005, 33 (2): 237 – 253.

188. Palmer C. , Macgregor J. Fuelwood scarcity, energy substitution, and rural

livelihoods in Namibia, Environment and Development Economics, 2009, 14: 693 – 715.

189. Pascual U. , Muradian R. , et al. Exploring the links between equity and efficiency in payments for environmental services: A conceptual approach, Ecological Economics, 2010, 69: 1237 – 1244.

190. Rands M. R. W, Adams W. A. , Bennun L. , Butchart S. , et. al. , Biodiversity conservation: challenges beyond 2010, Science, 2010, 329: 1298 – 1303.

191. Rodríguez L. C, Pascual U. , Muradian R. , et al. , Towards a unified scheme for environmental and social protection protection: Learning from PES and CCT experiences in developing countries, Ecological Economics, 2011, 70: 2163 – 2174.

192. Scheyvens R. Ecotourism and the empowerment of local communities. Tourism Management, 1999, 20 (2): 245 – 249.

193. Scoones, I. , Sustainable Rural Livelihoods: A Framework for Analysis, IDS Working Paper. Brighton: Institute of Development Studies, 1998.

194. Sebele L. S. Community-based tourism ventures, benefits and challenges: Khama Rhino Sanctuary Trust, Central District, Botswana. Tourism Management, 2010, 31: 136 – 146.

195. Shi, X. , Heerink, N. , & Qu, F. The role of off-farm employment in the rural energy consumption transition – A village-level analysis in Jiangxi Province, China. China Economic Review, 2009, 20 (2): 350 – 359.

196. Smith, K. R. , Apte M. G, Yuqing M. , et al. Air pollution and the energy ladder in Asian cities', Energy, 1994, 19: 587 – 600.

197. Sofield T. H. B. Empowerment for Sustainable Tourism Development. Netherlands: Pergamon Press, 2003: 9 – 36.

198. Sommerville M. , Julia P. G. Jones, Rahajaharison, Milner-Gulland, The role of fairness and benefit distribution in community-based Payment for Environmental Services interventions: A case study from Menabe, Madagascar, Ecological Economics, 2010, 69: 1262 – 1271.

199. Spenceley A. , Meyer D. Tourism and poverty reduction: theory and practice in less economically developed countries, Journal of Sustainable Tourism, 2012, 20 (3): 297 – 317.

200. Strickland-Munro J. , Moore S. Indigenous involvement and benefits from tourism in protected areas: a study of Purnululu National Park and Warmun Community, Australia, Journal of Sustainable Tourism, 2013, 21 (1): 26 – 41.

201. Tosun C. , Jenkins C. L. The evolution of tourism planning in third world

countries: A critique. Progress in Tourism and Hospitality Research, 1998, 4 (2):
101 – 114.

202. Uchida E. , Jintao Xu, Zhigang Xu, Scott Rozelle, Are the poor benefiting
from China's land conservation program?, Environment and Development Economics,
2007 (12): 593 – 620.

203. Uchida E. , Rozelle S. , Xu J. T. , Conservation payments, liquidity con-
straints and off-farm labor: impact of the Grain-For-Green program on rural households
in China. American Journal of Agricultural Economics, 2009, 91 (1): 70 – 86.

204. Uchida E. , Xu J. T. , Rozelle S. Grain for Green: Cost-Effectiveness and
Sustainability of China's Conservation Set-Aside Program. Land Economics, 2005, 81
(2): 247 – 264.

205. Uchida E. , Xu J. T. , Xu Z. G. , et al. Are the Poor Benefiting from
China's Land Conservation Program? Environment & Development Economics, 2007,
12 (4): 593 – 620.

206. Vatn A. An institutional analysis of payments for environmental services, Ec-
ological Economics, 2010, 69: 1245 – 1252.

207. Vincent J. R. , Microeconomic Analysis of Innovative Environmental Pro-
grams in Developing Countries, Review of Environmental Economics and Policy,
2010, 4 (2): 221 – 233.

208. Wang X. B. , Herzfeld T. , Glauben T. Labor allocation in transition: Evi-
dence from Chinese rural households, China Economic Review, 2007, 18 (3): 287 –
308.

209. Wu J. J. , Zilberman D. , Bruce A. Babcock, Environmental and Distribu-
tional Impacts of Conservation Targeting Strategies, Journal of Environmental Economics
and Management, 2001, 41: 333 – 350.

210. Wunder S. , Payments for environmental services and the poor: concepts and
preliminary evidence, Environment and Development Economics, 2008, 13: 279 – 297.

211. Wunder S. , Engel S. , Pagiola S. , Taking stock: A comparative analysis
of payments for environmental services programs in developed and developing countries,
Ecological Economics, 2008, 65: 834 – 852.

212. Wunder, S. Poverty alleviation and tropical forests – What scope for syner-
gies? World Development, 2001, 29 (11): 1817 – 1833.

213. Wunder S. , The Efficiency of Payments for Environmental Services in Tropi-
cal Conservation, Conservation Biology, 2006, 21 (1): 48 – 58.

214. Yao S. B. , Guo Y. J. , HUO X. An Empirical Analysis of the Effects of

China's Land Conversion Program on Farmers' Income Growth and Labor Transfer. Environmental Management, 2010 (45): 502 – 512.

215. Yin R., Zhao M., Ecological restoration programs and payments for ecosystem services as integrated biophysical and socioeconomic processes: China' experience as an example, Ecological Economics, 2012, 73: 56 – 65.

216. Yin R. S., Guiping Yin, Lanying Li, Assessing China's Ecological Restoration Programs: What's Been Done and What Remains to Be Done? Environmental Management, 2010, 45: 442 – 453.

217. Zeng B., Ryan C., Assisting the poor in China through tourism development: A review of research, Tourism Management33 (2012) 239 – 248.

218. Zhang J. C., Kotani K. The determinants of household energy demand in rural Beijing: Can environmentally friendly technologies be effective?, Energy Economics, 2012, 34: 381 – 388.

219. Zilberman D., Lipper L., Mccarthy N., When could payments for environmental services benefit poor?, Environment and Development Economics, 2008, 13: 255 – 278.

后　记

西部重点生态功能区的生态功能很重要，承担着水源涵养、水土保持、防风固沙和生物多样性维护等重要生态功能，关系全国或较大范围区域的生态安全，需要保持并提高生态产品供给能力。同时，这一地区农村贫困人口面广、贫困程度深，需要统筹解决人口、资源与环境可持续发展，需要同时实现农村脱贫攻坚和生态保护的双重目标，这也是中国建设生态文明、全面建成小康社会、促进社会和谐发展的重要任务。

本书研究内容为本人所主持的国家自然科学基金面上项目"生态补偿政策对贫困山区农户可持续生计的作用机制及评估的理论与实证研究"（71273204）、"西部重点生态功能区农村社区参与旅游发展的途径、减贫机制与可持续发展研究：以陕南为例"（71573205）研究成果的一部分。同时，本书的部分内容，如本书第二章内容为国家发展和改革委员会社会发展司、联合国人口基金资助的"十三五人口发展战略、规划及人口政策研究"子课题"十三五期间人口、资源与环境可持续发展研究"的部分研究成果；第五章也来自国家发展和改革委员会西部开发司资助的"巩固退耕还林成果长效机制研究"（XBS15－06）的部分研究成果。此外，本书部分研究内容已经在国内外学术期刊上发表，如《中国人口资源与环境》《资源科学》《南京农业大学学报（社科版）》《西安交通大学学报（社科版）》等，本书也是这些研究内容的深化和总结。

本书是对中国西部重点生态功能区人口与资源、环境可持续发展的一个综合研究，并侧重于研究西部重点生态功能区农户的可持续生计以及兼顾生态保护、农村减贫与发展的公共政策创新。在研究方法上，在农户生计与可持续生计分析框架、相关公共政策进行理论研究的基础上，本书作者在秦岭－大巴山生物多样性保护与水源涵养重要区，即陕西安康贫困山区多次开展了大规模农村入户问卷调查。通过开展大规模农村入户调查，以及对各类调查对象的组访和个访活动，本书作者获取了大量一手调查资料，从而较全面地掌握了西部重点生态功能区的农户生计、农村扶贫与发展的现状等，并从多个方面分析了西部重点生态功能区人口资源与环境可持续发展的现状、生态保护政策和农村发展项目对农户生计的影响与作用机制等，并提出了对策和建议。本书实证分析的结论和政策建议具有较好的现实意义，可以为相关政府部门决策提供参考。

　　感谢西安交通大学人口与发展研究所所长、博士生导师、教育部"长江学者"特聘教授李树茁对我在学术上的帮助和支持，感谢西安交通大学农户生计与环境课题组已毕业和在读的博士生、硕士生等在农村入户调查、课题研究等方面所做的贡献和支持。我也特别感谢美国国家科学院院士、"自然资本项目"发起人和负责人之一、美国斯坦福大学生物系 Gretchen C. Daily 教授给予我的许多帮助。

　　感谢经济科学出版社王柳松编辑的辛勤工作！

　　感谢我的家人以及所有关心和爱护过我的人们！

黎　洁

2016 年 10 月